JORGE LABORDA

QUILO DE CIENCIA

VOLUMEN IV

(2007-2008)

JORGE LABORDA

QUILO DE CIENCIA

VOLUMEN IV
(2007-2008)

Artículos de divulgación científica lo más informativos comprensibles y divertidos que un soñador pudo escribir

TÍTULO:
Quilo de Ciencia Volumen IV (2007-2008)

AUTOR:
Jorge Laborda

EDICIÓN Y COORDINACIÓN:
Jorge Laborda

MAQUETACIÓN:
Jorge Laborda

PORTADA: Alberto Nueda y Jorge Laborda
"Wonder eye (original)" by JalalV - Own work. Licensed under GNU Free Documentation License 1.2 via Wikimedia Commons - http://commons.wikimedia.org/wiki/File:Wonder_eye_(original).jpg#mediaviewer/File:Wonder_eye_(original).jpg

IMPRESIÓN: Lulu

ISBN: 978-1-326-09491-1

ÍNDICE

CIENCIA 2006

DESDE EL ESTRENO de *La Verbena de la Paloma*, la noche del 17 de Febrero de 1894, año tras año las ciencias siguen adelantando que es una barbaridad. ¡Una brutalidad! ¡Una bestialidad!, como decía la letra de uno de los fragmentos más conocidos y populares de esta zarzuela. El año que acaba de dejarnos no es una excepción y, en su transcurso, las ciencias han seguido adelantando brutalmente, a pesar de todas las dificultades que conlleva la realización de la actividad científica. ¿Cuáles han sido los avances científicos más significativos de 2006?

Las prestigiosas revistas científicas *Science* y *Nature* dedican un reportaje especial a este asunto, como vienen haciendo desde hace años por estas fechas. Podría parecer que, tratándose de ciencia, empresa objetiva donde las haya, las dos revistas más importantes del ramo estarían de acuerdo en casi todo; sin embargo, no es ni mucho menos así. Y es que al juzgar la importancia de las cosas, salimos del mundo de la objetividad científica y nos adentramos, de nuevo, en el de la subjetividad de los valores.

La revista *Nature* es consciente de este hecho y propone dos listas diferentes de los diez descubrimientos más importantes de 2006: la primera elaborada por los lectores (midiendo simplemente qué noticias científicas han sido las más leídas), y la segunda elaborada por el editor. Como es de esperar, la concordancia es escasa. Solo dos noticias, relacionadas con el calentamiento global y con la existencia o no de la fusión fría (que hace ya más de 15 años prometía generar energía abundante y barata para siempre, pero cuya realidad sigue siendo debatida) se encuentran en ambas listas.

Los lectores de *Nature* eligen como noticia científica más importante del año la ruptura del récord anterior de velocidad de calentamiento alcanzada en la Tierra. Se consiguió el pasado mes de mayo, cuando un rayo láser atravesó un cristal de zafiro y lo hizo calentarse a velocidad superior incluso a las alcanzadas en las bombas nucleares. La temperatura del zafiro subió a la escalofriante, a pesar de lo caliente, velocidad de un trillón de grados por segundo, aunque solo se pudo mantener esa velocidad por unas milbillonésimas de segundo.

El editor de *Nature* elige, en cambio, como noticia más importante una del pasado mes de septiembre, en la cual se describe un paciente que cumplía todos los criterios para ser diagnosticado en estado vegetativo, pero que mostraba, sin embargo, signos de pensamiento consciente y era capaz de efectuar ciertas tareas mentales cuando se le requería. Me quedan pocas dudas de que en la mente del editor de *Nature* queda la huella del caso de Terri Schiavo que, como recordarán, llegó a las primeras páginas de los periódicos cuando esta mujer, en estado vegetativo, fue desconectada de su tubo de alimentación en marzo de 2005, tras numerosas e intensas batallas legales, y murió de deshidratación varios días después.

Para el editor de *Science* la noticia más importante del año 2006 es la demostración matemática de la llamada conjetura de Henri Poincaré, uno de los matemáticos más grandes de la historia y fundador de la topología, o matemática del espacio. Poincaré conjeturaba que todo objeto tridimensional, fuera de la forma que fuera, si no tiene un agujero, es en realidad una esfera. En este sentido, un donuts no es una esfera pero, por ejemplo, una mesa simple, con un tablero y cuatro patas, puede reducirse topológicamente a una esfera. Evidentemente, una cosa es tener la intuición genial de que algo debe ser de una determinada forma, y otra cosa es demostrarlo. La demostración de que la conjetura de Poincaré es cierta ha sido realizada este año por el matemático ruso Grigori Perelman.

Como pueden ver, los científicos son gente extraña que atribuyen importancia a cosas que para el común de los mortales no la tienen. Que un pepino y una naranja sean en realidad redondas esferas no puede traer más sin cuidado a la mayoría de la gente. Y sin embargo, esta cualidad de los científicos, que ven cosas donde los demás no pueden verlas, ha sido una tremenda fuerza para el progreso de la Humanidad.

Para que no digan que no me mojo, paso ahora a comentarles cuál es, para mí, el avance más importante del año 2006. No me he ido por las ramas, y he elegido uno de los listados publicados por las dos revistas mencionadas. Como no podía ser de otro modo, siendo yo como soy, he elegido un estudio con implicaciones sociales. Se trata de la noticia clasificada en octava posición por los lectores de *Nature*.

En ella, se describe una investigación que demuestra que los hombres ven su capacidad de juicio o su determinación gravemente alterada por la simple visión de mujeres atractivas en ropa interior. Esto ya había sido también conjeturado múltiples veces, pero no había sido demostrado. Para demostrarlo, en este estudio, los investigadores dieron diez euros a cada pareja de hombres participantes. Un hombre de la pareja, el proponente, tenía entonces que proponer dar una parte de esos diez euros al segundo participante, el aceptor. Este había decidido de antemano, y había informado a los investigadores, la cantidad mínima que estaba dispuesto a aceptar. Si el proponente proponía una cantidad menor, los dos perdían el dinero. Si la cantidad era igual o superior, los dos se repartían el dinero de acuerdo a lo propuesto por el proponente.

El estudio demostró que los hombres que desempeñaban el papel de aceptor y que habían estado expuestos a mayor concentración de testosterona durante su desarrollo fetal eran los que más alto situaban la cantidad mínima que aceptarían, lo que muchas veces conducía a que los dos participantes perdieran el dinero. Sin embargo, la simple visión de un sujetador femenino surtía un efecto "macerador de la voluntad" y "domador de la testosterona", y esos hombres ahora disminuían sustancialmente la cantidad mínima que aceptarían del proponente.

Así que ya ven ustedes: por fin tenemos un estudio que intenta explicar por qué los anuncios publicitarios utilizan a mujeres guapas para convencernos de los beneficios de un determinado producto. Al menos convencen a la mitad más estúpida y "testosteronificada" de la población, que no es poco. Un argumento serio para prohibir el uso de la "mujer objeto" en los anuncios, ya que si antes se podía sospechar su intención manipuladora, ahora comienza a estar demostrada. Esos anuncios no solo disminuyen el valor de la mujer, sino también el del hombre. Piénselo usted cuando vaya a adquirir los regalos de Reyes.

1 de enero de 2007

GENES ATLÉTICOS

PARA MÍ, UNO de los mitos más perniciosos de la cultura occidental es ese que dice: "si pones tu mente y voluntad a trabajar, conseguirás lo que te propongas". Este mito está también relacionado con otro que dice: "lo que una persona puede hacer, puede hacerlo también otra". El secreto para conseguirlo solo es proponérselo.

Hace unos años, ya demasiados, cuando aún creía en algunos mitos, me propuse batir el récord de España de velocidad de los sesenta metros lisos. Evidentemente, no lo conseguí, aunque no fue por falta de poner mente y voluntad a la tarea. Aquí donde me leen, de joven, fui atleta. A base de duro entrenamiento, logré proclamarme campeón provincial de Zaragoza en la mencionada distancia, y obtener un tiempo de, nada menos, seis segundos nueve décimas, el cual mereció una pequeña reseña en un periódico deportivo que sigue siendo aún hoy muy leído. Sin embargo, esa marca estaba muy lejos de acercarse al récord de España de velocidad de esa distancia. Evidentemente, no debía de haber puesto mi mente y voluntad a trabajar todo lo que la habían puesto los atletas que, por aquellos años, tenían el récord en sus pies. ¿O había otra razón?

Y bien, evidentemente, una posible razón que explica mi fracaso, y el de miles de ilusos que se propusieron lo mismo que yo, u otras cosas casi imposibles, es que no hemos nacido con las cualidades necesarias para ser los más rápidos del país, aunque llegáramos a serlo de una provincia. No es posible, además, adquirir esas cualidades por más que pongamos nuestras mentes y nuestros cuerpos a trabajar con empeño. Posiblemente, no hemos heredado los genes necesarios para disponer de los músculos que, bien entrenados, nos permitan siquiera llegar a acercarnos a un tiempo récord. No nos ha tocado lo que yo llamo la "lotería genética". No hay por qué extrañarse ya que, por otra parte, tampoco nuestros padres disponían de los décimos adecuados para que pudiera tocarnos.

Es conocido que existen cientos de genes que, de un modo u otro, están relacionados con las capacidades físicas, la velocidad o la resistencia. Investigaciones recientes de un grupo de científicos de la Facultad de Medicina de la Universidad de Harvard, en Boston, USA, han generado, mediante técnicas de biología molecular, ratones atléticos capaces de resistir corriendo un 25% más de tiempo que los ratones normales antes de acabar exhaustos. Un 25% más es una cantidad sustancial, sobre todo si piensa lo que le supondría que este año le aumentarán a usted su salario en ese porcentaje.

Los músculos esqueléticos, que ponemos en marcha al andar o correr, se componen de cuatro tipos diferentes de fibras musculares. En primer lugar tenemos fibras musculares de contracción relativamente lenta, llamadas de tipo I y IIA. Estas fibras se encuentran rodeadas de mitocondrias, el orgánulo celular encargado de proveer energía a partir de la oxidación de los alimentos. Las fibras lentas se utilizan, sobre todo, en ejercicios de larga duración, como caminar o correr la maratón, que consumen mucho oxígeno y, por esa razón, se denominan aeróbicos.

Por otra parte, un tercer tipo de fibra muscular, denominada fibra IIB, posee, la capacidad de contraerse mucho más rápidamente, y de poder hacerlo en ausencia de aporte extra de oxígeno, es decir, en condiciones anaeróbicas. Este es el tipo de fibra muscular que se pone en funcionamiento en ejercicios intensos rápidos y de corta duración, como escapar de un predador, cazar una presa o coger el autobús que se nos escapa. Además de estos tres tipos de fibras, bien conocidos, existe un cuarto tipo, denominado IIX, que se encuentra a mitad de camino entre las fibras lentas y las rápidas. Poco es conocido sobre el origen y la función de este tipo de fibras musculares.

Hace unos años, el mismo grupo de investigación al que antes me refería creó una estirpe de ratón que poseía muchas más fibras de tipo lento de lo normal. Este ratón debía esta a propiedad a la actividad extra de un gen denominado PCG1α, que los investigadores habían manipulado en esos animales. Este gen es uno de los de la familia de "genes controladores", y controla el funcionamiento de muchos otros genes que dependen de él. Curiosamente, este gen controla también ciertas propiedades del funcionamiento de las mitocondrias, en particular cuán eficaces deben ser estos orgánulos celulares en la obtención de energía útil para mover los músculos, y cuánta de la energía de los alimentos debe ser disipada en forma de calor.

El gen PCG1α no es el único de esta familia. Existe otro gen relacionado con él, llamado PCG1β, que también pertenece a la familia de genes controladores a la que pertenece PCG1α. ¿Qué efecto ejercía este gen sobre las fibras musculares?

Para averiguarlo, los investigadores hicieron lo que mejor saben hacer: fabricar un ratón con un gen PCG1β muy activo, como antes lo habían hecho con el PCG1α. De esta manera originaron al ratón superatlético al que antes me refería. Este ratón, en lugar de poseer de un 15% a un 20% de fibras de tipo IIX, como es el caso de los ratones normales, posee un 100% de las mismas. Esto demuestra que la actividad coordinada de los genes PCG1α y PCG1β regula cuántas fibras de cada tipo poseen los músculos. Esta distribución de fibras resulta, como los investigadores también han demostrado, en distintas capacidades físicas de estos ratones a la hora de caminar o correr.

Era ya sabido que los buenos atletas velocistas poseen en sus músculos mayor porcentaje de fibras rápidas que la gente normal, mientras que los corredores de fondo poseen mayor porcentaje de fibras lentas. No estaba claro si estas diferencias eran debidas al tipo de entrenamiento, es decir, no estaba claro si el tipo de fibras musculares cambiaba para adaptarse al tipo de ejercicio que se hacía, o si las diferencias se debían a causas genéticas. Los resultados obtenidos con estos ratones modificados genéticamente indican que las causas genéticas son muy probablemente muy importantes para determinar, a priori, las capacidades físicas de cada cual.

Evidentemente, el entrenamiento, el trabajo y la voluntad son también fundamentales; necesarios para el éxito, pero no suficientes. No basta con poner la mente a trabajar, y lo que una persona puede hacer, no todas pueden hacerlo. La genética nos puede explicar por qué existen millones de atletas y deportistas ilusionados con alcanzar un récord, pero solo unos pocos consiguen hacer realidad su ilusión.

8 de enero de 2007

UNA APORTACIÓN CIENTÍFICA A LA ÉTICA

QUIZÁ PORQUE DURANTE las vacaciones navideñas uno dispone de más tiempo para reflexionar sobre "lo divino y lo humano", he decidido explicar mis reflexiones, no sobre un particular avance o descubrimiento científico sino sobre lo que, en mi opinión, supondría un avance importante para la sociedad, derivado también de la actividad científica.

Me ha motivado a reflexionar sobre esto el recuerdo de unas palabras que antaño leí sobre qué sucedería si Aristóteles levantara la cabeza y viviera de nuevo hoy entre nosotros. El autor, que he olvidado, mantenía que si Aristóteles, u otro de los grandes filósofos de la Antigüedad, resucitara y pudiera asistir a un congreso científico de cualquier disciplina, no se enteraría de nada. Tantos y del tal magnitud han sido los avances de las ciencias. Sin embargo, mantenía el autor, sí podría participar, e incluso debatir con ventaja, en congresos de filosofía o de ética. El autor pretende así convencernos de que mientras la Humanidad ha avanzado mucho en el conocimiento del mundo físico, no lo ha hecho tanto en conocimiento de los aspectos puramente humanos.

Es cierto que, como alguien mencionaba hace unos días en un artículo de un periódico, desde los diez mandamientos -para unos, órdenes de Dios; para otros, invenciones de Moisés-, no se han establecido nuevas normas básicas de comportamiento social. No matarás, no mentirás, no robarás, entre otras, son normas básicas en todas las sociedades.

Aunque en la actualidad una persona normal no podría acabar de leer, ni aun dedicando toda su vida, la totalidad de las leyes y normativas que regulan los más insospechados aspectos de la vida moderna, desde establecer una empresa a despedirse de un ser querido recientemente desaparecido, en realidad todas estas leyes y normas derivan, o deberían derivar, de los aspectos éticos y normativos básicos a los que antes me refería y, sobre todo, no contradecirlos nunca.

Últimamente, la ciencia está siendo particularmente sometida al imperio de la ley. En España, la ley de Investigación en Biomedicina pretende regular lo que está bien y lo que está mal sobre este tema, en particular sobre clonaciones terapéuticas y selección de embriones. Evidentemente, en ella no dejan de tenerse en cuenta las ideas que desde hace miles de años se manejan sobre la naturaleza del ser humano, sobre lo que constituye su identidad y su dignidad, a pesar de que estas ideas no han sido sometidas a la crítica científica y derivan, sobre todo, de creencias religiosas. El Papa ha llegado incluso a manifestar recientemente que investigar con embriones es atentar contra la paz. A pesar de que un embrión no es sino un grupo de células sin sistema nervioso, y que por esta razón siente menos dolor, ya que no siente ninguno, que el bogavante y los langostinos que algunos han cocido vivos estas pasadas Navidades, se sigue manteniendo que matar embriones es matar a seres humanos, lo que es inadmisible como "daño colateral" aunque con ello se consiga salvar la vida a otro.

A pesar de la esperanza que suscitan, existe pues una desconfianza ante la ética de ciertas aplicaciones de las ciencias biomédicas, la cual contrasta de manera importante, como en un reciente artículo discutía el biólogo Richard Dawkins, con la ética empleada en la guerra de Irak, de la que sí que no cabe duda es un atentado contra la paz. Basándose en mentiras –la existencia de armas de destrucción masiva que no existían– se justifica la invasión de un país, la destrucción de sus infraestructuras y del propio estado, y la muerte de miles de personas por el dudoso beneficio de la muerte en la horca de Sadam Huseín. En este caso, el "daño colateral" ha sido, en mi humilde opinión, mucho mayor que el "beneficio" alcanzado. Y el beneficio de una acción sin duda alguna siempre debería ser lo suficientemente importante como para justificar un daño colateral de tan elevada magnitud como el alcanzado en Irak. No ha sido así. Sin embargo, a pesar de esta situación, no suelen redactarse nuevas leyes basadas en consideraciones éticas para regular la actividad de los políticos, pero sí la de los científicos.

Y esta situación me conduce, de nuevo, al tema que suscitaba mis reflexiones: si Aristóteles levantara al cabeza, no aprendería nada nuevo sobre ética. ¿Es que no disponemos de alguna norma ética nueva que nos sitúe por encima de los antiguos griegos y que pueda ayudar a regular aspectos tan importantes como los que discutimos aquí? Y bien, me atrevo a decir que sí. La hemos inventado cuando inventamos la ciencia, y la aplicamos normalmente, aunque no en la vida corriente. Que yo conozca, nadie ha hecho explícita esta norma. Yo me atrevo a explicitarla aquí.

¿Cuál es esta nueva norma ética que ni siquiera nos hemos dado cuenta que conocíamos ya? Es muy sencilla. La usamos todos los científicos en nuestra actividad cotidiana. Dice así: "no intentarás convencer a nadie de nada para lo que no dispongas de evidencia objetiva" ¡Qué diferente sería hoy el mundo si muchos en el pasado hubieran guiado su comportamiento por esta sencilla norma ética!

Por supuesto, uno puede mentir y mantener falsamente que dispone de esa evidencia. Entonces está mintiendo, incumpliendo una norma ética básica desde la Antigüedad. Sin embargo, si su intención es honesta, no es suficiente con no mentir. Y ahí es donde esta nueva norma ética supera a la de "no mentirás". No basta con la intención de decir lo que uno cree que es verdad. Hay que asegurarse de que lo es, hay que disponer de evidencia. Y si uno no puede asegurarse y disponer de esa evidencia, entonces *debe abstenerse de intentar convencer a otros* de lo que no es sino "su verdad".

Piensen ustedes el número de deliberaciones, discursos y obras escritas que hubieran sido diferentes a lo largo de la historia, en el número de batallas, de muertes por ideales infundados, que se habrían evitado si se hubiera dado importancia a esta norma; si todos hubiéramos preguntado por sistema ¿cómo lo sabes, de qué evidencia dispones?, y se hubiera tratado como al peor mentiroso a la persona que no pudiera presentar esa evidencia. ¿Daremos más consideración en el futuro a una norma que hoy solo siguen, y en parte por obligación profesional, los científicos? ¿Llevaremos un poco más la ética de la ciencia a la vida cotidiana, como se ha hecho hasta el momento con la ética de la religión?

15 de enero de 2007

PARASITISMO SEXUAL

LA VIDA ES ciertamente maravillosa. Quizá no la suya ni la mía, pero sí la vida sobre el planeta Tierra. Y más maravilloso es aun que el maravilloso ser humano haya llegado a darse cuenta de la maravilla de la vida y a comprender muchos de sus mecanismos.

Ya he dicho en estas páginas que el futuro de la biología y de la biogenómica, entendida esta como la ciencia que tiene por objeto descubrir cómo de los genomas surgen los organismos y muchos de sus comportamientos, reside en el estudio de los insectos. Estos mal comprendidos y generalmente repelentes organismos son, sin embargo, un tesoro para los investigadores que pretenden desvelar los misterios de la vida.

Dentro del mundo de los insectos hay pocas cosas más sorprendentes que el comportamiento de las especies parásitas. También he explicado ya que el parasitismo es inherente a la vida (como cualquiera puede comprobar cotidianamente en su puesto de trabajo). Los parásitos aparecen de inmediato con la aparición de la vida, o al menos es lo que se desprende de programas informáticos simuladores de las condiciones que supuestamente dieron origen a la vida y a su evolución sobre la Tierra. Sea como fuere, el parasitismo ha sido una fuerza evolutiva fundamental que ha contribuido de manera importante también en nuestra propia evolución. De hecho, hay quien piensa que el sexo comenzó como una relación de parasitismo, para convertirse después en una relación simbiótica o cooperadora, excepto en algunos casos, hoy en manos de algún juez.

Para que se lleve una idea de lo maravilloso de los insectos y de los complejos mecanismos que, aun completamente inconscientes y automáticos, producto de la ciega evolución por selección natural, controlan su existencia, déjeme que le cuente la vida del pequeño escarabajo *Meloe franciscanus*, "Mel" para los amigos, el cual, excepto por el color oscuro de su hábito, nada tiene que ver con la orden religiosa de similar nombre. Mel utiliza la trampa del sexo para parasitar a su huésped, un incauto macho –como casi todos–de la especie de abeja llamada *Habropoda pallida*, "Hab" para los amigos.

Meloe franciscanus es un pequeño escarabajo que habita en el desierto del Mohave, al sur de los Estados Unidos. Mel pertenece a una clase especial de parásitos, denominados cleptoparásitos. Si se acuerda del significado de la palabra "cleptómano", podrá deducir que un cleptoparásito es un parásito ladrón, que en este caso roba los "ahorros alimenticios" de la abeja a la que parasita. Vamos, que Mel es, para la abeja Hab, como un hijo mayor de treinta años aun viviendo en casa.

Para alimentarse del polen que la abeja Hab hembra recolecta como futuro alimento para sus hijos, Mel necesita llegar hasta su nido. Esto lo hace solo en forma de larva, y no como individuo adulto. Las hembras de Mel depositan sus huevos en una planta cuyas flores son muy apreciadas por las abejas Hab. Cuando los huevos eclosionan, las larvas de Mel suben por el tallo de la planta y hasta 2.000 de ellas se agrupan en su parte superior para formar una estructura que recuerda el cuerpo de una abeja Hab hembra y que pretende así atraer a un macho. El engaño se completa mediante la emisión por estas larvas de sustancias químicas olorosas, llamadas feromonas, muy similares a las que son emitidas por las hembras de abejas Hab para atraer a los machos.

El macho de Hab, que no se caracteriza por su agudeza visual ni por su inteligencia sexual, es atraído por los efluvios emitidos por el grupo de larvas de Mel y se aproxima hacia él. Al alcanzarlo, las formas sensuales del supuesto cuerpo femenino les inducen a lo que todos los machos que se precien saben hacer: copular. El macho de abeja Hab intenta así copular con el grupo de larvas Mel con forma de hermosa y olorosa abeja hembra. A este acto le han llamado los científicos pseudocopulación, o falsa copulación. En ese momento crucial, como suelen serlo las copulaciones, incluso las falsas, las larvas deshacen el grupo y se suben al abdomen del macho. De repente, el ingenuo zángano de Hab se queda sin hembra con la que copular, por lo que, sin hacerse preguntas, y mucho menos sin intentar responderlas, emprende el vuelo en busca de otra hembra, quizá con la esperanza de que esta vez no se trate de un sueño.

Cuando por fin encuentra una hembra de verdad dispuesta a copular con él, las larvas de Mel que lleva sobre su abdomen aprovechan el cercano, y esta vez real, encuentro entre los dos sexos para pasar del cuerpo del macho al cuerpo de la hembra. Terminada la copulación, la hembra se dirige a su nido para depositar los huevos, transportando con ella a las larvas de Mel que, una vez en su nido, se alimentarán del polen y néctar recolectado por la dedicada y trabajadora madre.

Este extraordinario comportamiento parasitario ha surgido entre dos especies de insectos que habitan condiciones extremas, como las encontradas en el desierto del Mohave. Los mecanismos evolutivos seleccionan aquí con rapidez comportamientos conducentes a la mayor supervivencia de una especie en detrimento de la otra, que de todas formas, gracias a las extraordinarias capacidades de las abejas Hab hembra para encontrar alimento en esas condiciones, sigue sobreviviendo, aun soportando la carga de alimentar a los hijos de otros. Según los investigadores de este estudio, que publican sus resultados en la prestigiosa revista *Proceedings of the National Academy of Sciences* de los EE.UU, la cooperación entre las larvas de Mel colocan a este escarabajo dentro del selecto grupo de especies de insectos sociales, como las abejas, hormigas o terminas, a pesar de que los individuos adultos no manifiesten comportamiento social alguno.

Estarán de acuerdo conmigo en que es mucha la influencia que, en general y en numerosas especies, las hembras ejercen sobre los machos. Aparentemente, el pequeño escarabajo Mel también está de acuerdo, porque es cooperando para utilizar el poder de las hembras sobre los machos cómo consigue sobrevivir en el desierto.

22 de enero de 2007

ALGUIEN REDACTÓ LA LEY NIDO DEL CUCO

ES CONVENIENTE ECHAR un vistazo a lo que países más avanzados que el nuestro están haciendo porque tarde o temprano nos beneficiaremos, o sufriremos, sus avances. Es el caso del Reino Unido, país que avanza por delante de nosotros en muchas cosas, incluidos también los "procesos de paz".

Sin embargo, quizá no todo lo que se cuece ahí puede resultar beneficioso a la larga, ni constituir en realidad un avance. Habrá que analizarlo antes de copiarlo sin más. Bien puede ser este el caso del proyecto de Ley de Salud Mental, que está ahora en el proceso de ser evaluado por la Cámara de los Lores británica.

Si este proyecto se convierte finalmente en ley, significará que los psiquiatras podrán forzar contra su voluntad a pacientes con enfermedad mental severa (diagnóstico que, evidentemente, hará un psiquiatra o un grupo de ellos) a seguir un tratamiento farmacológico o psiquiátrico. También implicará que los servicios de salud mental podrán retener a pacientes con desórdenes de personalidad que sean considerados peligrosos para ellos mismos o para la comunidad, y esto incluso si el tratamiento que ofrecen no es eficaz para curarles de su condición.

Por supuesto, estas perspectivas han levantado la preocupación, precisamente en los sectores mentalmente más sanos de la sociedad británica. Muchos piensan que la ley no hace tanto énfasis en aplicar medidas de mejora general de salud mental de la población como en encerrar o aislar a los individuos considerados socialmente peligrosos. Otros piensan que los nuevos poderes concedidos a los psiquiatras conseguirán aumentar el temor que la gente ya siente por los servicios de salud mental e inhibirá que muchas personas que lo necesitan acudan a ese servicio por temor a ser encerrados, o forzados a seguir un tratamiento que no desean.

Algunos imaginan el desarrollo futuro de escenarios propios de novelas negras de ciencia ficción, en los que la policía, o miembros de los SS (Servicios Salud) designados al efecto, espiarán si los "locos" siguen el tratamiento asignado y, en caso contrario, entrarán en sus casas y los detendrán por la noche para encerrarlos en una institución mental, incluso si no han hecho nada malo. Otros indican que no habrá límite para el número de personas que podrán potencialmente estar afectadas por la nueva ley, ya que este límite nada tendrá que ver con el número de plazas hospitalarias, es decir, todos nos convertiremos en locos sospechosos. Aun otros opinan que la ley obligará a seguir determinados tratamientos exclusivamente farmacológicos, en detrimento de otros tratamientos de tipo psicológico que solo pueden ser eficaces si son seguidos voluntariamente y con una participación activa por parte del paciente; nunca de manera forzada.

En palabras de la ministra británica de Sanidad, Rosie Winterton, entrevistada por la cadena de radio BBC sobre este tema, la ley intenta alcanzar un equilibrio entre proteger los derechos de los ciudadanos en general, y también el derecho de los pacientes mentales al tratamiento médico, y minimizar los riesgos que algunos individuos pueden plantear para los demás y para ellos mismos. La idea es conseguir que algunos individuos enfermos mentales severos puedan regresar a sus casas sin que supongan un riesgo. Para ello, es necesario asegurarse de que siguen el tratamiento que evita el peligro que estas personas puedan suponer. La ministra tiene mucho cuidado en no emplear la palabra "personas violentas" o "criminales", pero sí emplea el término "desorden antisocial", del cual, me cabe hoy poca duda, los líderes de todas las revoluciones de la historia estuvieron gravemente afectados y, a veces, contagiaron a muchos de su trágica "locura".

Otro de los peligros que muchos ponen en evidencia es que el porcentaje de individuos con problemas mentales de orden antisocial en las minorías étnicas, al menos en el Reino Unido y otros países anglosajones como Nueva Zelanda, es muy superior, por alguna razón no totalmente comprendida, que el de enfermos mentales de los individuos sin color. Temen que la nueva ley pueda convertirse en un mecanismo para aislar o encerrar a individuos poco deseables para la mayoría de la sociedad, quizá por razones que no tienen que ver solo con la salud mental, sino con la raza, la cultura, o incluso con la religión.

La ministra de Sanidad británica argumenta que uno de los factores que explican por qué las minorías étnicas son menos mentalmente saludables es que los miembros de estas minorías con problemas de salud mental acuden más tarde al psiquiatra, si es que lo hacen, lo que aumenta la probabilidad de desarrollar desórdenes más agudos. Según la ministra, la nueva ley facilitará que esto suceda en menor grado y los pacientes reciban tratamiento lo antes posible, lo que evitará los casos agudos.

Es claro que uno de los problemas de la aplicación honesta y equilibrada de esta ley será la exactitud y fiabilidad de los diagnósticos. Si en el caso de las enfermedades del cuerpo diagnosticar con precisión es ya un difícil arte, lo es mucho más diagnosticar enfermedades y desórdenes de la mente, y evaluando, además, el riesgo que el paciente pueda suponer para los demás.

Sin embargo, a pesar de todas estas dificultades, a pesar de los peligros y controversias que la aplicación de una ley como la aquí esbozada puede acarrear, esta ley es una ley valiente. Es una ley que, implícitamente, admite que muchos individuos antisociales, agresivos o violentos, no lo son debido al ejercicio de su libertad personal, a que hayan elegido libremente su carácter, su personalidad y su comportamiento, sino debido a procesos mentales patológicos de origen genético o medioambiental. Esta ley admite, por tanto, que muchos problemas sociales, posiblemente también un porcentaje de casos de violencia doméstica, no se arreglarán mediante la aplicación de medidas policiales o judiciales. No se arreglarán endureciendo los códigos penales, o haciendo que sea delito un acto violento cometido por el hombre, pero no un acto violento similar cometido por una mujer, sino tratando médica o psicológicamente a las personas que lo necesiten. Independientemente de lo que suceda con esta ley, sea o no aprobada, por sí solo ya merece la pena que proyectos de ley, aunque sean británicos, puedan hacernos reflexionar sobre estas cosas.

29 de enero de 2007

REFRIGERACIÓN ACÚSTICA

CUANDO ERA NIÑO, el hielero llamaba cada mañana a la puerta de mi casa. Traía en un cubo de plástico deformado por el peso la barra de hielo con la que se enfriarían los alimentos que mi madre decidía conservar en la nevera. En esa época, que alcanzó la categoría de antigua mi último cumpleaños, la nevera consistía meramente en un armario blanco con aislante térmico. Cada mañana debíamos vaciar también, con cuidado para no derramarla, el agua, acumulada en una gran bandeja, en la que se había convertido el hielo que el día anterior mi madre había introducido en el "congelador" de la parte superior de la nevera.

Tenía solo siete años cuando, en una tarde remota, a mi padre se le ocurrió llevarnos a comprar el primer refrigerador eléctrico. Era este un armario aparentemente similar a la nevera que conocía, aunque algo más cuadrado de líneas, pero la similitud era solo aparente, porque lo realmente fascinante era ¡que hacía hielo solo!

Huelga decir que nadie en mi familia tenía idea de qué procesos eran capaces de producir las barras de hielo que cada mañana nos traía el hielero (¿qué habrá sido de él?, un chaval solo unos años mayor que yo. Seguro que las neveras eléctricas también le dejaron helado, como a mí, y además en el paro). Tampoco teníamos idea de cómo ni por qué la nevera eléctrica enfriaba tanto como para poder fabricar los famosos cubitos de hielo que, desde entonces, sacábamos a la mesa, en verano, para añadirlos a nuestros vasos de vino con gaseosa (hoy llamado tinto de verano). ¡Qué tiempos aquellos!

Tuve que esperar hasta segundo curso de carrera para toparme, con la casualidad que solo algunos planes de estudio universitarios pueden proporcionar, con el ciclo de Carnot, científico francés de principios del siglo XIX. Es este un ciclo de expansión y comprensión de gases que consigue, en un circuito cerrado, enfriar un gas, expandiéndolo, y luego calentarlo, comprimiéndolo, en distintos puntos de ese circuito. En el sitio de la expansión, que puede tener lugar, por ejemplo, dentro de la pared trasera del congelador de una nevera, el gas se enfría, con lo que absorbe el calor del interior del congelador. En el lugar donde se comprime, que puede ser la parte exterior trasera de la nevera, el gas se calienta y libera así el calor absorbido en el congelador hacia el aire. Por fin comprendí cómo y por qué la nevera enfriaba y podía producir hielo: la nevera disponía un mecanismo que utilizaba el ciclo de Carnot.

El ciclo de Carnot es la base de la refrigeración moderna. Un motor eléctrico suministra energía a la bomba de compresión del gas. No todos los gases son igualmente eficaces para comprimirlos y expandirlos repetidamente. Por esta razón, se han empleado algunos que, aunque muy eficaces para llevar a cabo el ciclo de Carnot, han acabado por dañar la capa de ozono. Hoy suele emplearse el isobutano, que no tiene efecto sobre la capa de ozono ni sobre el calentamiento global.

Sin embargo, los motores eléctricos necesarios para la compresión de los gases requieren muchas piezas móviles y los gases siempre pueden tener fugas y reducir poco a poco la eficiencia del ciclo y el poder de refrigeración, aumentando el consumo de energía. Este tipo de mecanismos no son muy adecuados, por ejemplo, para conservar muestras de sangre o de orina de los astronautas de la estación espacial internacional para su posterior análisis de vuelta en la Tierra.

Por estas razones, se han buscado otras maneras de enfriar basadas en la expansión y compresión de los gases. La compresión, de acuerdo a las leyes de la termodinámica, va normalmente acompañada de un aumento de la temperatura, mientras que la expansión se acompaña de un descenso de la misma. Por tanto, si conseguimos expandir un gas en un lugar concreto y comprimirlo en otro, en el lugar de expansión siempre podremos enfriar aquello que entre en contacto con el gas, y en el lugar de compresión, evacuar el calor absorbido.

¿Cómo conseguir lugares concretos de compresión y de expansión de los gases fuera de un circuito cerrado y sin el concurso de un motor? Escuche, simplemente con algo tan común como el sonido.

El sonido está formado por ondas de compresión y expansión del aire, es decir, cuando algo vibra en el aire, por ejemplo la cuerda de una guitarra, comprime el aire al moverse en una dirección y lo expande al moverse en la contraria. Estos cambios de presión se propagan por el aire y es lo que constituye el sonido.

Así pues, podemos emplear las ondas sonoras para conseguir sitios concretos de compresión y de expansión de un gas. El problema es fijar esos lugares en el espacio para obtener sitios alternativos de baja y alta temperatura. Para conseguirlo, los científicos han ideado un tubo relleno de aire, o de helio, con un potente altavoz en uno de sus extremos que produce sonidos hasta un millón de veces más intensos que el producido por un cohete al despegar. La frecuencia de vibración del altavoz y la longitud del tubo son calculadas de manera que dentro del tubo encajen un número entero de vibraciones y que, además, dicha frecuencia se encuentre fuera de nuestro rango auditivo, por lo que el dispositivo es completamente silencioso para nosotros, aunque quizá no lo sea para algún otro ser vivo.

En esas condiciones, la expansión siempre sucederá en lugares determinados del tubo; y la compresión, en otros adyacentes a aquellos. Para capturar el frío y calor producidos en esos sitios, el interior del tubo se rellena con láminas metálicas, muy conductoras del frío y del calor. Las láminas, a su vez, están en contacto con tubos metálicos por los que corre agua u otro líquido. Es este el que se enfría o se calienta en los sitios adecuados del tubo.

Algunos fabricantes de helados han invertido sumas importantes para el desarrollo comercial de esta tecnología. Con ella ya se han conseguido alcanzar temperaturas de hasta -150°C. Más interesante aun es que las fuentes de calor pueden utilizarse, mediante procesos que no voy a explicar aquí, para producir sonido. Este puede entonces utilizarse a su vez para refrigerar. Por ejemplo, el calor desprendido del motor de un automóvil puede transformarse en sonido y ser utilizado mediante el mecanismo explicado aquí para refrigerar su interior.

Afortunadamente, la tecnología, que tanto a ayudado a dañar nuestro ambiente, se está desarrollando en direcciones cada vez más ecológicas. Esperemos que la Humanidad sea capaz de mejorar poco a poco el uso de la energía para preservar nuestro cada vez más pequeño planeta azul.

5 de febrero de 2007

LA UTILIDAD DE LA FIEBRE

TODOS HEMOS TENIDO fiebre alguna vez. La fiebre es un síntoma que, en mayor o menor medida, acompaña a todas las infecciones, desde los catarros hasta el ébola. Sin embargo, a pesar de su universalidad y de lo común de su presencia en muchos problemas de salud, nadie sabía a ciencia cierta qué beneficios aporta, si es que aporta alguno. Nadie lo sabía, pero si continua leyendo, usted también va a averiguarlo.

Para entender cómo se ha descubierto la utilidad de la fiebre conviene que empecemos por explicar qué sucede cuando sufrimos una infección. Cuando un microorganismo penetra en nuestro cuerpo atravesando las barreras epiteliales de defensa, se encuentra primero con unas células centinela encargadas de detectar cualquier invasión.

Estas células centinela capturan algunas unidades enemigas, las degradan a componentes moleculares más simples, y viajan con ellas por la linfa hacia órganos especializados de defensa, donde darán dar la alarma. Estos órganos son los llamados órganos linfoides secundarios, entre los que se encuentran los ganglios linfáticos que puede usted notar inflamados en su cuello cuando sufre una infección en la garganta.

Los órganos linfoides son los centros de reclutamiento de "soldados" inmunes, los linfocitos, que deben legar allí para recibir el mensaje de alarma de las células centinela y entrar en acción. Los linfocitos viajan por la sangre y no tienen ojos, ni oídos. ¿Cómo saben entonces cuándo han llegado a un ganglio linfático?

Afortunadamente, los linfocitos sí disponen de "tacto". En su superficie cuentan con moléculas especiales que se van a adherir a otras moléculas específicas localizadas en las vénulas de los órganos linfáticos, y solo en estas. Sin esta adhesión, los linfocitos no podrían entrar en dichos órganos porque el flujo sanguíneo es muy fuerte, corre con la fuerza de una inundación, y arrastra con él sin remedio a todas las células de la sangre.

¿A Todas? ¡No! Un pequeño grupo de ellas resiste ahora y siempre para vencer al invasor cuando alcanzan las vénulas de los ganglios linfáticos. Como decía, las células de la superficie de estas vénulas están recubiertas de moléculas adhesivas que funcionan como una especie de Velcro molecular. Al llegar a este punto, los linfocitos, que viajan por la sangre a toda velocidad, se ven frenados por la adhesión a estas moléculas y se ponen a rodar sobre la vénula más lentamente, mucho más lentamente, que las otras células sanguíneas. Es como si hiciéramos rodar pelotas de tenis sobre una alfombra peluda. Las pelotas rodarán más lentamente por la alfombra, que sobre un parquet, y lo mismo les sucede a estos linfocitos, aunque el flujo sanguíneo es tan fuerte que algunos siguen siendo arrastrados.

El rodamiento más lento de los linfocitos por la superficie interior de las vénulas les proporciona, además, tiempo para detectar ciertas moléculas allí presentes que activan a otras moléculas de su superficie, las cuales se convierten así en una especie de súper adhesivo fijador. Una vez activadas estas moléculas, los linfocitos quedan fijados a la parte interior de la vénula y dejan de rodar. Ya nada puede despegarlos. En ese momento, las células ponen en marcha un complejo mecanismo molecular que les permite deslizarse entre dos células de la pared de la vénula y salir del torrente sanguíneo para alojarse en el ganglio linfático.

Una vez en el ganglio, los linfocitos examinan a las células centinela para ver si estas llevan en su carga moléculas de potenciales organismos enemigos en su superficie. Los linfocitos no son todos iguales, y solo disponemos de unos pocos capaces de detectar a un enemigo determinado. Esta detección debe realizarse dentro del órgano linfático, donde existe el ambiente celular y molecular necesario para ello. Por esta razón, es tan importante que los linfocitos de la sangre penetren al interior del órgano linfoide.

Caliente, caliente, nos acercamos ya a comprender la utilidad de la fiebre. Investigadores de varias universidades estadounidenses y alemanas han descubierto que el aumento de temperatura en el rango encontrado en la fiebre normal, es decir de 38°C a 40°C, actúa sobre las células interiores de las vénulas de los órganos linfoides y estimula la fabricación de las moléculas adhesivas. De esta manera, las vénulas de estos órganos se convierten en más pegajosas para los linfocitos que deben penetrar a dichos órganos para encontrarse con las células centinela. Estos datos han sido publicados en la revista *Nature Immunology* el pasado mes de diciembre.

¿Qué beneficios reporta esto? El aumento de la adhesividad disminuye la probabilidad de que los linfocitos sean arrastrados por el flujo sanguíneo. A su vez, esto aumenta la probabilidad de que se introduzcan en el interior del órgano linfático y de que encuentren a una célula centinela que les indique la naturaleza del invasor y los estimulen para reproducirse, generar un ejército de linfocitos armados y defender con él al organismo.

Así pues, la fiebre no es un producto indeseable e inútil causado por la infección. Es un componente importante que ayuda a luchar contra la misma. ¿Es conveniente, pues, bajar la fiebre con fármacos cueste lo que cueste? Estos nuevos datos indican que si debemos controlar la fiebre muy alta, que es peligrosa, quizá no sea del todo conveniente bajar la fiebre en el rango de temperatura normal. De todas formas, nuevos estudios aguardan para determinar con precisión si este debe ser el modo de acción más apropiado. Mientras tanto, lo mejor es que haga caso a su médico y se tome lo que le recete para controlar su fiebre cuando lo necesite.

12 de febrero de 2007

ACIDIFICACIÓN GLOBAL

SOLO SI VIVE en otro planeta podría usted, querido lector o lectora de al menos este periódico, no saber nada sobre el calentamiento global. Los datos recogidos sobre la variación de la temperatura media de la Tierra en las últimas décadas indican claramente que está aumentando y que, por consiguiente, nuestro planeta se va calentando paulatinamente. No le voy a repetir las consecuencias, siempre catastróficas, que este calentamiento va a causar, que en todo caso tienen que ver con lluvias, inundaciones, deshielos y sequías.

Si el calentamiento de la Tierra es evidente, las causas del mismo aún siguen siendo debatidas. Es cierto que uno de los sospechosos más probables es el aumento de la concentración de dióxido de carbono, conocido como CO_2, debida al uso de combustibles fósiles, petróleo, carbón, gas natural, y también, aunque en menor medida, a la fabricación de cemento, material sin el cual, por cierto, los pelotazos urbanísticos serían mucho más difíciles.

Del aumento de la concentración atmosférica de este gas también disponemos de evidencias sólidas. Medidas mensuales de su concentración tomadas desde 1958 en la cima del volcán Mauna Loa, en Hawai, indican que su concentración ha aumentado de 316 a 383 partes por millón en la actualidad, y sigue subiendo. La cantidad total de CO_2 en la atmósfera se calcula en unos tres billones de toneladas, pero cada año se liberan a la atmósfera más de 24 mil millones de toneladas de dióxido de carbono procedentes de la combustión de petróleo y carbón, principalmente.

¿Por qué la concentración de CO_2 es considerada como el sospechoso número uno del calentamiento global? Y bien, es por la molesta propiedad de esta molécula de absorber luz infrarroja, es decir, aquella que se encuentra por debajo del rojo, el último color del espectro visible que nuestros ojos pueden percibir.

La luz infrarroja, como todas las radiaciones del espectro electromagnético, desde los rayos gamma a las ondas de radio, transporta energía. La absorción de esa energía por las moléculas de CO_2, emitida desde la superficie de la Tierra calentada por el Sol, no la deja escapar y la transforma últimamente en calor, que causa un aumento de la temperatura. Este efecto del CO_2 atmosférico es el conocido efecto invernadero, conseguido en los invernaderos por materiales, como el vidrio, que atrapan la radiación infrarroja y no la dejan salir con facilidad, lo que causa el aumento de la temperatura del interior del mismo.

El efecto invernadero fue descubierto por el físico y matemático francés Jean Baptiste Joseph Fourier en 1824. Se estima que sin este efecto la temperatura media de la Tierra sería unos 30°C menor. Esto dificultaría mucho, quizá hasta haría imposible, la existencia de vida en nuestro planeta, ya que la mayoría de la Tierra se encontraría por debajo de la temperatura de congelación del agua, y el agua congelada, también conocida como hielo, es incompatible con la aparición de la vida como la conocemos. Así pues, el efecto invernadero no es pernicioso por sí mismo, bien al contrario. Lo que sucede es que, como con todo lo bueno, su exceso puede ser perjudicial.

Evidencia adicional sobre el papel del CO_2 en el calentamiento de nuestro planeta la proporcionan los resultados de los análisis de su concentración en burbujas de aire atrapadas bajo los hielos del continente Antártico y que ahora pueden ser recuperadas y analizadas. Esas burbujas provienen de una atmósfera hasta cientos de miles de años más antigua que la actual. Los análisis han demostrado que las glaciaciones que sufrió el hemisferio norte terrestre se corresponden con disminuciones drásticas de la concentración de CO_2 atmosférico, que alcanzó niveles de solo 180 a 210 partes por millón. Por el contrario, los periodos inter glaciales se corresponden con un aumento de esta concentración a niveles de 280-300 partes por millón, aumento que, evidentemente, no procedió del uso de combustibles fósiles.

Así pues, parece demostrado que el aumento de la concentración de CO_2 atmosférico en nuestro planeta contribuye a su calentamiento. Sin embargo, la concentración actual de CO_2 en la atmósfera no es la más elevada que nuestro planeta ha tenido a lo largo de su historia. De hecho, se calcula que en el periodo comprendido entre hace 600 y 400 millones de años y el periodo comprendido entre hace 200 y 150 millones de años, la concentración de CO_2 en la atmósfera fue de unas 3.000 partes por millón, es decir, casi diez veces mayor que la de la actualidad. A pesar de eso, la vida continuó. Esto quiere decir que, afortunadamente, estamos lejos de alcanzar niveles de CO_2 que puedan ser irreversibles o peligrosos para la vida.

Sin embargo, el CO_2 no solo afecta al calentamiento global. Todos sabemos que el CO_2 es el gas de las bebidas carbónicas y que puede disolverse en el agua y en los jugos de los refrescos de cola. Por esta razón, parte del CO_2 liberado a la atmósfera se disuelve en el mar impidiendo así que contribuya al efecto invernadero.

Un estudio reciente, publicado en la revista *Proceedings of the National Academy of Sciences* demuestra, además, que el CO_2 liberado por la actividad humana ha llegado ya hasta las grandes profundidades marinas. Esto podría parecer una buena noticia, ya que indica que el mar actúa como un importante depósito de este gas, transportándolo desde la superficie al fondo.

Lamentablemente, la disolución del CO_2 en el agua marina aumenta su acidez, acidez que todos hemos comprobado alguna vez al experimentar el cosquilleo causado por las burbujas de este gas presente en bebidas desde la gaseosa al cava. Este aumento de acidez no es muy saludable para ciertas clases de vida marina.

Algunos organismos marinos, como los corales, construyen partes duras de sus cuerpos a base de acumular carbonatos cálcicos, es decir, materiales similares en estructura química al mármol. El problema es que el carbonato cálcico se disuelve cuando la acidez aumenta, por lo que la vida de estos organismos puede verse amenazada por el aumento de CO_2 disuelto en el mar.

Así que ya ve usted, aunque no está totalmente demostrado que el calentamiento global se deba solo a la actividad humana y al aumento del CO_2 en la atmósfera, los efectos perniciosos de este gas no solo afectan a la temperatura, sino también a la vida marina. Una razón más para que tomemos medidas, ahorremos energía fósil y desarrollemos cada vez más energías alternativas.

19 de febrero de 2007

REGRESO A LA LUNA

HACE UNAS SEMANAS, la NASA anunció que se proponía establecer una base permanente en la Luna. Es un proyecto muy ambicioso, mucho más que el proyecto Apolo que, en su undécima misión, consiguió llevar al ser humano a la Luna el 20 de Julio de 1969. Ante semejante ambición la pregunta que muchos se hacen es ¿por qué emplear tanto esfuerzo y dinero en establecer una base en la Luna cuando tenemos a tantas personas desatendidas y malviviendo aquí en la Tierra?

Si hay algo que un buen dirigente debe hacer es saber convencer a sus conciudadanos de que el camino que propone es, sino el mejor, al menos conveniente y beneficioso. Se supone, a fin de cuentas, que los científicos de la NASA deben de conocer algunas cosas que el común de los mortales desconoce. Esa información les permite tomar decisiones que, aunque puedan parecer escasamente una prioridad, son sin embargo importantes para el bien de todos.

La NASA no anda corta de razones para convencernos. En primer lugar, propone que un proyecto de esta magnitud no puede llevarlo a cabo sola. Necesita de la colaboración de las grandes potencias tecnológicas del mundo, como Canadá, Japón y Europa. Esta colaboración en un proyecto en el que todos son necesarios será muy beneficiosa ya que acercará más a estos países y les estimulará a colaborar también en otras áreas más cercanas al suelo terrestre.

Además, una base lunar permanente será el primer paso para extender la especie humana fuera de la Tierra y comenzar el largo proceso de adaptación a la vida en el espacio que un día permitirá colonizar Marte. Las nuevas tecnologías que deberán desarrollarse facilitarán también conseguir un día este objetivo. Estas nuevas tecnologías podrán también tener aplicaciones aquí en la Tierra, como las han tenido muchas de las tecnologías derivadas de la exploración del espacio hasta la fecha.

Por otra parte, tenemos beneficios adicionales. Una base lunar permitirá explorar la posibilidad de extraer minerales de la Luna, o quizá desarrollar sobre ella procesos de producción que sean más eficaces en una menor gravedad. Además, un programa como el propuesto estimulará el desarrollo de programas educativos, y también a la juventud del planeta a involucrarse en la generación e investigación de nuevas tecnologías necesarias para llevar a bien un proyecto de magnitud cósmica, dicho así, sin exagerar.

Y no acaban aquí los beneficios. Una base en la Luna proporcionará una plataforma permanente de investigación científica sobre el espacio exterior, además de permitir el estudio de secretos sobre el nacimiento del sistema solar que nuestro satélite más romántico y natural guarda en sus rocas.

Y es que la Luna ofrece un entorno ideal para la observación astronómica. Para empezar, todos sabemos que la Luna nos muestra siempre la misma cara. En realidad lo importante es que mantiene alejada de nosotros su otra cara. Como sabemos, esto es debido a que gira sobre su eje al mismo tiempo que gira alrededor de la Tierra. Para entenderlo mejor, dibuje un punto sobre un papel, (que representará a la Tierra) y ponga una moneda (que representará a la Luna) a una distancia del mismo, en línea recta, de unos diez centímetros. Fíjese qué parte de la moneda apunta hacia el punto dibujado y qué parte queda alejada del mismo. Ahora haga girar la moneda 90° sobre sí misma al mismo tiempo que la gira 90° alrededor del punto, hacia su derecha. La moneda se encuentra a la derecha del punto, en horizontal, pero sigue apuntando hacia él la misma parte que apuntaba, y alejando de él la misma parte que alejaba al principio.

La cara que la Luna nos oculta está protegida de cualquier radiación electromagnética que se emita desde la Tierra, y que es el mayor enemigo de la radioastronomía, u observación astronómica basada en la detección de ondas de radio emitidas por los distintos objetos del universo: nebulosas, galaxias, estrellas... Una base en esa parte de la Luna permitiría una observación radioastronómica sin parangón en la Tierra.

Otra gran ventaja de la Luna para la astronomía es la ausencia de atmósfera. Si ha mirado al cielo una noche clara en el campo, observará que algunas estrellas titilan, es decir parece como si su luz dudara, y brillara más o menos a cada segundo. Este fenómeno es causado por las turbulencias de la atmósfera, que impiden adquirir buenas imágenes con telescopios desde la Tierra. Esta es la razón por la que se puso en órbita el telescopio espacial Hubble, para librarlo de la influencia perniciosa de nuestra atmósfera.

Por si esto fuera poco, la Luna ofrece también algunas regiones que se encuentran siempre ocultas al Sol y que, por esa razón, están casi tan frías como el espacio exterior, a solo unos pocos grados de temperatura sobre el cero absoluto. Este es el entorno ideal para la observación astronómica por rayos infrarrojos, producidos por cuerpos calientes y utilizados en los aparatos militares de visión nocturna, que seguramente habrá visto funcionar en alguna película de espías.

En fin, que las ventajas de la observación astronómica en la Luna son tantas que los científicos de la NASA y otros astrónomos no están dispuestos a quedarse a la luna de Valencia y esperar hasta el año 2024, año en que se calcula que podrá comenzar a estar operativa dicha base lunar, para conseguir sus astronómicos sueños de exploración espacial. ¿Qué pretenden hacer?

Pues nada menos que fabricar instrumentos astronómicos que puedan desplegarse o incluso fabricarse sobre la propia Luna mediante procesos automatizados y robotizados. Los científicos estiman que las nuevas tecnologías que se pretenden desarrollar para poner en marcha la base lunar permitirán realizar esta hazaña en solo unos pocos años, y que con ellas se podrá desplegar un telescopio de un metro de diámetro que será capaz de observar las estrellas menos luminosas y estudiar la presencia de planetas a su alrededor.

Ya ven ustedes, la tecnología nunca se detiene. Estoy seguro de que sus avenidas muchas veces insospechadas lograrán un día no muy lejano mejorar la vida de quienes hoy se preguntan para qué demonios vale que los astronautas viajen a la Luna.

26 de febrero de 2007

UN DESCUBRIMIENTO DE LA LECHE

SI ES USTED una persona como la mayoría, probablemente, para desayunar, se introduce entre pecho y espalda todas las mañanas un buen tazón de café con leche. Quizá incluso coma un yogur, o queso fresco. Todo normal, muy cotidiano. Y sin embargo...

No sé si se ha parado usted a pensar que la leche y sus derivados son alimentos para chiquillos. Ningún otro mamífero adulto, evidentemente menos aun las aves o los reptiles, toma leche. De hecho, los mamíferos adultos no toleran la leche, son incapaces de digerirla adecuadamente y si la beben sufren problemas digestivos que, si no son del todo graves, sí son incómodos, olorosos y de líquidas y pardas consecuencias. Esto no parece sucedernos a nosotros, los humanos. ¿Es así? ¿Por qué?

Y bien, no es exactamente así. Solo los humanos adultos de ciertas regiones del planeta toleran la leche, en particular los originarios de Europa Central y del Norte, y también de África Central. Sin embargo, los orientales, chinos, coreanos y japoneses, entre otros, muestran una intolerancia a la leche y esta no forma parte de su dieta prácticamente en ninguna de sus elaboradas formas. ¿A qué se debe esta intolerancia a la leche?

Para digerir la leche adecuadamente es necesario digerir sus componentes. En particular, es necesario digerir la lactosa, el azúcar más común de la leche. La lactosa se parece al azúcar de mesa, la sacarosa. Es, como esta, un disacárido, es decir, un azúcar formado por la unión de dos monosacáridos. El azúcar de mesa está formado por la unión de glucosa y fructosa, mientras que la lactosa está formada por la unión de galactosa y glucosa.

Para ser digeridos y absorbidos correctamente en el intestino, los disacáridos necesitan ser separados en sus monosacáridos correspondientes. Esto se lleva a cabo en el aparato digestivo mediante el concurso de enzimas digestivos específicos. En el caso de la sacarosa, es el enzima maltasa la que va a actuar. En el caso de la lactosa, es el enzima lactasa la que actúa.

Los enzimas digestivos son proteínas, y como todas las proteínas están producidas por la acción de genes concretos. A lo largo de los cientos de millones de años de evolución, los animales han aprendido a no tener en funcionamiento más que los genes que necesitan en un momento dado de sus vidas, y a "apagar" aquellos que no son necesarios. En el caso del gen de la lactasa, los mamíferos lo "apagan" cuando la leche deja de ser su alimento, es decir, cuando comienzan a ingerir una dieta adulta.

En el caso de los humanos intolerantes a la leche, el gen de la lactasa deja de funcionar a la edad de cuatro años, más o menos. Sin embargo, como ya he dicho, esto no sucede en todos los individuos de nuestra especie. Muchos de nosotros nos beneficiamos de una mutación en este gen que consigue que no se "apague" y continúe funcionando durante toda la vida.

Los científicos interesados en la evolución humana, tanto biológica como cultural, han intentado establecer cuándo apareció esta mutación en el gen de la lactasa, ya que suponen que su aparición pudo estar ligada al desarrollo de la ganadería. Algunos estudios argumentan que la mutación apareció en lo que es hoy Suecia, hace unos seis mil años. Otros concluyen que la mutación apareció en el Oriente Medio unos quinientos años antes. En cualquier caso, el consenso es que la mutación es extremadamente reciente en términos evolutivos.

En todo caso, apareciera cuando apareciera, la pregunta que no parece posible responder es: ¿qué fue antes?, ¿el huevo o la gallina? Perdón, ¿la leche o la vaca? Es decir, no tenemos datos sobre si la mutación apareció primero y como consecuencia de permitir así el consumo de leche a los adultos, algún genio mutante inventó la ganadería de vacuno, o si, por el contrario, algún genio no mutante inventó la ganadería de vacuno y eso fue lo que propició que aquellos que tenían la mutación la expandieran en la población, por las ventajas que confería.

Para intentar averiguar el orden de los acontecimientos, Joachim Burger de la Universidad de Mainz, Alemania, y Mark Thomas de la University College de Londres, decidieron estudiar el ADN de esqueletos de hace entre 3.800 y 6.000 años, descubiertos en yacimientos arqueológicos de Alemania, Hungría, Polonia y Lituania.

Estos investigadores y sus equipos perforaron dientes y huesos de esos esqueletos en busca del ADN de su interior, que suponían estaría en parte protegido de los efectos del tiempo. Una vez extraído analizaron la presencia de mutaciones en el gen de la lactasa que permitieran su funcionamiento continuado. Sin embargo, no encontraron evidencia alguna de dicha mutación en esos restos, lo que publican en el último número de la revista *Proceedings of the National Academy of Sciences* estadounidense.

¿Qué quiere decir esto? Estos investigadores concluyen que sus datos concuerdan con la hipótesis hoy aceptada por la mayoría de los científicos, y que mantiene que la mutación no existía antes de la invención de la ganadería. Una vez inventada esta, la mutación confirió tal ventaja a quienes la poseían, permitiéndoles beber leche toda su vida, un alimento muy nutritivo y también libre de parásitos, que esta mutación se expandió rápidamente por la población.

Otros científicos indican, sin embargo, que estos datos no son concluyentes, ya que hace falta analizar el ADN de muchos más esqueletos para estar seguros. No obstante, es formidable que las modernas técnicas de biología molecular permitan aislar y analizar ADN de esqueletos de seis mil años de antigüedad en busca de mutaciones que pudieron afectar de manera importante a la evolución humana.

Queda ahora por averiguar por qué otras poblaciones de nuestra especie no poseen esta mutación. Sin embargo, es posible especular que la mutación fue ventajosa en solo algunas poblaciones y durante algún periodo particularmente duro para su supervivencia, lo que tuvo como consecuencia que mayoritariamente sobrevivieran solo aquellos que toleraban la leche y transmitieran así esta ventajosa mutación a su descendencia. En cambio, en otras poblaciones en las que la tolerancia a la leche no fue tan determinante para su supervivencia, la mutación no se expandió, como no se expande en la actualidad, ya que es claro que, hoy, la mutación no confiere una gran ventaja de supervivencia.

5 de marzo de 2007

QUIMÉRICAS ESPERANZAS

UNA DE LAS historias más escalofriantes de la ciencia-ficción llevada al cine es la titulada: *La mosca*. Un científico se encuentra perfeccionando un revolucionario sistema de teletransportación, que relegará irremediablemente a Boeing y Airbús a los libros de historia. Cuando cree que ha solucionado todos los problemas, decide probar a teletransportarse a sí mismo. La mala suerte, o el descuido y la excesiva confianza, quieren que una mosca, que no es detectada a tiempo, se introduzca en la máquina con él. Durante el proceso de teletransportación, los genes de la mosca y del científico se mezclan, creando una quimera molecular que inicialmente es en todo humana, pero que, poco a poco, lenta y espantosamente, metamorfosea a un gigantesco y horrible insecto. Siempre he pensado que si hay algo tan kafkiano como las historias de Kafka, esta historia lo es.

Como sabemos, las quimeras son animales mitológicos imposibles, mezcla de dos animales diferentes. Son quimeras el minotauro (cuerpo de hombre, cabeza de toro), los faunos (cuerpo de hombre, patas de cabra), la esfinge (cabeza humana, cuerpo de león), y la bicha de Balazote (quimera ibérica con cabeza de hombre y cuerpo de vaca o toro, justo al revés que el minotauro).

Sin embargo, en biología y medicina una quimera es un organismo derivado de células de dos organismos diferentes, aunque de la misma especie. Por ejemplo, puede darse el caso de que si se fecundan al mismo tiempo dos óvulos por dos espermatozoides diferentes, los dos embriones resultantes se fusionen en uno solo. El organismo consiguiente poseerá células derivadas de dos óvulos fecundados diferentes y será, por tanto, una quimera. Un episodio de la conocida serie *House* trataba de este interesante y extraño tema.

Claro que una quimera es, sobre todo, un sueño irrealizable o de muy difícil realización. Uno de estos sueños está siendo últimamente la curación de enfermedades degenerativas mediante la manipulación de células madre. Es este un tema polémico por sus implicaciones éticas, sobre todo por el empleo de células madre embrionarias, es decir, las extraídas de embriones humanos.

Recordemos que una célula madre es aquella capaz de originar las más de doscientas veinte clases de diferentes células que conforman los órganos y sistemas del cuerpo. Estas células madre se producen en un estadio muy temprano del desarrollo embrionario, el llamado blastocisto, que ocurre entre cuatro y cinco días tras la fecundación el óvulo. El blastocisto, que contiene solo unas cien células, puede manipularse en el laboratorio para extraer de él células madre que luego pueden mantenerse en cultivo y ser utilizadas para la investigación biomédica encaminada al desarrollo de nuevas terapias para enfermedades tan terribles como el Parkinson, el Alzheimer o la diabetes.

La manipulación de embriones humanos plantea serios problemas éticos y operativos. No solo es controvertido su uso para la investigación, sobre todo para quienes creen que los embriones de tan pocas células son ya seres humanos completos, sino que es complicado extraer óvulos humanos de mujeres voluntarias o de aquellas que se someten a procedimientos de fecundación in vitro.

Por estas razones a algunos se les ha ocurrido la brillante idea, y no bromeo, de investigar con células madre humanas, pero producidas a partir de blastocistos derivados de óvulos de vaca, o de conejo. Sí sí, de esos animales, y no de la mujer, a pesar de lo cual esas células son humanas. ¿Es esto una quimera? Pues bien, sí. Lo es, pero es también una realidad de la ciencia. Expliquémoslo.

Desde que hace ya diez años se clonó al primer mamífero, la oveja Dolly, más famosa que el protagonista de *La mosca* –y no digamos ya del autor de la historia–, se pueden conseguir embriones mediante la técnica de la clonación. Recordemos que esta consiste en eliminar de un óvulo su núcleo, que contiene todos los cromosomas y, por tanto, todos sus genes, e introducirle en su lugar el núcleo de una célula adulta, con sus cromosomas y sus genes. Una ligera descarga eléctrica pone en marcha el proceso de división celular y este óvulo se divide hasta el estado de blastocisto, y si es implantado en un útero, hasta bien más allá.

Si aislamos un óvulo de vaca, o de otro animal de granja o de laboratorio, le extraemos su núcleo y le introducimos el núcleo de una célula humana, conseguiremos algo así como un óvulo quimérico fecundado. Si iniciamos el proceso de división celular con la descarga eléctrica, a cada división se reproducirá también el ADN humano, pero no las proteínas y resto de componentes del óvulo animal. Poco a poco las células al dividirse se convertirán cada vez más en humanas. Al llegar al estadio de blastocisto, las células madre que de él se podrán extraer serán en su mayor parte humanas. Solo sus mitocondrias y quizá algunos restos de proteínas serán animales. Estas células madre podrán ser utilizadas para la investigación biomédica básica.

Desde el punto de vista del buen gusto esta metodología puede parecer repulsiva y contraria a la Naturaleza. Sin embargo, en ningún momento se manipulan embriones humanos. El óvulo, es de animal, y el núcleo que se le introduce proviene de una célula adulta humana, por ejemplo de la piel. Es improbable, por no decir imposible, que el blastocisto resultante posea la esencia del espíritu humano, cual sea que esta sea. Sin embargo, posee los atributos moleculares, es decir, a la postre, corporales, de la humanidad.

En el Reino Unido van a iniciarse proyectos de investigación basados en estos embriones moleculares quiméricos. Lo verdaderamente único de esto es que la ciudadanía va a ser preguntada en consulta popular si están de acuerdo o no en permitir este curso de acción. Las encuestas indican un 70% de opiniones favorables, por el momento.

Yo me felicito por ello, y espero que se dé luz verde definitiva para iniciar las investigaciones. A pesar de la popularidad de historias de ciencia–fuera–de–control y de científicos–locos–que–quieren–gobernar–el–mundo, al menos en el Reino Unido la mayoría de las personas saben y aprecian que es de la ciencia y de los científicos de donde surge el progreso de la Humanidad, y también la esperanza, cada vez menos quimérica, de curar todas las enfermedades.

12 de marzo de 2007

¿NOS HACEN HUMANOS EL AMOR Y LA GUERRA?

UNA DE LAS características de nuestra especie, quizá lo que nos convierte en humanos, es que no hemos dejado nunca de preguntarnos qué nos hace humanos. La pregunta ya la formularon los antiguos griegos, aunque seguramente no fueron los primeros. Los filósofos de la Grecia antigua proporcionaron también una respuesta razonable. Decían que si lo que caracteriza a los peces es nadar y a las aves, volar, lo que caracteriza al ser humano es pensar, aunque no pensar por pensar, sino pensar con el objetivo de comprender y conocer el mundo y compartir ese conocimiento con el resto de la sociedad. Lo característico de lo humano, para ellos, era la racionalidad para beneficio de la sociedad.

Como hipótesis, esta idea está muy bien, pero para conocer qué nos hace humanos los científicos necesitan algo más que agradables ideas razonables. Para responder a esta pregunta, como a todas las preguntas, lo mejor es observar y, si es posible, experimentar y, solo entonces, razonar. Por ello, nada mejor para descubrir lo característico de nuestra especie que estudiar y experimentar con el comportamiento de las especies más cercanas.

La observación más elemental del comportamiento de nuestra especie revela que el ser humano vive en sociedad. Esto sería imposible sin una mínima capacidad para comprender las necesidades y motivaciones de los otros, sin una capacidad para colaborar con ellos. Por esta razón, un grupo de investigadores del Instituto Max Planck de Antropología Evolutiva decidieron estudiar las habilidades colaboradoras entre los miembros de una de las especies más cercanas a la nuestra: el chimpancé.

Hace un año relataba en estas páginas cómo se habían realizado estos experimentos y sus resultados, que resumo brevemente de nuevo aquí. Se ofreció a ocho chimpancés semisalvajes, no relacionados entre sí por lazos de familia, la posibilidad de reclutar ayuda de otros en situaciones donde bien era imperativo para conseguir comida, bien la ayuda no era necesaria. Se dejaba a un solitario chimpancé en una estancia central en la que para alcanzar su comida era necesario tirar de dos cuerdas al mismo tiempo. La estancia estaba comunicada con otras dos, cerradas por una reja corrediza, donde se encontraba un chimpancé en cada una. Al chimpancé de la estancia central se le enseñaba a usar una llave que permitía abrir las rejas de las estancias vecinas, es decir, este chimpancé podía decidir si era necesario dejar entrar o no a un colaborador en su estancia.

Si las cuerdas se situaban a corta distancia entre sí, el chimpancé de la estancia central podía tirar de ellas él mismo con ambos brazos y acercar así su comida. No obstante, si las cuerdas estaban a gran distancia, dos chimpancés debían tirar de ellas al mismo tiempo. El chimpancé de la estancia central debía analizar cada situación y decidir si dejar entrar a otro de los chimpancés para que le ayudara. El problema era que, si hacía esto último, debería pagar un precio: compartir la comida con él, vérsela arrebatada por su compañero o tener que pelearse para evitarlo, lo cual muchas veces sucedía, de todos modos. Por esta razón, este chimpancé siempre elegía al que creía mejor colaborador y menos agresivo.

Los resultados de estos experimentos confirmaron que, como se sospechaba, los chimpancés no son tontos. El chimpancé de la estancia central solo dejaba entrar a un colaborador si era necesario, es decir, si las cuerdas estaban colocadas a gran distancia. Además, dejaba entrar siempre al mismo, su coleguilla con quien se llevaba bien.

Sin embargo, el chimpancé no es la única especie cercana a nosotros. Existe otra, llamada chimpancé pigmeo o bonobo, similar en aspecto físico al chimpancé, pero muy diferente en su estructura social y personalidad. Los científicos han calculado que los humanos y los ancestros de chimpancés y bonobos se separaron hace unos cinco millones de años: Por otra parte, el bonobo se separó del chimpancé hace solo un millón de años.

Los primatólogos han comprobado que, a pesar de su capacidad para colaborar, los chimpancés son una especie dominada por los machos, los cuales muestran una conducta muy competitiva y agresiva frente a machos de otros grupos. Sin embargo, los bonobos establecen sociedades dominadas por las hembras, en las cuales se utiliza el sexo para reducir tensiones y crear un ambiente de paz. Así, la hembras establecen fuertes lazos entré sí mediante el divertido método de frotar sus genitales.

Los machos de esta especie también se entretienen poniéndose de espaldas y frotándose sus escrotos, o de frente frotándose sus penes erectos, sobre todo en situaciones donde pueden surgir tensiones como, por ejemplo, cuando es necesario compartir alimento. De hecho, ofrecer alimento a bonobos en cautividad es suficiente para que los penes se pongan en erección, lo que en nuestra especie, me temo, no sucede ni en los mejores restaurantes. Por supuesto, las relaciones sexuales y frotamientos son también comunes entre los dos sexos, a pesar de lo cual los bonobos no muestran una tasa de reproducción superior a la de los chimpancés, que no se dedican, para su desgracia, a este tipo de frotamientos.

En experimentos similares a los realizados con el chimpancé, los investigadores del instituto Max Planck han estudiado la capacidad de colaborar de los bonobos. En particular, han estudiado qué sucede cuando el alimento que se ofrece está troceado y puede ser fácilmente compartido, o se presenta en un gran trozo que solo un animal puede disfrutar. En ambos casos, los bonobos colaboraban bien y, más importante aun, compartían el premio alcanzado más fácilmente que los chimpancés, tomando turnos para comer si era necesario, aunque antes de hacerlo se frotaban los genitales por unos minutos. Los chimpancés, en cambio, aunque también colaboraban, como ya he dicho, originaban aparatosas disputas cuando el alimento ofrecido no estaba troceado y, muchas veces, tras una violenta escaramuza, uno de los animales dejaba sin nada al otro.

¿Qué podemos aprender de todo esto sobre nuestra propia especie? Y bien, si los chimpancés hacen la guerra y no el amor, y los bonobos hacen el amor y no la guerra, los humanos hacemos el amor (poco) y la guerra (bastante). Desde luego, para desesperación de muchos y muchas, no solemos frotarnos, en compañía, los genitales. Quizá esa sea la razón de nuestra, muchas veces, excesiva agresividad y sed de poder. Sin embargo, otros, incluso sin esos frotamientos sexuales, son capaces de colaborar, de ayudar a los demás, de servir a otros, a la sociedad que da sentido a todo lo que hacemos, incluso cuando nos revelamos contra ella. ¿Somos los humanos una mezcla de chimpancés y bonobos? ¿Somos chimpabobos?

19 de marzo de 2007

METARRATAS

UNA DE NUESTRAS características como seres humanos es que nos creemos más listos de la media e incluso, que casi todos los demás. Evidentemente, alguien debe estar equivocado. No todo el mundo puede ser más listo que todo el mundo. Igual de listo sí, pero no más.

En cualquier caso, estemos equivocados o no, cada uno de nosotros tiene una idea de lo listo o tonto que es, es decir, todos tenemos una hipótesis sobre la calidad y cantidad de nuestra propia inteligencia y de nuestras habilidades. Creemos saber lo que podemos o no podemos comprender o hacer. De lo acertada que sea esta hipótesis depende en buena medida que tomemos decisiones adecuadas sobre si debemos o no atrevernos a realizar ciertas tareas o a enfrentarnos con determinados desafíos personales o profesionales.

Conocer lo que conocemos o de lo que somos capaces se llama metaconocimiento. Al igual que la metafísica es una disciplina "más allá" de la física, el metaconocimiento es una habilidad que va más allá del mero conocimiento sobre el mundo, y se refiere a lo que conocemos sobre nosotros mismos.

Tradicionalmente se ha supuesto que solo el ser humano era capaz de esta proeza intelectual. Sin embargo algunos experimentos recientes han demostrado que los primates, de los que hablaba la semana pasada en estas páginas, también poseen la capacidad del metaconocimiento, es decir, de saber lo listos o tontos que son.

Sin embargo, no solo los primates son capaces de albergar ideas sobre sí mismos y sus capacidades intelectuales. Sorprendentemente, las ratas, esos simpáticos animales de alcantarilla y laboratorio sin los cuales no podríamos disfrutar de muchísimos medicamentos y tratamientos médicos, son también lo suficientemente listas como para saber lo listas que son. Es lo que han demostrado un grupo de investigadores de la Universidad de Georgia, en los Estados Unidos.

Evidentemente, no podemos preguntarle a un mono, o a una rata, si creen que son lo suficientemente listos como para resolver un puzle o encontrar comida en un laberinto, y luego comprobar si tienen o no razón haciendo que intenten resolver el problema. ¿Cómo podemos averiguar lo que una rata sabe sobre sí misma, si acaso sabe algo, si la rata no nos lo puede decir? Está claro que hay que ser muy listo para averiguarlo.

Los científicos también se creen muy listos, y algunas veces, hasta lo son. En esta ocasión, los científicos han demostrado ser, al menos, tan listos como las ratas objeto de estudio, lo que no es, ni mucho menos, siempre el caso. Lo sé de buena fuente.

Para averiguar lo que una rata sabe sobre sí misma, los investigadores han utilizado un ingenioso proceso, mucha paciencia y, sobre todo, el método científico. Para comenzar, se hace que los animales se familiaricen con la ejecución de una prueba. En este caso, se trata de discriminar si un pitido es largo o corto. Para ello se coloca a la rata en una jaula con dos palancas, una a cada lado. Una representa el pitido largo (de 4,4 a 8 segundos) y la otra, el corto (de 2 a 3,6 segundos). Al ser expuestas a pitidos de diversas duraciones las ratas van aprendiendo que misteriosas bolitas de delicioso alimento surgen por un agujero al pulsar la palanca adecuada. Pronto aprenden a pulsar la palanca que corresponde al tipo de pitido que se les hace oír.

Al principio se comienza con sonidos fáciles de distinguir. Por ejemplo un pitido de 2 y otro de 8 segundos. Cuando han aprendido que uno es corto y el otro largo, poco a poco se les hace oír sonidos cortos un poco más largos (por ejemplo, 3 segundos) y sonidos largos cada vez más cortos (por ejemplo, 6 segundos). La prueba se hace así más difícil. Al final se emplean pitidos cortos y largos de duración similar, que son muy difíciles de discernir por los animales, aunque, como es natural, hay animales más hábiles que otros para lograrlo.

En este periodo de aprendizaje, las ratas aprenden pues a pulsar la palanca adecuada al oír pitidos largos o cortos, pero quizá también aprendan lo hábil que cada una es en distinguir esos dos tipos de pitidos. ¿Cómo podemos ahora averiguar si han aprendido precisamente eso?

Y bien, con otro tipo de prueba, muy ingeniosa. Una vez familiarizadas con los pitidos, se enseña a las ratas que ahora deben elegir si desean o no pasar la prueba de los pitidos. Para ello se les expone a los dos pitidos cuya duración deben discriminar y se les enseña que ahora deben introducir su hocico en uno de dos agujeros diferentes. Uno significa "quiero pasar la prueba" y otro significa "no quiero pasar la prueba". Si deciden pasarla y lo hacen bien, reciben una gran recompensa, pero si lo hacen mal no reciben nada. Por otra parte, si deciden rehusar la prueba, reciben siempre una pequeña recompensa.

Así pues, ahora los animales deben evaluar la probabilidad que tendrán de pasar la prueba con éxito (y recibir una recompensa grande) contra la opción de rehusar la prueba y de recibir una segura, pero menor, recompensa. Por supuesto si una rata se cree muy lista, elegirá pasar la prueba, pero si no se cree capaz de pasarla, entonces rehusará hacerlo para conseguir de todos modos una recompensa.

Muy bien, pero ¿cómo sabemos con esta prueba que las ratas saben lo listas que son? Hay dos evidencias que así lo demuestran. En primer lugar, los investigadores observaron que cuanto más difícil era la prueba, es decir, cuanta más cercana era la duración de los pitidos, menos ratas optaban por intentar pasarla. En segundo lugar, el porcentaje de ratas que pasaban la prueba con éxito disminuía con la dificultad de la misma, pero lo hacía mucho más en las ratas a las que se forzaba a pasarla, aunque fuera dificultosa, que en aquellas que podían elegir pasarla o no. En otras palabras, las ratas que elegían pasar la prueba sabían que podían pasarla, a pesar de su dificultad, y muchas veces estaban en lo cierto. Conocían sus capacidades.

"Conócete a ti mismo", decían los antiguos y grandes filósofos griegos. Algunos incluso piensan que en este pensamiento comienza la propia filosofía, la propia moralidad, el conocimiento mismo del bien y el mal. La ciencia ahora nos demuestra que hasta las ratas pueden hacerlo. ¡Cuanto no más el ser humano!, el cual, bien al contrario, lamentablemente a menudo se esfuerza, con drogas, alcohol, telebasura y fútbol, entre otras lindezas de nuestra "cultura", en ignorarse a sí mismo.

26 de marzo de 2007

EL CEREBRO ÉTICO

MIS LECTORES HABITUALES conocen que uno de mis temas favoritos es el estudio científico del propio ser humano. Lo que nos hace humanos, o muchas veces inhumanos, parece algo intangible, fuera del mundo material. Sin embargo, es también objeto de estudio científico.

Entre los temas más debatidos se encuentra cuál es la razón de nuestra capacidad para tomar decisiones éticas, es decir, tomar decisiones no en nuestro propio beneficio sino en el mayor beneficio posible para los demás. Dentro de este tipo de decisiones se encuentran aquellas que plantean un conflicto, como los casos, terribles, que a veces suceden en las guerras o tras las catástrofes naturales, de permitir, o incluso causar, la muerte de alguien para salvar la vida de un número mayor de personas.

Desde la Antigüedad, los filósofos y religiosos han atribuido esta capacidad del ser humano al aprendizaje de los principios éticos durante la infancia y al uso del razonamiento lógico consciente. Esta postura mantiene, pues, que sin aprendizaje y sin uso de razón no podríamos tomar decisiones éticamente correctas.

Sin embargo, más recientemente, se ha ido acumulando evidencia clínica, psicológica, y la recogida en análisis funcionales del cerebro, que apoya la idea de que las emociones ejercen un efecto muy importante en la toma de decisiones éticas. Según esta idea, al menos en parte, tomar buenas o malas decisiones éticas; en suma, actuar bien o mal, dependería también de nuestra capacidad emocional.

Para intentar confirmar o refutar esta hipótesis, un grupo de investigadores dirigidos por el Dr. Antonio Damasio, premio Príncipe de Asturias de Investigación 2005, ha estudiado la toma de decisiones éticas en un grupo de pacientes con lesiones, aparecidas en la edad adulta por infarto cerebral o extirpación de un tumor, en la región del cerebro llamada córtex prefrontal ventromediano (CPVM), que se sitúa inmediatamente detrás de nuestra frente. Los resultados de estos estudios han sido publicados en el número de la semana pasada de la revista *Nature*.

Existen sólidas pruebas de que las neuronas de esa región del cerebro codifican el valor emocional de los estímulos, sobre todo de los estímulos sociales. Personas con lesiones en dicha región muestran una disminución de emociones sociales tales como la vergüenza y la culpa, las cuales, como sabemos todos, están asociadas con valores morales. Sin embargo, a pesar de estas deficiencias, sus capacidades de razonamiento lógico, su inteligencia general y su conocimiento de las reglas de comportamiento ético no se encuentran afectados.

El equipo del doctor Damasio sometió a un grupo de pacientes con lesiones en el CPVM, a otro grupo con lesiones en otras zonas del cerebro y a un tercer grupo de personas normales que servían de comparación (controles sanos) a varias pruebas conflictivas de toma de decisiones éticas. Como ejemplo, me permito recordarle a continuación uno de los dilemas morales más conocidos de este tipo.

Paseando una buena mañana por las afueras de su pueblo, llega usted a un punto de bifurcación de una vía de tren. Para su horror y sorpresa se encuentra con cinco personas atadas sobre la vía en una de las ramas de la misma, y con otra persona atada sobre la otra. Al verle, todas gritan y le piden ayuda. Cuando se dispone a desatar a la primera, se horroriza más aun al ver que un tren se aproxima a toda velocidad. No hay tiempo de desatar a nadie. Se da cuenta, además, de que si no hace nada el tren matará en su trayectoria a las cinco personas atadas sobre la vía. Sin embargo, si usted acciona la palanca de cambio de agujas, el tren se desviará y matará solo a la única persona atada sobre la otra rama de la vía. ¿Accionará usted esa palanca?

Supongamos ahora un escenario ligeramente diferente. Llega usted a un puente bajo el cual pasa la vía del tren. Igualmente, ve a cinco personas atadas sobre la vía a las que el tren, que se ya aproxima a toda velocidad, va a matar sin remedio... a menos que empuje usted a una persona que se encuentra también sobre el puente para que caiga sobre la vía y haga frenar al tren, lo que salvará a las cinco personas. ¿Empujará usted a esa persona?

Si es usted una persona cerebréticamente sana, habrá respondido que accionará la palanca en el primer caso, pero que no empujará a la persona del puente en el segundo. Al menos, eso respondieron las personas normales y los pacientes con lesiones cerebrales en regiones diferentes del CPVM.

Al parecer, en el caso del puente, el hecho de ser el agente causante directo de la muerte de una persona, aunque con ello salvemos a cinco seres humanos, es emocionalmente demasiado duro, y eso nos impide hacerlo. Por otra parte, en el caso de la vía, a pesar de que actuando la palanca también debe morir una persona para salvar a cinco, no nos consideramos agentes directos de su muerte. Al fin y al cabo, no hemos sido nosotros quienes la hemos atado allí.

Si son realmente las emociones las que nos hacen actuar de manera distinta en ambos casos, entonces es de esperar que los pacientes con lesiones en el CPVM actuarán de manera diferente, al carecer de emociones sociales. Esto es, exactamente, lo que sucede. Estos pacientes no tuvieron ningún problema en empujar, imaginariamente, por supuesto, a la persona del puente para salvar a las otras cinco. Ellos aplicaron la fría lógica de las simples matemáticas, los demás no pudieron hacerlo.

Estos resultados indican que las emociones desempeñan un papel muy importante en la toma de decisiones de índole moral, fundamentales para la vida en sociedad. Como las emociones poseen una base biológica, esto indica, además, que nuestro comportamiento moral está en parte biológicamente determinado. No necesitamos imperiosamente de reglas aprendidas para convertirnos en seres morales. Lo somos por naturaleza, como resultado de nuestra evolución en grupos de individuos que necesitan la cooperación para sobrevivir. Las emociones suscitadas por la pertenencia a un grupo, los sentimientos de culpa y vergüenza, ayudan a potenciar esa cooperación ética con los demás, por eso nuestra evolución los ha mantenido y codificado en nuestro cerebro.

2 de abril de 2007

TRANSGÉNICOS ANTIMALARIA

Genes egoístas pueden ayudarnos a vencer la malaria, una enfermedad que mata una persona cada 30 segundos

DECÍA EL REY Alfonso X el Sabio que si hubiera estado presente durante la creación, habría dado a Dios algunas indicaciones útiles. Aunque no soy, ni mucho menos, tan sabio como lo fue el rey Alfonso, creo que una de las indicaciones útiles que este buen rey hubiera dado al creador –en realidad, Alfonso no lo sabía, a la evolución biológica de la que emanamos todos–, es que no creara al mosquito *Anopheles*, o bien, al menos, que no fuera portador del parásito causante de la malaria.

Y es que la malaria mata entre uno y tres millones de personas al año, es decir, alrededor de una persona cada 30 segundos, la mayoría niños del África subsahariana. La enfermedad está causada por protozoos de los géneros *Plasmodium*, cuyo ciclo vital necesita del mosquito *Anopheles* y del ser humano. En este último, el parásito se reproduce en el interior, primero del hígado, y después de los glóbulos rojos, a los que destruye. Esta destrucción causa anemia acompañada de otros síntomas, como fiebre, escalofríos y nauseas, que acaban por causar el coma y la muerte al afectado.

Las hembras de mosquito *Anopheles* diseminan la enfermedad con sus picaduras. Las células sexuales del parásito, formadas dentro de los glóbulos rojos de una persona infectada, y absorbidas por el mosquito hembra con la sangre extraída de una picadura, se establecen en el intestino del insecto donde forman un quiste. En este quiste se produce entonces la formación de nuevas esporas. Tras este periodo, el quiste se rompe, las esporas son liberadas al cuerpo del mosquito y viajan hasta las glándulas salivares. Cuando el mosquito pica a otra persona le introduce su saliva (que posee propiedades anticoagulantes) y, con ella, las esporas.

¡Una muerte cada 30 segundos! ¿Qué podemos hacer para evitarlo? Como el lector sabrá, se han dedicado intensos esfuerzos para elaborar una vacuna eficaz contra la malaria, pero hasta el momento, a pesar de importantes avances, no se ha conseguido una que sea lo suficientemente eficaz para frenar la enfermedad.

Por esta razón, la ciencia explora también otras avenidas. Una de ellas es interrumpir de alguna forma el ciclo de vida del parásito. Como esto es más fácil de investigar con el mosquito *Anopheles* que con el ser humano, es lo que se ha hecho.

Hace unas semanas se publicó la noticia de que investigadores estadounidenses habían creado un mosquito modificado genéticamente, resistente al *Plasmodium* causante de una enfermedad similar a la malaria en ratones de laboratorio. Este mosquito se había generado por técnicas de biología molecular y contaba con un transgén, es decir, un gen normalmente no presente en su genoma. Este gen, llamado SM1, produce una proteína que impide al parásito establecerse en el intestino del mosquito, lo que imposibilita, a su vez, la formación de esporas que lleguen a su saliva.

La idea tras la creación de este mosquito transgénico es la de sustituir a los mosquitos salvajes, vectores de la malaria, por estos nuevos organismos inmunes a ella, creados no por Dios, ni por la evolución natural, según lo que cada uno crea, sino por la ciencia. Los investigadores creadores del mosquito han estudiado su capacidad de reproducción durante varias generaciones y han comprobado que, forzados a alimentarse de sangre de animales enfermos de malaria, los mosquitos resistentes se reproducen mejor que los salvajes, es decir, la resistencia al parásito, que también se nutre en parte del mosquito, confiere una ventaja reproductiva a estos.

Son buenas noticias, pero no lo suficientemente buenas. La ventaja reproductiva no es, en realidad, muy grande, y solo se manifiesta cuando el mosquito se alimenta de animales infectados, pero no de animales sanos.

En estas condiciones, liberados a la Naturaleza, los mosquitos transgénicos no serán capaces de sustituir a los salvajes en muchos años, si acaso lo logran.

Afortunadamente, la imaginación creativa de los científicos, claro está, inspirada siempre en la Naturaleza, es inmensa. A veces, casi tan inmensa como la Naturaleza misma. En este caso otro grupo de científicos estadounidenses han desarrollado una ingeniosa estrategia, basada en la idea del "gen egoísta", que permite la diseminación rápida de un determinado gen por las poblaciones de insectos.

Los científicos ya conocían que existen elementos genéticos, llamados Medea, que promueven su propia supervivencia y diseminación en poblaciones de insectos. Para lograr esta diseminación, el elemento genético produce a la vez una toxina y su antídoto. El primer elemento genético conocido de esta clase se describió en el escarabajo de la harina y funciona de la siguiente manera: las hembras que poseen este elemento genético producen una toxina que causa la muerte de los óvulos después de la fecundación, a menos que hereden el antídoto. Este antídoto está producido también por el mismo elemento genético. El resultado final es que solo los óvulos que heredan este elemento genético pueden dar lugar nuevos nacimientos, por lo que el elemento se propaga muy rápidamente de generación en generación.

Basados en esta idea, los científicos han creado un elemento genético Medea artificial y lo han probado en su mosca favorita, *Drosophila melanogaster*. Con alegría han comprobado que, comenzando con solo un 25% de la población de moscas con Medea, en solo 12 generaciones el 100% de los individuos habían heredado este elemento.

Estos resultados indican que, combinando este elemento Medea con el gen que convierte en resistentes a la malaria a los mosquitos, es posible que un día podamos conseguir mosquitos con la capacidad de diseminar el gen de la resistencia rápidamente. De esta manera, el mosquito no resistente sería rápidamente sustituido por este nuevo, y el parásito no podría reproducirse, erradicando así la malaria de la faz de la Tierra.

Por supuesto, algunas preguntas deben ser contestadas satisfactoriamente antes de liberar a la Naturaleza a nuevos organismos transgénicos producidos por la ciencia. Es posible, por ejemplo, que el parásito "aprenda" a adaptarse al nuevo mosquito, e incluso a reproducirse mejor con él. Es posible también que el parásito se adapte a vivir en un mosquito de otra especie y no hayamos avanzado nada. Deben realizarse estudios para evaluar estos y otros riesgos.

Sin embargo, no lo olvidemos: una persona muere a causa de la malaria cada 30 segundos. Incluso si esta estrategia reduce temporalmente la incidencia de la malaria a la mitad se habrán salvado millones de vidas de niños y adultos de las regiones más desfavorecidas del planeta. En mi opinión, merece la pena correr esos riesgos, y aun otros mayores, y no esperar mucho para hacerlo, ni 30 segundos más.

9 de abril de 2007

¿CHIHUAHUA O GRAN DANÉS?

POR TELEVISIÓN ES por donde se suelen ver las cosas más curiosas e improbables estos días, desde debates políticos razonables (raza vez) a concursos genéticos por la paternidad de una niña heredera de una famosa "cazadora de hombres". Una vez hasta vi una carrera organizada entre un caballo y un galgo. Para darle más emoción, se nos incitó a los telespectadores a que apostáramos por un ganador. Y bien -me dije utilizando el mejor razonamiento científico de que fui capaz-, el caballo ha evolucionado durante millones de años para escapar de sus predadores, y el galgo ha sido seleccionado por el ser humano a partir del lobo hace solo quince mil años. No hay duda de que el caballo lleva las de ganar.

El caballo perdió, y por bastante distancia.

Asombroso -me dije. De un lobo que no ganaría en velocidad a un caballo ni con cuatro patas más, mediante selección artificial, hemos conseguido un animal más rápido que él, aunque sigue teniendo cuatro patas. El potencial evolutivo de las especies era mucho mayor de lo que pensaba.

Sin embargo, a pesar de las enormes diferencias entre las más de cuatrocientas razas de perros y el lobo, el perro no es una especie diferente del lobo, sino que constituye una subespecie de ese animal. Lobos y perros pueden cruzarse y su descendencia no es estéril, como la del burro y el caballo, por ejemplo, que originan el mulo, incapaz de reproducirse. La capacidad de reproducción de la descendencia cruzada entre lobos y perros es una indicación bastante sólida de que, en realidad, ambos pertenecen a la misma especie, por más que la morfología de las razas de perros pueda ser tan distinta como la de un bulldog y un galgo y la talla tan diferente como la de un chihuahua y un gran danés.

En la edad de la genómica, tanta diversidad en el marco de tanta igualdad genética, proporcionan un campo de estudio fascinante para entender cómo los genes producen los rasgos que caracterizan a las diferentes razas de perros. Hace unos años, un grupo de investigadores estudiaron la base genética de las diferentes razas de perros y comprobaron que estas son verdaderamente razas genéticas y no solo razas artificiales que nos hubiéramos podido inventar en base a la forma, tamaño, o incluso color del pelaje de los perros, como lo hemos hecho en el caso humano. En otras palabras, las razas de perros no son variantes debidas a cambios genéticos puntuales. Analizando la presencia en el genoma de los marcadores genéticos (secuencias determinadas de ADN) que los científicos seleccionaron, se puede determinar a qué raza pertenece un perro determinado (y sin ver su foto, claro está) con una exactitud del 99%.

Estos estudios no carecen de interés biomédico, ya que durante la selección y generación de las razas caninas, se han ido también seleccionando enfermedades genéticas asociadas con ellas. Los perros sufren de unas trescientas cincuenta enfermedades genéticas diferentes, muchas de las cuales las sufrimos también los humanos. Por ejemplo, algunas razas muestran predisposición genética a la sordera; otras, a desarrollar leucemias. Por consiguiente, del estudio de las diferencias genéticas entre las razas de perros pueden surgir descubrimientos sobre los genes responsables de estas enfermedades, lo que permitirá el desarrollo de estrategias terapéuticas para tratarlas.

Sin embargo, no solo es interesante el estudio de las enfermedades genéticas, sino también el estudio de otros rasgos que pueden estar asociados a problemas de salud, sin por ello ser causa directa de enfermedad o malformación. Uno de estos rasgos, por lo que supone para el crecimiento, la tendencia a la obesidad o a problemas óseos, es la talla.

Debido a la selección artificial a la que hemos sometido al lobo y que ha originado al perro, no solo este posee las diferencias de velocidad punta más amplias entre todos los mamíferos (comparemos, por ejemplo, lo que corre un galgo con lo que corre un san Bernardo) sino que también posee la mayor diferencia entre sus tamaños extremos (comparemos si no las dos razas mencionadas en el título de este artículo). Las diferentes tallas de las razas de perros se han seleccionado con distintos criterios de utilidad, desde conseguir animales guardianes más grandes y fuertes a conseguir animales fáciles de transportar y que no resulte muy costoso alimentar.

¿Cuál es la base genética de esta tan amplia gama de tallas perrunas? Investigadores del Instituto Nacional de Investigación Genómica Humana, localizado en el campus de los Institutos Nacionales de la salud en Bethesda, Maryland, EE.UU, se propusieron responder a esta pregunta. Para ello, estudiaron las diferencias genéticas entre animales grandes y pequeños de una misma raza de perro con amplia variación en su talla: el caniche portugués.

Estudiando animales de esta raza de 11 a 34 kilos de peso, encontraron una región en su genoma de quince millones de "letras" que podía contener al menos un gen responsable de la variación en su tamaño. La secuenciación de esas quince millones de "letras" del ADN de cuatro caniches grandes, de cuatro pequeños y de otros nueve perros de otras razas, indicó que entre ellos había 302 "letras" diferentes. Nada más. El resto de las de "letras", 14.999.698 para ser precisos, eran idénticas.

Una vez determinadas estas diferencias, los investigadores estudiaron cuáles de ellas se encontraban repetidas en el genoma de nada menos que 463 caniches portugueses de distintas tallas. Así encontraron al gen culpable, del que seguramente ya sospechaban, porque se trataba del gen del factor de crecimiento insulínico 1, más conocido en círculos científicos por sus siglas IGF1.

Una vez identificado, los investigadores pasaron a estudiar cómo difería el gen del IGF1 entre las distintas razas de perros grandes y pequeños. Encontraron así que una "letra" particular de ese gen siempre era la misma en perros pequeños, y diferente de la encontrada en los genomas de los grandes. Como todos sabemos, una letra diferente causa a su vez una ligera diferencia en la proteína producida por el gen, que la hace funcionar mejor o peor, según los casos. En este caso, la proteína producida por los perros de menor talla no es tan eficaz para inducir el crecimiento como la de los perros grandes.

Al margen de la fascinante revelación científica que supone que una simple letra en un gen pueda tener tan enormes consecuencias para la talla de los individuos de una misma especie, y de las posibilidad ahora abierta de estudiar si algo similar sucede con el gen IGF1 de los seres humanos, este descubrimiento abre la puerta a la generación, mediante las apropiadas técnicas biotecnológicas, de gran daneses bonsái y de chihuahuas gigantes. A lo mejor un día alguien organiza una carrera entre ellos por televisión.

16 de abril de 2007

CIUDADOLOGÍA

La innovación es una fuerza que potencia el crecimiento de las ciudades

YA HE REPETIDO varias veces en estas páginas que en nuestros días nada parece estar fuera del alcance del estudio científico, ni siquiera la actividad humana, incluida la propia actividad científica. Entre las consecuencias más evidentes de la actividad humana se encuentran las ciudades, y las leyes, si acaso hay alguna, que gobiernan su desarrollo o su desaparición merecen también ser objeto de estudio científico.

En una época en la que la Humanidad ha batido muchos récords, y los sigue batiendo, uno de los recientemente batidos es que más personas sobre nuestro planeta viven en ciudades que en pueblos o en el campo. Además, la urbanización galopante del planeta, sin precedentes en la Historia, lejos de frenar, se está acelerando. La población de países en vías de desarrollo, que es aún mayoritariamente no urbana, se convertirá, en cambio, en mayoritariamente urbana de aquí al año 2030, si se cumplen las predicciones de los expertos.

Las consecuencias de este cambio social sin precedentes son aún desconocidas. Las ciudades son a menudo centros de polución, o de crímenes, pero tienen la ventaja de concentrar a la población en poco espacio, lo que facilita la interacción social necesaria para la innovación, y facilita también la distribución a la población de recursos y servicios básicos, como la energía, el agua, la educación o la salud. Son estas razones poderosas que fomentan su crecimiento. Sin embargo, es necesario que la transición hacia *Planet City* se consiga de manera sostenible, conduzca a una estabilización en el crecimiento de la población mundial, y permita la mejora del nivel de vida de todos sin por ello agotar los recursos naturales que hacen posible la vida y mantienen la biodiversidad sobre la Tierra.

Por estas razones, conviene estudiar las variables que influyen en el crecimiento de las ciudades e intentar comprender cuál es la mejor manera de mantener un desarrollo sano y sostenible. Es lo que han intentado un grupo de investigadores estadounidenses y alemanes, que publican sus resultados en la revista *Proceedings of the Nacional Academy of Sciences* estadounidense.

Estos investigadores han estudiado cómo la talla de las ciudades impacta en determinados aspectos derivados de la actividad de las mismas. La idea tras este estudio es la de averiguar si las ciudades de distinta talla, por ejemplo, Nueva York y Albacete, son radicalmente diferentes o, por el contrario, poseen en común una determinada naturaleza u organización propia del "ente urbano" y común a todos ellos.

En realidad, esta idea no es original de las ciencias sociológicas, sino que proviene de la biología. La relación entre talla y diferentes parámetros biológicos en los animales ha sido muy estudiada. Así, se ha analizado la relación entre la masa corporal y la tasa metabólica, el consumo de energía, etc., en diferentes mamíferos, desde el ratón al elefante. Los resultados de estos estudios muestran que el tamaño y el consumo de energía, por ejemplo, se encuentran interconectados mediante una relación matemática sencilla. Esta relación indica que se consigue una economía de energía por unidad de masa corporal cuando el tamaño aumenta, es decir, un número de ratones que pesen lo mismo que un perro consumen más energía que este, y un número de perros que pesen lo mismo que un elefante también consumen más energía que este enorme animal. Así pues, en el caso de los animales, el consumo de energía aumenta más despacio que su talla.

De acuerdo con el trabajo referido arriba, en el caso de las ciudades no sucede lo mismo. Mientras algunas variables, como el número de viviendas o el consumo de energía eléctrica por familia, crecen de manera estrictamente proporcional a la población, la longitud los cables necesarios para suministrar electricidad, el número de gasolineras, o el consumo de combustible, crecen de manera algo menor, lo que genera una economía de uso de estos recursos. En otras palabras, se necesita menos cable eléctrico para proporcionar electricidad a cada familia de una ciudad de un millón de habitantes que para conducir la electricidad a las familias de diez ciudades de cien mil habitantes cada una.

Sin embargo, lo más interesante es que ciertas variables crecen con la población, pero de manera más rápida que esta. Entre estas se encuentran la productividad y el valor añadido del trabajo, como, por ejemplo, el número de patentes generadas, el número de empleos tecnológicos, el número de empresas de innovación y el salario medio. En este caso, el número de empresas innovadoras en una ciudad de un millón de habitantes es mucho mayor que la suma de las empresas de este tipo en diez ciudades de cien mil habitantes.

No obstante, los autores de este trabajo no se conforman solo con esto. Se hacen también la pregunta de si es el crecimiento de las ciudades lo que causa la innovación y la investigación y el aumento de las empresas tecnológicas en las mismas, o si, por el contrario, son la innovación, la investigación y la tecnología las que impulsan el crecimiento de las ciudades. De acuerdo con sus análisis, lo han adivinado, sucede precisamente esto último. En otras palabras, no es por el ahorro de metros de cable eléctrico que supone por lo que las ciudades se hacen mayores, su vida es más dinámica, generan innovación y su economía crece, sino que es debido a que las ciudades invierten en innovación, en investigación y en tecnología por lo que acabamos ahorrándonos metros de cable eléctrico.

Quizás, se dirán ustedes, no hacía falta este tipo de estudios, la adquisición masiva de datos de cientos de ciudades del mundo, y el empleo de potentes ordenadores y análisis matemáticos para llegar a esta conclusión. Al fin y al cabo, hasta algunos políticos, aunque quizás solo los más iluminados, es verdad, ya pensaban lo mismo. Sin embargo, es reconfortante comprobar que las opiniones e intuiciones de unos, por geniales y visionarias que puedan resultar, se ven corroboradas por rigurosos estudios científicos. Así sabemos que invirtiendo en innovación e investigación vamos por el buen camino y que el futuro que imaginamos quizá resulte próximo a la realidad que finalmente consigamos construir, lo que no es, ni mucho menos, siempre el caso.

23 de abril de 2007

CURACIÓN ELÉCTRICA

LA MAYORÍA DE los mortales no nos damos cuenta de que nuestra mortalidad sería mucho más elevada de no poseer nuestros cuerpos mecanismos automáticos de reparación, resultado de la evolución de las especies durante miles de millones de años. Cortarse un dedo en la cocina pelando ajos puede ser un evento banal en la vida de cualquiera, pero lo es gracias a los mecanismos que permiten reparar la herida causada por, además del cuchillo, nuestro descuido o nuestra torpeza.

La reparación de las heridas, un mecanismo que bien puede ponerse en marcha decenas y hasta cientos de veces en nuestras vidas, es de una complejidad ciertamente elevada. En el caso de algunos animales, no solo se reparan las heridas sino que hasta pueden regenerarse órganos o miembros enteros, como la cola de la lagartija o las extremidades de algunas especies de salamandras.

Cuando sufrimos un simple corte en la cocina, lo primero que debe conseguirse para reparar la herida es detener la hemorragia. Para ello, células especializadas, las plaquetas, y un mecanismo bioquímico complejo causan la solidificación de la sangre que tapona así la herida.

Sin embargo, esto no es sino el principio de la reparación. Tras la coagulación de la sangre, otros mecanismos se ponen en marcha para contraer los vasos sanguíneos y disminuir así la sangre que puede escaparse por ellos. Es la etapa de vasoconstricción, que dura de cinco a diez minutos para dar tiempo a la coagulación.

Una vez pasado este tiempo, se produce a continuación una etapa de vasodilatación, es decir, de aumento del flujo sanguíneo, causada por varias moléculas producidas por las plaquetas. Esta etapa dura unas decenas de minutos y en ella los vasos capilares se dilatan y se hacen permeables al líquido y a las células del sistema inmune, que deben acudir a la herida para detener la invasión de microorganismos que por ella pretenden penetrar en nuestro cuerpo, ya que por limpios que estemos, siempre tenemos bacterias sobre la piel, y no digamos sobre el cuchillo de cocina con el que nos hemos cortado. Como consecuencia de esta salida de fluidos y células de los vasos sanguíneos, la herida se inflama.

Alrededor de una hora tras el corte, las células del sistema inmune, sobre todo los llamados neutrófilos, comienzan a acumularse y serán las más abundantes en la herida por los siguientes tres días. Su función es la de "comerse" y matar a las bacterias que intenten penetrar por ella. También limpian la herida de los restos de tejido dañado.

Los neutrófilos van a ser reemplazados poco a poco por los macrófagos. Son estos células grandes, también del sistema inmune, atraídos a la herida por las sustancias producidas por las plaquetas. Su función es también la de eliminar a las bacterias y los restos de células muertas, entre ellos a los propios neutrófilos que, una vez cumplida su misión, mueren.

Además de todo esto, los macrófagos producen factores de crecimiento y sustancias que van a atraer a la herida a las células que van finalmente a repararla. Estas células son, principalmente, los llamados fibroblastos. Los fibroblastos comienzan a llegar a la herida al poco de la llegada de los macrófagos y comienzan a proliferar. Junto con esta proliferación, se produce también la proliferación de las llamadas células endoteliales de los vasos sanguíneos, que van a formar nuevos vasos capaces de aportar oxígeno y nutrientes a los fibroblastos.

Una semana después de haberse abierto la herida, los fibroblastos son las células más abundantes, y trabajan con rapidez para acabar de repararla produciendo la importante proteína tisular llamada colágeno, que proporciona fortaleza a los tejidos heridos. Ahora es el momento de que los queratinocitos, las células productoras de queratina, proteína de la piel, uñas y pelo, acudan también a reparar la herida. Finalmente, los fibroblastos se convierten en células musculares, llamados miofibroblastos, que gracias a su trabajo van acercando los bordes de la herida hasta cerrarla, si esta no es demasiado abierta.

Por lo relatado hasta ahora parece que todo el proceso de la reparación de las heridas es bien conocido por la comunidad biomédica. Sin embargo, son solo falsas apariencias. Queda mucho por aprender, y el área de investigación en cicatrización es bastante activa. Esta actividad permite que, en ocasiones, se produzcan inesperados descubrimientos, basados en antiguas observaciones hasta la fecha inexplicadas.

Es el caso del trabajo dirigido por el investigador Min Zhao, de la universidad de Aberdeen, en Escocia. Este investigador, aficionado a la historia de la ciencia, se topó un buen día con los trabajos del científico alemán de nombre francés, Emil du Bois-Reymond, quien realizó sus estudios sobre la electricidad allá por el siglo XIX. Du Bois-Reymond se preguntó si la capacidad de generar electricidad de la raya eléctrica marina no sería algo propio solo de esta especie, sino, aunque en menor medida, también de otras, incluida la nuestra. Inventó un mecanismo que basado en soluciones conductoras de la electricidad, podía determinar si esta se generaba en la piel de animales y personas. Con asombro comprobó que nuestra piel está recorrida por una suave corriente eléctrica.

A Du Boys-Reymond le dio por hacerse pequeñas heridas en los dedos e introducir sus propias manos en la solución conductora. Comprobó así que la electricidad que recorría las heridas era diferente de la que recorría el resto de la piel.

Estimulado por estas observaciones, Min Zhao se propuso estudiar si la electricidad no desempeñaría un papel importante en la regeneración y cierre de las heridas. Para ello, utilizando los modernos métodos con los que contamos hoy, determinó que, en efecto, las heridas poseen un potencial eléctrico diferente al resto de la piel, como si se hubiera producido un cortocircuito en ellas.

Entonces decidió aplicar pequeños campos eléctricos a heridas humanas o animales y estudiar si afectaban al proceso de cicatrización. Para la sorpresa de muchos, esto fue lo que sucedió. La aplicación de electricidad en la buena orientación aceleraba la cicatrización de las heridas, pero aplicada en la orientación contraria la impedía, al parecer, dificultando la migración a la herida de los fibroblastos y otras células imprescindibles para su reparación.

Se van a poner en marcha ensayos clínicos para estudiar cómo mejor acelerar con electricidad la cicatrización de las heridas, tanto causadas por accidentes como por intervenciones quirúrgicas. Las aplicaciones son muchas y ¿quién sabe?, quizá en unos años sean comunes las vendas y apósitos eléctricos, pilas incluidas, en las farmacias.

30 de abril de 2007

HABERLAS NO "HAYLAS", PERO QUEMÉMOSLAS

EN ESTOS TIEMPOS en los que asistimos a la resurrección del Infierno y su diablo de manos del actual Papa, a pesar de que su antecesor lo había dado ya por muerto, un interesante tema de discusión científica es la quema de brujas. Sigan leyendo, espero que comprenderán por qué.

La caza y quema de brujas, un horrible episodio de la Historia de la Humanidad que duró alrededor de trescientos años, es un ejemplo de comportamiento intelectual y emocional humano que no debemos olvidar. Lejos de ser una pura barbarie fruto de la irreflexión, la caza de brujas fue una actividad sistemática, basada en la evidencia científica más sólida disponible en la época, y en profundas ideas nada menos que sobre la naturaleza del pecado, del crimen y del castigo, del ser humano, y de las leyes de la Naturaleza.

Se ha creído en la existencia de brujas al menos desde tiempos de los antiguos griegos y romanos. Los romanos consideraban a las brujas como personas, en general mujeres, que poseían poderes especiales, fueran estos preparar una poción para dormir bien a base de extrañas hierbas y lengua de serpiente, o exorcizar a supuestos espíritus malignos. Sin embargo, estas personas no eran consideradas por los romanos como malvadas en sí mismas. El Derecho Romano contemplaba la brujería en sus leyes, pero solo se preocupaba de lo bueno o lo malo que mediante brujería se pudiera hacer. Las brujas no eran ni mejores ni peores que el resto. Eran juzgadas por las consecuencias de sus actos, no por la fuente de su supuesto poder.

Cuando el cristianismo invadió el pensamiento occidental, las cosas terminaron por cambiar. Por qué lo hicieron en el siglo XV y no en el XII, o en el X, lo desconozco, pero quizá tenga esto que ver con el mismo nacimiento de la ciencia por esos años del Renacimiento.

¿Por qué comenzó la intolerancia hacia las supuestas brujas? Veamos. A alguien se le ocurrió que las brujas no emplean sus poderes de manera santa. No hacen, por tanto milagros, pero sí actos que, de todos modos, suspenden las leyes de la Naturaleza, tal y como se conocían por la ciencia de la época. La "lógica" implica pues que si los actos no son santos, pero son sobrenaturales, su origen debe encontrarse en el mismo diablo.

Y la "lógica" sigue aplicándose, implacable. ¿Es el diablo quien ha poseído el espíritu de estas mujeres a pesar de su resistencia, o son ellas las que han hecho un pacto con Satanás? Una de las ideas cristianas sobre la naturaleza del ser humano es su autonomía moral, es decir, la capacidad de las personas para discernir y hacer el bien o el mal libremente. Ni siquiera el diablo puede doblegar nuestra libre voluntad hasta el punto de convertirnos en meros instrumentos de su poder (además, en ese caso, no podríamos ser juzgados, ya que no seríamos responsables de nuestros malos actos). Por consiguiente, las brujas poseen esos poderes especiales gracias a un pacto con el diablo realizado con plena libertad y consciencia. En consecuencia, deben ser juzgadas y, si es posible, redimidas. Sus almas están perdidas a menos que las liberemos mediante el fuego purificador (la Iglesia siempre ha odiado el derramamiento de sangre).

Claro está, continúa la "lógica", quemar a alguien en la hoguera para salvar así su alma es uno de los actos más caritativos que pueden hacerse a quien tiene su alma condenada, pero no debe efectuarse con quien no está irremediablemente condenado aún y que puede salvarse a sí mismo. Hay pues que asegurarse de que quemamos a brujas y no a mujeres cualesquiera que afirman serlo o han sido acusadas de ello por quienes pretenden así salvar su alma. Son necesarios procedimientos seguros para descubrirlas y condenarlas.

Así pues, para conseguir un juicio justo, era necesario la adquisición de evidencia científica que permitiera identificar a las brujas, y a las que no lo eran. Para conseguir esa evidencia, a las que negaban serlo se les aplicaba el infalible método de la tortura. Sin embargo, sorprendentemente, la mayoría de las acusadas de brujería ¡no lo negaban! No olvidemos que estamos hablando de mujeres solas, viudas, de bajo estatus social, quizá enfermas mentales, y que, en efecto, deseaban morir y salvar su alma.

¿Qué evidencias científicas se necesitaban para probar que realmente eran brujas? Sigamos aplicando la "lógica". En primer lugar, una bruja tiene el alma endurecida por el diablo y debe ser incapaz de llorar ante historias que normalmente incitan a hacerlo. Desgraciadamente, las mujeres viejas pueden padecer de sequedad en los ojos, una condición médica hoy reconocida, y tener dificultades para llorar.

Además de la prueba de las lágrimas se empleaba la prueba de la flotación. Por alguna razón, el pacto con el diablo había eliminado peso del cuerpo y alma de estas mujeres y si se las introducía en una piscina, flotaban. Desafortunadamente, la osteoporosis, una enfermedad de los huesos más común en las mujeres y hoy también reconocida médicamente, consigue que la flotabilidad aumente. Muchas, pues, flotaban, sorprendidas y horrorizadas de ellas mismas (ya que a pesar de confesarlo no creían ser realmente brujas), ante el peso, o en este caso mejor decir la ligereza, de la evidencia.

Una tercera prueba consistía en encontrar en sus cuerpos marcas o puntos insensibles, que el diablo había dejado como señal de su pacto. Para descubrirlas, se afeitaba el cuerpo de la víctima por completo y se llamaba a los "pellizcadores, o pinchadores de brujas", quienes con agujas u otros instrumentos exploraban sus cuerpos en busca de esas marcas. Siempre encontraban alguna.

A pesar de las críticas de algunos valientes, la caza de brujas continuó por tres siglos. La razón es que cumplía importantes objetivos sociales. En primer lugar, llamaba la atención de la sociedad sobre las personas excéntricas, o rebeldes, a las que intentaba someter por el miedo. Cada época siempre tiene sus "brujas". En segundo lugar, aumentaba la autoridad de los acusadores, y de los tribunales de justicia. Por último, aumentaba la autoridad de la Iglesia y de sus enseñanzas religiosas.

Como efecto secundario, por desgracia, en unos años en los que la ciencia y la tecnología comenzaban a despertar, la caza de brujas puso presión extra sobre los científicos, siempre bajo vigilancia por si sus hallazgos y avances tecnológicos no constituían sino otra forma de brujería. Quizá sea también esta una de las razones que explican por qué las mujeres no han participado, casi hasta nuestro siglo, en la actividad científica, y por qué, debido a ello, la ciencia no avanzara hasta nuestros días a la velocidad que hubiera podido hacerlo.

En todo caso, la lección que, sobre todo, no debemos olvidar es que las mayores barbaries pueden cometerse, y se siguen cometiendo, supuestamente apoyadas en la mejor evidencia científica disponible, y con las mejores intenciones. Seguro que si piensan un poco, encuentran algún ejemplo actual, con muertos masivos incluidos.

7 de mayo de 2007

LARVOTERAPIA

LOS ASIDUOS LECTORES de mis artículos habrán ya adivinado que me gusta el cine y que, de vez en cuando, utilizo escenas de películas para introducir el tema de los mismos. Esta vez le ha tocado a una de mis favoritas: *Gladiator*. Entre las muchas escenas escalofriantes de esta excelente película, una me causó mucha impresión. Se trata de aquella en la que transportan en un carro al protagonista, medio muerto y herido en el hombro de una fea herida llena de larvas. Su compañero del momento, un esclavo negro para más señas, le dice que las deje, que no se preocupe, que las larvas ayudarán a sanar la herida.

Confieso que, en mi ignorancia de muchos temas de medicina, me dije que esta era, simplemente, una vulgar escena de película, alejada de la realidad. Larvas de insecto infestando una herida abierta no podían ser buenas. Como aún faltaban casi dos mil años hasta el descubrimiento de la penicilina, ante la magnitud de semejante herida infestada de larvas, e infectada seguramente al mismo tiempo con bacterias de toda índole, el héroe romano debía morir, y no sanar. Claro está, eso no sucedió. Una vez más —me dije— el cine, como tantas veces la televisión, entretiene, pero no educa. Hace creer en remedios milagrosos, en terapias alternativas extrañas y peligrosas. Hete aquí que, esta vez, estaba equivocado.

Antes de explicar por qué, permítame que nos paseemos por los problemas de la diabetes y del pié diabético. No se mosquee usted por esto, que tiempo habrá en lo que queda de artículo.

Como todos sabemos, la diabetes es una enfermedad causada o por la falta de insulina, o por la incapacidad de responder a la presencia de esta hormona en la sangre. Cualquiera de estas dos causas conducen a un aumento de la glucosa en el plasma sanguíneo. La insulina es necesaria para que las células de varios tejidos puedan incorporar la glucosa, y en su ausencia, esta se acumula en la sangre.

En principio uno podría decirse: "bueno, ¿y qué? ¿Qué importancia puede tener que la sangre sea más dulce de lo normal?" Lamentablemente, la dulzura de la sangre conlleva amargos problemas.

La glucosa no es una sustancia tan inocua como podría parecer. Al contrario, es una sustancia bastante reactiva. Puede unirse a las proteínas de la sangre, entre otras a la propia hemoglobina, y causar que estas no funcionen adecuadamente. Además, puede unirse a las moléculas presentes en la superficie de las células sanguíneas, y también en la superficie de las células de los vasos sanguíneos, afectando poco a poco sus funciones vitales. Por último, causa cambios metabólicos en distintos tejidos que conducen a un aumento de la formación de radicales libres y del estrés oxidativo, ese tan de moda últimamente y que para algunos es la causa misma del envejecimiento.

Todos estos problemas se traducen en complicaciones circulatorias. Los capilares sanguíneos, paulatinamente, se ven afectados y son incapaces de aportar suficiente oxígeno a los tejidos, sobre todo a los tejidos de la periferia, en particular a los pies.

Hace dos semanas explicaba en esta página que durante el proceso de la cicatrización de heridas era fundamental que determinadas células de la sangre, en particular los macrófagos y los neutrófilos del sistema inmune, alcanzaran el lugar de la herida. Evidentemente, si la circulación sanguínea no funciona bien, además de no llegar el oxígeno, tampoco llegan con normalidad las células encargadas de iniciar la reparación de las heridas. En el caso de los pies de los diabéticos, una simple ampolla causada por calzado inadecuado puede convertirse en una llaga crónica. Como, por si fuera poco, las células del sistema inmune no pueden llegar a la herida en número suficiente, estas llagas corren un serio riesgo de infección.

"Bueno, no hay de qué preocuparse", podrá también decirse usted. Con los antibióticos de los que disponemos hoy, además de las modernas técnicas quirúrgicas, esas llagas podrán seguramente curarse. Afortunadamente, es así en muchos casos, pero no en todos. Por desgracia, el uso masivo, y muchas veces irresponsable, de los antibióticos ha conseguido que las bacterias evolucionen y hayan adquirido mutaciones en genes que las han convertido en resistentes a ellos. En este caso, la infección no puede ser eficazmente combatida. Se corre el riesgo de perder el pie, e incluso de infección generalizada de la sangre. ¿Cómo combatirla?

Y bien, algunos investigadores han acudido al uso de terapias iniciadas en la noche de los tiempos. Una de ellas es la terapia con larvas de mosca (ya le decía que tendríamos tiempo de mosquearnos), en particular la mosca llamada *Lucilia sericata*. *Lucilia* es esa mosca de color verde metalizado, que parece haber salido, recién pintada, de un taller de chapa y carrocería. Seguro que la han visto alguna vez en el campo, o incluso en la playa.

La terapia con larvas de insecto ha sido utilizada desde tiempos de los antiguos Mayas. Las tribus originarias de Nueva Zelanda también la usaban. No está claro que los romanos supieran de su existencia, pero no es descabellado suponerlo, como sucede en la película *Gladiator*. Sin embargo, en los países occidentales no se popularizó su uso hasta mediados del siglo XIX, sobre todo en Francia y en los Estados Unidos. Su empleo desapareció cuando métodos más modernos de tratamiento comenzaron a ser desarrollados, entre ellos el uso de antibióticos.

Sin embargo, la aparición de bacterias resistentes a los antibióticos ha inducido a algunos a pensar de nuevo en la "larvoterapia" de las heridas, y a estudiar su eficacia con los modernos métodos científicos. Es el caso del grupo de investigadores dirigido por el Dr. Boulton, de la Facultad de Medicina de Manchester, Reino Unido.

En estudios controlados, estos investigadores han encontrado que, en pacientes con pie diabético, llagas infectadas con bacterias resistentes a los antibióticos pueden ser desinfectadas dejando que crezcan en la herida, por unos días, larvas de *Lucilia sericata*. A veces, eran necesarias varias repeticiones del tratamiento, pero, al final, la herida acababa por ser desinfectada, y su cicatrización muy favorecida. Por supuesto, nuevos estudios deben realizarse para asegurarse de la eficacia de este antiguo, y a la vez tan novedoso, tratamiento.

Ya ve usted: la investigación biomédica no hace ascos a nada. Y el cine, el bueno, siempre acaba educando y ayudándome a que pueda explicar mejor ciertos temas de actualidad biomédica y las nuevas terapias que nos aguardan en el futuro.

14 de mayo de 2007

CEREBRO INADAPTADO

El ser humano es un animal tribal y agresivo

DEBO CONFESAR QUE, tras mucho leer y mucho pensar, he llegado a convencerme de que una de las maneras más eficaces de cambiar el mundo es la de conseguir conocernos mejor como seres humanos, para saber así qué esperar de nosotros mismos y cómo mejor superar nuestras limitaciones.

Ya saben mis lectores que creo firmemente en la ciencia y en el método científico como la mejor aproximación al conocimiento del mundo, y también de nosotros mismos, de nuestro comportamiento y de nuestras motivaciones. En este sentido, recientemente asistimos a una explosión de trabajos científicos en psicología cognitiva y neurociencias. Estas investigaciones nos están revelando asombrosos hechos sobre nuestra naturaleza, que muchas veces se encuentran en contraposición palmaria con ideas que una vez nos contaron en la escuela, nos enseñaron a valorar como a nuestra vida (si no esta, sí la vida eterna), y que la mayoría aún cree. Por esa razón, estos nuevos conocimientos no son fáciles de asumir.

Sin embargo, por difíciles de asumir que sean, de nada vale no considerarlos y no aprovecharlos para conocer mejor las causas de muchos de nuestros comportamientos y miedos y para comprender mejor así los problemas de nuestro mundo, los cuales son causados en gran parte por nuestra acción o inacción.

La conclusión más importante de esos trabajos de investigación es que, si bien nuestro mundo es muy moderno, resultado de las nuevas tecnologías y de la explosión de la vida en las ciudades, nuestro cerebro no está genéticamente adaptado a él. Se empeña en mantener instintos, ahora inútiles, pero que fueron cuestión de vida o muerte desde el origen de nuestra especie hace más de cinco millones de años hasta hace solo unos 9.000 años, cuando se inventó la agricultura y la ganadería, y la Humanidad pudo abandonar la peligrosa lucha cotidiana necesaria para la búsqueda de alimento.

Por ejemplo, para conseguir proteínas de calidad era necesario salir de caza con otros miembros del clan, armados de armas primitivas, y enfrentarse a grandes animales que luchaban por su vida. Hace falta un cierto gusto por el riesgo para cazar en esas condiciones, es decir, aquellos que encontraran cierto placer en estas actividades, un placer que dominaba al natural miedo, tenían más probabilidades de conseguir alimento, más probabilidades, por tanto, de sobrevivir y reproducirse y más probabilidades de pasar sus genes a la siguiente generación. Como consecuencia, tras miles de generaciones en este entorno, se seleccionaron mutaciones en los genes que regulan el funcionamiento de aquellos circuitos neuronales que proporcionan placer ante las situaciones de riesgo. Hoy, en cambio, lo más arriesgado con lo que podemos encontrarnos al ir al supermercado es, quizá, cruzar la calle. Esos genes ya no hacen falta para nuestra supervivencia.

Sin embargo, esos genes siguen aún hoy con nosotros. No ha habido tiempo para que en los últimos 9.000 años se produzcan cambios genéticos que anulen su actividad, ya que la evolución es lenta y solo actúa de generación en generación. Por esa razón, la mayoría seguimos "amando" el riesgo; encontramos placer en él y en cada nuevo desafío y nos hacemos pilotos, bomberos, astronautas, o hasta científicos. Algunas incluso se atreven a ser becarias de investigación en alguna universidad. En cualquier caso, la lección que no debemos olvidar es que nuestras motivaciones para hacer o no algo arriesgado dependen de genes que permitieron la supervivencia de nuestros ancestros, pero que no son buenos consejeros hoy.

Asociada con este amor por el riesgo encontramos la aversión por la pérdida. Su clan ha cazado un jabalí, pero el clan vecino se lo quiere arrebatar. Si eso sucede, alguno, quizá su propio hijo, puede morir de hambre. La supervivencia se verá, pues, facilitada si perder lo que se posee produce un fuerte sentimiento de aversión, de rabia, que nos incite a proteger lo que poseemos. De nuevo, mutaciones en genes que modulan los circuitos neuronales implicados en este sentimiento ante la pérdida y que, por tanto, ayudan a evitarla, fueron seleccionadas durante la evolución de nuestra especie.

Estos genes también siguen con nosotros hoy, y ejercen una poderosa influencia sobre la economía mundial. El psicólogo y economista Daniel Kahneman, premio Nobel en 2002, mostró en sus investigaciones que en el mundo de la bolsa, las decisiones de los accionistas, hasta entonces erróneamente consideradas, como tantas otras cosas, como racionales, están, en realidad, regidas por reacciones emocionales instintivas que inducen a minimizar la posibilidad de pérdidas a corto plazo. No obstante, esa reacción instintiva puede conducir a pérdidas mayores a largo plazo que hubieran podido evitarse de haber sido algo más racionales y menos emocionales en nuestra toma de decisiones. Sin embargo, los "genes anti-pérdida" no nos lo consienten. Estudios cerebrales indican que ciertas zonas del cerebro se activan mucho más fuertemente ante la posibilidad de pérdida que ante la de ganancia. Es una reacción instintiva, no aprendida, regulada por nuestros genes. De nuevo, conocer que ese instinto existe, conocer que reaccionamos de una determinada forma, puede ayudarnos a tomar mejores decisiones y a modular nuestros instintos hoy inútiles.

Evidentemente, lo peor que hemos heredado de nuestros ancestros son los genes que predisponen a la violencia. La defensa ante los ataques de otros clanes, o el ataque para arrebatarles lo que poseen, eran comportamientos violentos que ayudaban a la supervivencia. Las investigaciones en neuropsicología demuestran que el cerebro actual sigue estructurado para la agresividad, con una organización que se adquiere durante su desarrollo y está determinada por los genes. De hecho, la guerra de clanes sigue muy vigente hoy, sean estos religiosos, deportivos o políticos. El ser humano es un animal tribal y agresivo, pero en el mundo moderno es absolutamente indispensable controlar esa agresividad.

Afortunadamente, también hemos heredado de nuestros ancestros la capacidad de ser altruistas, de ayudar a los demás, de colaborar con ellos. Era esta una tendencia igualmente fundamental para la supervivencia en la noche de los tiempos. Al ayudar a sobrevivir al prójimo, sobre todo a nuestros parientes, ayudábamos a sobrevivir a los genes que compartíamos con ellos. Por tanto, genes que potenciaran este comportamiento ayudaban a la supervivencia y se transmitían más fácilmente a las generaciones futuras, hasta llegar a nuestros días. Menos mal, porque la sociedad humana no sería posible sin esta capacidad de ayuda recíproca que también hemos heredado.

La ciencia, pues, también nos ayuda a conocer nuestras tendencias, buenas y malas, y cómo estas son reguladas por nuestro cerebro. Solo conociendo estos mecanismos, que siguen siendo investigados, podremos anular las malas y potenciar las buenas. Podremos adaptarnos a nuestro mundo, fruto, de todas formas, de nuestros cerebros. Sin duda, esto ayudará a conseguir un mundo mejor, con menos violencia y más colaboración.

21 de mayo de 2007

PERSUASIÓN ELECTORAL

SI ES USTED un ciudadano responsable, lo que no dudo, habrá ejercido su derecho al voto el pasado domingo. Tampoco me cabe duda que este derecho, a la vez que obligación ciudadana, lo ha ejercido usted de la manera más seria posible, evitando votar "a tontas y a locas" y, por supuesto, a tontos y a locos. Habrá usted analizado las declaraciones de unas y otros y estudiado las propuestas con las que los diversos candidatos y candidatas han pretendido persuadirnos de sus buenas intenciones y cualidades para ocupar el cargo al que optaban. Al finalizar la campaña electoral, como mandan los cánones, habrá usted reflexionado durante la jornada de reflexión sobre los más y los menos de votar a tal o cual candidato o candidata. Sin duda, sea al partido que sea, posiblemente esté usted convencido o convencida de que ha votado la opción más razonable, pero, ¿es esto cierto?

Como para todo, si queremos conocer cómo decidimos en realidad el voto durante las campañas electorales, tendremos que recurrir a la experimentación científica. Y esta nos dice que, además de los argumentos racionales, influyen sobre nuestra decisión imponderables inconscientes que no dependen ni siquiera de los partidos o de los candidatos. Esto es lo que se desprende de los estudios de un grupo de psicólogos sociales de la universidad de Siracusa, en los Estados Unidos, allá por 1984, durante la campaña presidencial que opuso a Ronald Reagan y Walter Mondale. Los resultados, viejos ya de casi un cuarto de siglo, continúan siendo de rabiosa actualidad hoy, razón por la que no se divulgan ni analizan como es debido, aunque todos deberíamos conocerlos para valorar mejor el porqué de nuestra decisión sobre a quién votamos.

En sus experimentos, los investigadores grabaron varios programas de noticias de las tres cadenas de televisión nacionales estadounidenses, ABC, NBC y CBS. Los informativos eran presentados en todos los casos por un hombre, de tal manera que no existe sesgo por razón de sexo. Tras la grabación, los investigadores seleccionaron treinta y siete fragmentos de estos programas, de unos dos segundos y medio de duración, que hacían referencia a uno u otro de los dos candidatos. Estos fragmentos se mostraron entonces, con el volumen apagado, es decir, sin que el espectador pudiera oír lo que decía el presentador, a un grupo de personas seleccionada al azar, a quienes se les pidió que puntuaran las expresiones faciales de cada presentador en cada segmento, según las consideraran negativas o positivas, en una escala de 0 a 21.

Los resultados son muy ilustrativos. El presentador de la CBS recibió 10,46 puntos cuando hablaba de Mondale y 10,37 cuando hablaba de Reagan, lo cual significa que su expresión es tan neutral como la de un robot. El presentador de la NBC recibió 11,21 puntos cuando hablaba de Mondale y 11,50 cuando hablaba de Reagan. Sin embargo, el presentador de la ABC recibió 13,38 puntos cuando hablaba de Mondale y 17,44 cuando hablaba de Reagan.

Parecía que el presentador de la ABC mostraba una preferencia por Reagan, pero ¿era realmente así? ¿No sería, quizá, que este presentador era más expresivo que los demás? Para comprobarlo, se realizó un experimento control en el que se mostraron a las mismas personas fragmentos sin sonido de los tres presentadores cuando hablaban de temas o claramente tristes, o claramente alegres. El presentador de la ABC recibió sólo 14,13 puntos cuando hablaba de temas alegres, puntuación bastante menor que la recibida por los otros dos presentadores en las mismas condiciones. Esto significa que para el presentador de la ABC, hablar de Ronald Reagan era un tema extremadamente alegre y el entonces candidato, un personaje por el que mostraba una significativa inclinación.

Que el rostro del presentador de la ABC traicionara la preferencia de este por Ronald Reagan no hubiera tenido mayor importancia si no hubiese sido por lo que se descubrió después. Los investigadores preguntaron por teléfono a un número de personas que normalmente veían los informativos de la ABC, NBC y CBS en varias ciudades de Estados Unidos a quién habían votado en las elecciones presidenciales. En cada caso, las personas que veían el informativo de la ABC habían votado por Ronald Reagan en una proporción significativamente mayor que los que veían los informativos de las otras dos cadenas de televisión. Por ejemplo, en Williamstown, Massachussets, 71,4% de los espectadores de ABC votaron a Reagan, cuando sólo el 50% de los espectadores de las otras dos cadenas lo hicieron. El rostro del presentador de la cadena ABC parecía ser extremadamente convincente hacia el voto republicano.

Por supuesto, al conocerse los resultados de esta investigación, la cadena ABC los trató de burda manipulación y argumentó que lo que en realidad sucedía era que los votantes de Reagan preferían ver la ABC, y no al revés. Sin embargo, los investigadores contrarrestaron este argumento poniendo en evidencia que, de hecho, la cadena ABC era la más opuesta a Ronald Reagan en sus comentarios e informaciones. Por consiguiente, podía también haber sucedido lo contrario de lo que los responsables de ABC mantenían, es decir, que los votantes de Reagan hubieran dejado por esa razón de ver ABC y hubieran visto con preferencia las otras dos cadenas, más positivas hacia él, lo que no sucedió.

Por si fuera poco, cuatro años más tarde, en la campaña electoral que opuso a Michael Dukakis y a George Bush padre, los investigadores repitieron el experimento. De nuevo, el presentador de la ABC, que seguía siendo la misma persona, mostró una preferencia por el candidato republicano y los espectadores de su cadena votaron también con preferencia a George Bush.

Así pues, estos experimentos indican que, a la hora de decantarse por un candidato, el lenguaje corporal, lo no dicho, incluso por una persona, en principio, ajena a la política, como un presentador de televisión, ejerce una influencia que puede ser tan importante como los argumentos lógicos o los programas políticos. Los votos se deciden también influidos por las emociones evocadas por los candidatos o por quienes hablan de ellos. Esta capacidad, probablemente innata, para evocar emociones en los demás para beneficio propio o para beneficio de aquellos por quienes uno simpatiza es quizá el llamado carisma.

¿Hubiera usted votado otra cosa de haber visto los informativos de otra cadena de televisión? Nunca lo sabrá. La próxima vez, si lo desea, puede usted escuchar la radio, aunque hágalo con cuidado ya que según qué emisora elija, puede ser también una actividad peligrosa para la salud mental.

28 de mayo de 2007

EL TON GEN

MIS LECTORES ASIDUOS, que además de mí mismo, alguno más habrá, conocen que los estudios sobre la influencia de los genes en nuestra naturaleza, habilidades y comportamiento cada vez dejan menos factores libres de su influencia. De hecho, los estudios indican que todas nuestras capacidades, habilidades, incluso nuestra personalidad y tendencias de todo tipo, están influidas por los genes. Pocos aspectos resisten aún y siempre al gen invasor. Uno de ellos es el lenguaje hablado. No existen "genes" del español, del chino, ni siquiera del euskera, es decir, en principio, el lenguaje es de origen exclusivamente cultural. Los genes no ejercen influencia alguna sobre él.

Sin embargo, esta idea está empezando a revelarse errónea. Por increíble que parezca, un estudio muy serio, publicado en la también conocida por mis lectores *Proceedings of the National Academy of Sciences* estadounidense, indica que los genes sí influyen, aunque de forma lejana, en el lenguaje que hablamos.

Para entender, y aceptar, lo que esto significa, es conveniente que me permita recordarle el concepto de gen. No me parece correcto que se considere un gen simplemente como un trozo de nuestro ADN. En realidad, un gen es mucho más. Para comprender la influencia de los genes sobre lo que somos, a mí me ayuda mucho pensar que *un gen es todo lo que una célula necesita para fabricar una pieza determinada de la maquinaria celular o corporal*, es decir, el gen es el resultado final de la fabricación de la pieza, no solo las instrucciones para fabricarla que, esas sí, se encuentran en el ADN.

Si tenemos la mala suerte de comprar un coche con una pieza defectuosa, el coche no funcionará adecuadamente. Sus prestaciones estarán influidas por el defecto de esa pieza. Si, por el contrario, la pieza fuese normal, igualmente sus prestaciones, esta vez adecuadas, estarían influidas por ella. Y bien, lo mismo sucede con las piezas que forman nuestros cuerpos, fabricadas como resultado de la acción de los genes que hemos heredado. Esas piezas influyen sobre nuestras capacidades, nuestras tendencias, lo que podemos o no hacer, en suma.

Esta idea es importante. No estoy diciendo que los genes determinen nada, al menos no todos ellos, sino solo que influyen sobre nosotros. Es cierto que ciertas piezas del motor de un automóvil ejercen una mayor influencia que otras en su funcionamiento, y lo mismo sucede con los genes. En este sentido, algunos genes defectuosos son incompatibles con la vida; otros causan graves enfermedades, es decir, algunos genes ejercen una gran influencia; otros, por el contrario, ejercen poca.

Por otra parte, una pieza defectuosa de nuestro automóvil puede poseer un grave defecto que le impida funcionar, o un defecto menor, que aunque le afecta en su funcionamiento, no lo impide por completo. Según la gravedad de ese defecto, por tanto, la influencia de la pieza en el funcionamiento del motor será mayor o menor. De nuevo, lo mismo sucede con nuestros genes, pero de una manera mucho más sutil, ya que la cantidad de modificaciones menores de los genes que pueden afectar al comportamiento de la maquinaria corporal son casi infinitas.

Por último, no olvidemos que no todas las modificaciones de las piezas de un motor resultan en defectos. Algunas piezas pueden encajar mejor de lo normal con el resto, y conseguir así mejores prestaciones para nuestro automóvil. De nuevo, lo mismo sucede con nuestros genes y nuestros cuerpos.

Regresemos ahora a los estudios sobre el lenguaje a los que me refería antes. Los autores, Dan Dediu y Robert Ladd, de la Universidad de Edimburgo, no han pretendido estudiar si los hablantes de chino poseen o no genes diferentes de los angloparlantes. Ya he dicho que no existen genes para lenguajes específicos. Sin embargo, los autores sí conocían que los lenguajes del planeta están divididos en dos categorías: los lenguajes tonales y los no tonales, y han estudiado si los genes ejercen alguna influencia sobre esta división.

Los lenguajes tonales son aquellos que usan cambios de tono para modificar también el significado de las palabras. Aunque el español es un lenguaje no tonal, tenemos algunos ejemplos, como las palabras "paso" y "pasó" ("dio un paso adelante", "pasó una tormenta"). Los lenguajes tonales utilizan los cambios de tono más frecuentemente.

Comprenderá usted que aprender a hablar un lenguaje tonal debe ser más difícil que uno no tonal. De hecho, otros estudios indican que las personas se pueden dividir en dos grupos respecto a su capacidad para aprender este tipo de lenguajes: los que pueden hacerlo y los que no poseen esa capacidad, incapaces de percibir o interpretar los cambios de tono.

Y bien, los doctores Dediu y Ladd supusieron que si estas capacidades están influidas por genes que participan en el desarrollo del córtex cerebral, estos genes bien podrían haber influido en la evolución del lenguaje y en su división en las clases tonal y no tonal. Esto es, precisamente, lo que indica su estudio.

Los autores enfocaron su atención en dos genes muy importantes para el desarrollo cerebral, los llamados *ASPM* y *Microcefalina*, y estudiaron la presencia de dos variantes de esos genes, llamadas *ASPM-D* y *Microcefalina-D*, en poblaciones que hablan lenguajes tonales o no tonales. Lo que encontraron es asombroso. Todas las poblaciones que carecen de esas variantes hablan lenguajes no tonales, mientras que todas las que poseen las dos variantes D hablan lenguajes tonales. ¿Cómo es esto posible?

Y bien, al igual que existen individuos capaces de aprender lenguajes tonales mejor que otros, los autores indican que las variantes de esos genes en las poblaciones pueden conferir mejor o peor capacidad para aprender ese tipo de lenguajes. Si en una población se diseminan genes de las variantes D, los individuos de la misma tendrán más dificultades para comunicarse mediante variaciones de tono, y generación tras generación el lenguaje evolucionará hacia una variante no tonal. De esta manera, la aparición de las variantes de esos genes, que, en principio, no afectan a otras capacidades intelectuales, ha influido en los lenguajes que hablamos.

Un reducto más, el tipo de lenguaje hablado, supuestamente inexpugnable, cae en manos de los genes. Y es que debemos ir acostumbrándonos a pensar que, en definitiva, todo lo que hacemos, lo que sentimos, lo que creemos, posee una base genética, ya que en última instancia, siempre son los genes los que se sitúan en la base de lo que somos o no capaces de percibir, de sentir, de hacer, de creer.

4 de junio de 2007

LA DECONSTRUCCIÓN DE LO BELLO

¿A QUIÉN NO le gusta lo bello? ¿Quién no extrae placer al contemplar objetos, animales o personas bellas? ¿Qué es lo que las convierte en bellas? Y, sobre todo, en el caso de los objetos, ¿por qué un tenedor, un sofá, o un bolígrafo son más bellos que otros?

El problema del origen de la belleza ha sido abordado por los filósofos desde, al menos, la antigua Grecia. Pitágoras creía que existía una conexión entre lo bello y las matemáticas. Ciertas relaciones entre distancias o magnitudes eran bellas, y otras, no. Recordemos, si no, la relación dorada, de valor aproximado 1,618, que aparece en la novela *El Código Da Vinci*. Rectángulos cuyos lados mantienen esta relación nos parecen más bellos y proporcionados que otros que no la cumplen. La simetría es también otra propiedad característica de la belleza.

Los filósofos no han podido proporcionar una respuesta satisfactoria al problema de la belleza. Como ha pasado y sigue pasando en la actualidad, la ciencia toma el relevo de la filosofía e intenta estudiar el problema mediante la experimentación. En este tema de estudio tan hermoso, algunos experimentos posibilitados por las nuevas tecnologías de la información han proporcionado asombrosos resultados.

Por ejemplo, al preguntar a un grupo de jóvenes varones qué rostro de mujer les parecía más bello de entre los que se les mostraban, estos eligieron uno que no pertenecía a ninguna mujer concreta. Sorprendentemente, el rostro más bello resultó ser un rostro promedio generado por ordenador "mezclando" los rostros de más de veinte mujeres. Este rostro promedio, desprovisto de las marcas o defectos distintivos que nos hacen únicos, resultó el más atractivo. Al parecer, pues, la belleza es lo que más se acerca a un canon de rostro abstracto, al ideal promedio cuya imagen ahora, gracias a las nuevas tecnologías, podemos fabricar. Esta constatación no es precisamente bella que digamos. ¿Por qué es entonces así?

Para explicar este hecho los científicos acuden a la teoría de la evolución, que casi todo lo explica en biología. ¿Es la belleza algo biológico? Bueno, está claro que la belleza solo puede existir si alguien la percibe, y ese alguien se encuentra, en general, vivo y coleando. Además, la belleza es signo de salud, de fertilidad, por lo que tiene sentido que sea útil percibirla a la hora de elegir a un buen compañero sexual con quien transmitir nuestros genes a la generación siguiente. En este sentido, es también importante la simetría, ya que los cuerpos y rostros simétricos son indicativos de una buena construcción corporal durante el desarrollo, lo que solo puede llevarse a cabo mediante la participación de "buenos" genes. Por supuesto, la simetría es una de las propiedades de los rostros promedio, ya que las asimetrías individuales se compensan entre los muchos rostros utilizados para su confección. Así pues, hombres o mujeres bellos serían aquellos que poseyeran rostros y cuerpos indicativos de sus buenas características genéticas.

Lo anterior parece muy plausible, posee sentido biológico y se adapta perfectamente a la ortodoxia científica. Sin embargo, no puede explicar por qué encontramos más bello un sofá que otro, un cepillo de dientes que otro, o unos zapatos que otros. Esos objetos no tienen genes y carecen de valor de supervivencia evolutiva.

¿Qué convierte entonces en bellos a los objetos?

Para intentar explicar esto, al investigador Piotr Winkielman, de la Universidad de California, se le ocurrió la hipótesis de que quizá lo bello tuviera que ver con la facilidad o dificultad de percepción de un determinado objeto, con lo fácil que nos resulte captar un objeto en su globalidad, sin hacer mucho esfuerzo mental. Con el fin de probar o refutar esta hipótesis, el equipo de este investigador realizó un sencillo, y bello, experimento.

Los investigadores dispusieron en dos folios de papel dos distribuciones aleatorias de ocho puntos negros, es decir, dos hojas de papel con ocho puntos negros dibujados al azar sobre cada una de ellas y que, por tanto, no tenían valor intrínseco de belleza alguno. A una de las distribuciones aleatorias de puntos la llamaron "Mar" y a la otra, "Cielo".

Tras familiarizar a varios voluntarios con las distribución de puntos "Mar" y a otros con la distribución de puntos "Cielo", les dieron a observar varias hojas con ocho puntos negros en disposiciones geométricas diferentes de las de "Mar" y "Cielo" y les pidieron que las clasificaran como pertenecientes a la clase "Mar" o a la clase "Cielo", y que las calificaran de bellas o no. Como era de esperar, cuanto más cerca estaba la distribución de puntos de los patrones "Mar" y "Cielo" más fácil resultaba a los voluntarios familiarizados con ellos clasificarlas como pertenecientes a una de esas clases. Lo realmente fascinante fue que los voluntarios encontraron más atractivas, más bellas, las configuraciones de puntos cercanas a aquellas con las que se habían familiarizado previamente y que ahora les resultaba más fácil percibir.

La conclusión de estos trabajos es que lo bello es lo que cuesta poco esfuerzo mental percibir, ya que nos produce una sensación más placentera que lo que nos cuesta más. Lo bello es lo mentalmente fácil y económico y también lo mentalmente familiar. Por esta razón los rostros promedios son bellos, ya que resultan más fáciles de percibir al estar desprovistos de individualidades que nos distraen.

Las consecuencias de estos trabajos son, en mi opinión, interesantes, ya que permiten explicar algunas cosas. Suele decirse que lo simple es bello, y estos estudios explican por qué. Lo inquietante es si estos resultados pueden explican también la belleza y atracción de las ideas, que siempre necesitan de algún esfuerzo mental. Las ideas también pueden ser bellas o repulsivas. Si lo simple es bello, una idea simple será bella, incluso si es falsa, pero una más compleja nos repelerá, aunque sea verdadera.

De ser esto cierto, las ideas nuevas, esas que rompen con los patrones ideológicos con los que estamos familiarizados, resultarán poco atractivas. Solo si hacernos el esfuerzo de familiarizarnos con ellas para percibirlas mejor podremos llegar a comprender su belleza y lo acertado o no de las mismas.

Así pues, gracias, de nuevo, a la ciencia, podemos filosofar con más conocimiento de causa y explicar lo que no parecían sino caprichos personales de cada cual. Lo que percibimos como bello, material o intelectual, puede depender en parte de lo que hemos percibido o aprendido en nuestra vida y con lo que estamos familiarizados. ¿No es bellísimo saberlo?

11 de junio de 2007

EL MISTERIO DEL POLLO AMERICANO

MIS LECTORES SABEN que una de las cosas que más me fascina de la ciencia es su capacidad para resolver misterios inverosímiles. Hoy, nuevas tecnologías en todos los ámbitos hacen posible que podamos analizar y encontrar solución a problemas que, aunque tienen su importancia, parecen intranscendentes para el común de los mortales. Uno que ha sido recientemente resuelto y ha atraído mi curiosidad es el origen del pollo americano.

Hasta que no leí la noticia en la revista *Nature* de la semana pasada, ni siquiera conocía (pueden comprender mis lectores que tengo algunas cosas más interesantes de las que informarme) que se había montado un "pollo" entre los arqueólogos sobre la proveniencia del pollo americano. Resulta que la evidencia arqueológica indica, sin lugar a dudas, que el pollo se domesticó por primera vez hace unos 9.000 años en Asia, continente en el que se domesticaron, de hecho, la mayor parte de animales y plantas que criamos o cultivamos en la actualidad. Así pues, al constatar los arqueólogos que el pollo también habita el continente americano, surge la pregunta de cómo, desde Asia, pudo llegar hasta allí.

Se han barajado, como sucede en general en ciencia, varias hipótesis para explicar este hecho indisputable. La primera es que el pollo llegó a las Américas con los primeros seres humanos, a través del estrecho de Bering. Sin embargo, no existen yacimientos arqueológicos en América del Norte que contengan huesos de pollo, lo cual parece invalidar esta hipótesis.

Otra hipótesis que aumentó el desorden en el gallinero arqueológico mantenía que el pollo llegó por sus propios medios hasta el continente americano y que fue domesticado más tarde de manera independiente solo en Sudamérica. Sin embargo, tampoco se ha conseguido evidencia alguna en apoyo de esta hipótesis, por lo que parece que hay que asumir que el pollo fue introducido en América por el ser humano.

Evidentemente, nuestros ancestros españoles ya criaban (y montaban) pollos cuando descubrieron América, por lo que una hipótesis obvia es que el pollo lo introdujeron ellos tras el descubrimiento de ese continente. Sin embargo, ciertos hechos convierten en clueca esta hipótesis. El más importante es que cuando, en 1532, Francisco Pizarro conquista el imperio Inca, alguien tuvo la precaución de anotar el hecho fundamental de que los Incas ya criaban pollos por aquellas fechas. Así que si el pollo hubiera llegado a América con los primeros colonos españoles por el año 1500, en solo tres décadas debía haber llegado viajando solo desde América Central hasta el actual Perú y haber sido domesticado de nuevo y adoptado como parte de la alimentación de la cultura Inca. Esto parece bastante improbable, teniendo en cuenta que, en esos años, no existían restaurantes de comida rápida colonizando el planeta. Así que de esta hipótesis mejor no decir ni pío.

Por esta razón, otra escuela de arqueólogos empolló la hipótesis de que el pollo fue introducido en Sudamérica desde la Polinesia. Era conocido, en efecto, que el pollo había acompañado a los polinesios en su colonización de las islas del Pacífico, que ocurrió desde el año 1300 antes de Cristo hasta alrededor del año 1300 de nuestra era. Además, otras evidencias demostraban que los polinesios también contaban con el boniato y con la calabaza del peregrino, plantas originarias de Sudamérica. Esto sugería que, en sus viajes transoceánicos que nada tenían que envidiar a los de Colón y los Conquistadores, los polinesios habían llegado a Sudamérica y habían importado estas plantas de regreso a sus islas originales.

Sin embargo, esta hipótesis también carecía de evidencias sólidas, hasta que, en 2002, se descubrió un nuevo yacimiento arqueológico en la región de El Arenal, al norte de Chile. Este yacimiento contenía restos de pollo en buen estado, sospecho que en mejor estado incluso que muchos que he podido llegar a comer en algún restaurante.

La datación de los restos de pollo por medio de la técnica del carbono-14 indicó que provenían, como máximo, del año 1424, pero muy posiblemente de un periodo anterior, es decir, de una época, por tanto, previa al descubrimiento de América por nuestros ancestros españoles. Así pues el pollo americano debía haber llegado a América de otra forma, probablemente desde la Polinesia, pero ¿cómo probarlo?

Investigadores chilenos de la universidad de Valparaíso pensaron que una manera de probarlo era extraer ADN de los restos de pollo del yacimiento de El Arenal y comparar su secuencia con la del ADN extraído de pollos actuales de la Polinesia. Contactaron con colegas en Nueva Zelanda, Samoa y Hawai y les convencieron para que intentaran extraer ADN de esos restos y compararan su secuencia de "letras" con la de ADN de pollo polinesio. Los resultados, publicados en la revista *Proceedings of the National Academy of Sciences*, USA, indicaron que el ADN del pollo chileno precolombino era idéntico al del pollo de las islas polinesias de Tonga y Samoa, pero mostraba algunas diferencias con pollos de otras regiones del mundo.

Estos datos demuestran que América fue descubierta desde el Pacífico por los polinesios cientos de años antes que lo fuese por los españoles desde el Atlántico y corroboran la hipótesis de que el pollo llego a América viajando con los polinesios primero, y con los españoles después. Estos hallazgos abren la posibilidad de que se produjera también un mestizaje entre polinesios y pueblos americanos antes de que fueran conquistados por los Conquistadores.

El misterio del pollo americano ha sido resuelto. Puede parecer un problema sin importancia, pero su resolución nos da fe de un periodo de la historia de la Humanidad en el que unos pueblos, aparentemente primitivos, eran capaces de llevar a cabo viajes transoceánicos de miles de kilómetros. La resolución de este misterio nos proporciona un nuevo dato sobre las hazañas que el ser humano fue capaz de hacer en el pasado y nos anima a seguir haciéndolas hoy. Añade algo más al conocimiento sobre nosotros mismos, nuestra evolución y nuestra historia, y eso siempre es valioso.

18 de junio de 2007

EL BLANCO DE LA MIRADA

HAY COSAS QUE uno rara vez se toma la molestia de preguntar, sobre todo porque tras la molestia de hacerse la pregunta viene la molestia y desazón mayor de intentar responderla. Por esta razón, seguramente muy pocos se han preguntado algo tan extremadamente fundamental como por qué el blanco del ojo es blanco, y muchos menos aun disponen ni siquiera de una ligera idea de la posible respuesta.

Afortunadamente, nuestras sociedades disponen de esos extraños individuos que son los científicos, algunos tan extraños que llegan a convertirse en aprendices de escritores, o hasta de políticos. Estos extraños, aunque afortunadamente cada vez menos raros, individuos se ganan la vida a base de hacerse preguntas e intentar responderlas, eso sí, no para ellos solos, sino para todo el mundo que pueda estar interesado en saciar su curiosidad.

Cómo no, una de las preguntas que han intentado responder es, precisamente, por qué el blanco del ojo, conocido científicamente por el término esclerótica, es blanco. Esta pregunta en apariencia tan frívola, tiene su aquel. Es cierto que los humanos, aunque no así otros primates, poseemos ojos muy visibles, coloreados de una manera que facilita que otros sepan lo que estamos mirando. De 92 especies de primates examinadas, 85 poseen una esclerótica visible, pero esta es de color marrón o marrón oscuro, difícil de diferenciar del color de la piel. De hecho, cuando se compara el color de la esclerótica con el de la piel circundante del ojo en

81 especies de primates, solo una, la especie humana, posee la esclerótica de un color que contrasta altamente con ella.

Por si esto fuera poco, solo los humanos poseemos ojos en los que el iris está coloreado de tal manera que es fácilmente visible en contraste con la esclerótica blanca. Además, el área del rostro humano ocupada por los ojos y sus regiones visibles es desproporcionadamente grande en relación con el área que ocupan los ojos en los rostros de otros primates. Por ejemplo, la región visible de los ojos humanos es mayor que la del gorila, a pesar del mayor tamaño de este animal. Y el área de esclerótica visible es tres veces mayor en humanos que en orangutanes. Parece que los humanos estamos hechos para mostrar bien los ojos.

Estos hechos merecen una explicación, y científicos del instituto Max Planck de Antropología Evolutiva, dirigidos por el Dr. Michael Tomasello, han ofrecido una a modo de hipótesis. Estos científicos proponen que los ojos humanos han evolucionado debido a la necesidad para la comunicación y cooperación entre los individuos de nuestra especie, sobre todo la necesidad de establecer y mantener interacciones sociales mutuas que necesitan atención conjunta hacia un objeto, alimento o peligro.

Además de en el blanco de los ojos, esta hipótesis se apoya en otros hechos característicos de nuestra especie, pero no de otras especies de primates. Por ejemplo, madres e hijos pequeños establecen interacciones que requieren atención mutua a un determinado objeto y en ese contexto es, precisamente, en el que se van adquiriendo las habilidades lingüísticas. En estas interacciones, que también pueden establecerse entre otros individuos de nuestra especie sin lazos familiares, se hace uso frecuente de gestos indicativos, como señalar con el dedo, gesto que no es utilizado por otros primates en el medio natural. Estas interacciones pueden verse, sin duda, facilitadas cuantas menos dificultades existan para conocer dónde se encuentra el blanco de la mirada del otro y para ello el contraste entre los colores de las distintas partes de los ojos pueden ser de gran ayuda.

No obstante, en ciencia, aunque las hipótesis pueden parecer muy razonables, hay que probarlas mediante la observación y la experimentación y encontrar así evidencias que las apoyen o las refuten. Por supuesto, esto es lo que se propusieron conseguir el Dr. Tomasello y su equipo de investigación, mediante sencillos experimentos con niños y primates que voy a relatar brevemente a continuación.

En estos experimentos, una persona se colocaba frente a niños de un año de edad o primates adultos y realizaba una de estas cuatro acciones: 1. Rostro hacia arriba con los ojos abiertos mirando arriba. 2. Rostro hacia arriba con los ojos cerrados. 3. Rostro hacia el frente, hacia el niño o el primate, con los ojos abiertos mirando hacia arriba, y 4. Rostro hacia frente con los ojos cerrados. Los científicos determinaron así si el niño o el primate seguían preferentemente la dirección de la mirada o el movimiento de la cabeza de esa persona.

Los resultados, publicados en la revista *Journal of Human Evolution*, fueron muy claros. Los niños se fijaron preferentemente en la dirección de la mirada, y no de la cabeza, y los primates hicieron precisamente lo contrario. Este hecho quedó muy patente en la condición en que el rostro de la persona se dirigía al frente, pero su mirada se dirigía hacia arriba. Los niños miraban entonces hacia arriba mucho más frecuentemente que lo hacían los primates. Estos datos apoyan la hipótesis de que el blanco del ojo es importante para que los humanos podamos determinar dónde el otro dirige su atención.

Sin embargo, la hipótesis colaborativa no es la única posibilidad para explicar el blanco de nuestros ojos. Podría suceder que la esclerótica blanca fuera un signo de buena salud y, por tanto, de buenos compañeros sexuales con quien transmitir los genes. No hay duda que unos ojos bonitos son un atractivo sexual importante. Sin embargo, no existe evidencia científica alguna a favor de esta hipótesis, pero sí evidencia que indica que la cooperación es mayor entre adultos humanos cuando los ojos son visibles. No se puede cooperar bien cuando llevamos gafas de sol oscuras y es, además, ciertamente algo molesto entablar conversación con quien las lleva puestas. También hay evidencias que indican que la mirada puede servir como medio de control del comportamiento del otro e impedir comportamientos egoístas o tramposos. Mostrar al otro que lo estamos mirando es sin duda un medio de influir sobre él y de indicarle nuestra voluntad de cooperación o de reproche.

En fin, sea como sea, por lo menos tenemos una idea de por qué el blanco del ojo es blanco: para comunicar fácilmente al otro qué o a quién miramos.

En términos evolutivos la aparición de individuos con escleróticas blancas tuvo que suponer una ventaja reproductiva, y esa ventaja provino, muy posiblemente de la facilidad para cooperar entre ellos y competir con los demás. Cualquiera que juegue al póker, o al mus, estará posiblemente de acuerdo con esto.

25 de junio de 2007

PALEONTOLOGÍA MOLECULAR DEL SIDA

CUANDO LA VORÁGINE diaria me permite un respiro mental y puedo reflexionar sobre el significado de la existencia y sobre cómo hemos llegado hasta donde estamos, suelo considerar lo extraordinario que es el tiempo que vivimos. Claro que eso podríamos decirlo de todos los tiempos vividos y de los que quedan por vivir, pero, si me permite la licencia, el nuestro es un tiempo más extraordinario de lo normal.

A veinticuatro fotogramas por segundo, una película de dos horas de duración posee 172.800 de ellos. ¿Podría existir en cualquier película un solo fotograma que, cuando lo contemplemos congelado en la pantalla, nos proporcionara información suficiente sobre cómo ha transcurrido la película desde el inicio, y sobre cómo es probable que trascurra en el futuro? Imposible ¿verdad? Si fuera así, bastaría con entrar y salir en un suspiro de una sala de cine para enterarnos de toda la película. Como digo, imposible. Y, sin embargo, la ciencia actual, actuando en proporcionalmente mucho menos tiempo que lo que dura un fotograma, ha sido y sigue siendo capaz de esa proeza en lo que se refiere a la "película" del universo y de la vida. Nosotros nos encontramos en ese fotograma. Por eso el nuestro es un tiempo extraordinario.

Evidentemente, si podemos extraer información a partir de un solo fotograma de la película de la vida y del universo, es porque la contiene, y porque somos, además, muy listos. Sabemos dónde mirar y cómo extraerla, y eso gracias a la ciencia.

En el caso de la evolución de las estrellas y del mismo universo, todos conocemos que puesto que la luz viaja a una velocidad constante, la que proviene de lejanas estrellas y galaxias ha tardado un tiempo en llegar hasta nosotros. Esa luz contiene información sobre cómo eran esas estrellas y galaxias cuando la emitieron. Así, observando los objetos del universo cada vez a mayores distancias podemos ver cómo ha ido evolucionando el mismo a lo largo del tiempo, puesto que los objetos cercanos son más modernos que los lejanos. Es como si desde nuestro fotograma particular de la película del universo pudiéramos observar en parte los fotogramas que nos han precedido a mayor o menor distancia del nuestro y hacernos así una idea de lo que ha sucedido en la película hasta el momento actual.

Sin embargo, no solo la luz que nos llega de las galaxias más o menos lejanas contiene información sobre el pasado. Nuestros genes, y los genes de los organismos que viven con nosotros en el planeta, también la contienen. En otras palabras, nuestro genoma actual es un fotograma evolutivo. Los genomas han llegado a ser como son tras un largo proceso de evolución y contienen restos "paleontológicos" de los avatares de la misma. Para saber qué sucedió deberemos averiguar dónde se encuentran y cuáles son esos restos genómicos.

Igual que los arqueólogos que estudian la historia de las culturas de la Humanidad han ido aprendiendo que ciertos tipos de restos (digamos, restos de cerámica o de piedra), son más fáciles de encontrar que otros, los biólogos moleculares han aprendido, al analizar la secuencia de varios genomas, que estos contienen restos frecuentes de pasados ataques de virus. Los biólogos moleculares han averiguado esto porque han podido comprobar que algunas zonas de ADN de nuestro genoma, o del genoma de otras especies, son, en realidad, trozos de ADN de virus que se integraron en él en el pasado y que a partir de ese momento han evolucionado con nosotros; de hecho, han formado parte de nosotros mismos, ya que aproximadamente el 8% de nuestro genoma está constituido por restos de virus.

Por supuesto, si esos virus no han acabado con nosotros es porque hemos podido desarrollar mecanismos de resistencia. Lamentablemente, esto tiene un precio, ya que la resistencia a un tipo de virus puede suponer debilidad ante otro. En particular, la resistencia a algunos virus que nos atacaron en el pasado pudiera habernos hecho más susceptibles de ser atacados hoy por el virus del SIDA.

Esta idea ha sido investigada porque la comparación entre los genomas de humanos y chimpancés, nuestros parientes evolutivos más cercanos, revela que estos contienen huellas de ataques de un virus llamado PtERV1, que es también un retrovirus, es decir, la misma clase de virus a la que pertenece el SIDA. Es, sobre todo, el genoma del chimpancé el que contiene más restos de PtERV1, unos ciento treinta. Al parecer, los humanos, en nuestra evolución, nos hicimos resistentes a su ataque y nuestro genoma solo contiene, por ello, un solo resto de este virus.

Si la arqueología no puede resucitar a las momias, la biología molecular sí puede resucitar a los virus. Utilizando los restos de ADN del virus PtERV1 presentes en el genoma del chimpancé, investigadores del instituto Fred Hutchinson, en los EE.UU., han recreado ese mismo virus y han infectado con él a células en el laboratorio. Increíble, pero cierto.

De esta forma, los investigadores encontraron que un gen de nuestro genoma, llamado TRIM5, era el responsable de la resistencia que los humanos habíamos desarrollado ante su infección. Si se eliminaba la proteína producida por este gen, el virus PtERV1 podía entonces infectar a las células humanas. Lamentablemente, los investigadores también comprobaron que, en ausencia de esta proteína, las células eran resistentes al ataque del virus del SIDA, es decir, la proteína facilitaba el ataque de este virus. Lo que protegía del ataque de un virus era utilizado por el otro para su beneficio. Estos resultados han sido publicados recientemente en la revista *Science*.

Nadie sabe por qué la resistencia a un tipo de virus en el pasado nos hizo más susceptibles al virus del SIDA, pero averiguar cómo y por qué sucedió esto puede ser de gran ayuda para desarrollar nuevos fármacos antivíricos, y no solo contra el virus del SIDA, sino también contra otros de la misma familia. Es evidente que nuestras defensas inmunológicas, de las que aún no conocemos todos sus mecanismos, se han ido conformando a lo largo de la evolución de acuerdo a las amenazas a las que han tenido que hacer frente. Este tipo de estudios de "paleontología molecular" puede también ayudar a comprender por qué nuestras defensas son como son, es decir, comprender sus fortalezas y sus debilidades, y poder así mejorarlas frente al ataque de los parásitos modernos.

2 de julio de 2007

TRASPLANTE DE GENOMA

LE JURO QUE la anécdota es cierta. Mi profesor de Bioquímica me contó un día que el director de nuestro Departamento, el conocido científico Francisco Grande Covián, ya desaparecido, recibió en una ocasión a un extraño visitante. Tras efectuarle este varias preguntas sobre los genes, las proteínas, y la doble hélice del ADN, y comprobar que el científico conocía la materia, le hizo una no menos extraña confesión. Tras secuestrarlo, unos extraterrestres le habían "cambiado de vuelta" la doble hélice del genoma de sus células. Si antes su hélice giraba a izquierdas, tras la intervención efectuada sobre su cuerpo, ¡ahora giraba a derechas¡

Le aseguro que no es una broma de "política molecular". De hecho, al parecer los extraterrestres no fueron capaces de "cambiarle de vuelta" su tendencia política a este pobre loco, la cual seguía girando hacia el mismo lado, aunque nunca supimos cuál. Por esta razón tuvieron, quizá, que conformarse con cambiarle la tendencia de giro de su genoma antes de liberarlo. ¡Lo que hay que ver!

Hoy en día, la ciencia consigue hazañas tan extraordinarias o más que la historia anterior. Es cierto que aún no podemos cambiarle a nadie la tendencia de giro de su ADN, ni cambiar el genoma entero a un animal para convertirlo en un individuo de otra especie, pero investigadores del Instituto J. Craig Venter, en Rockville, Maryland (ciudad donde tuve la fortuna de vivir durante seis años) han conseguido transformar una especie de bacteria en otra mediante el método de trasplantarle a una el genoma de la otra. Como también decía la semana pasada con motivo de otra hazaña científica, increíble, pero cierto.

Claro que, como nos suelen espetar a muchos científicos tras efectuar cualquier descubrimiento: eso, ¿para qué vale? Antes de contestar a esta pregunta, que solo los ignorantes de la ciencia pueden formular sin sonrojarse, expliquemos cómo ha sido posible conseguir este trasplante de genoma, que, evidentemente, se ha llevado a cabo sin anestesia alguna, ya que las bacterias no sienten dolor o, al menos, no gritan.

Para realizar esta hazaña, los investigadores eligieron dos especies de bacterias con pequeños genomas contenidos en un único cromosoma: *Mycoplasma mycoides* (MM) y *Micoplasma capricolum* (MC). Primero, los investigadores introdujeron dos genes nuevos en el genoma de MM. Esta tecnología es rutinaria en los laboratorios de todo el mundo, que utilizan bacterias como herramientas para cultivar genes, y es muy sencilla de llevar a cabo.

Los dos genes introducidos en el genoma de MM convertían a la bacteria en resistente a la presencia de un antibiótico. Ahora, la bacteria podía crecer y reproducirse en presencia de este agente antibacteriano. El otro gen lograba que la bacteria se convirtiera en azul al metabolizar un determinado producto químico añadido a su medio nutritivo.

Tras introducir estos dos genes en MM, los investigadores trataron a esta bacteria con sustancias químicas cuyo fin era destruir o eliminar todo lo que no fuera su ADN. Dejaron así solo el genoma "desnudo" de esta bacteria, lo que comprobaron por diversos métodos. Tras estar seguros de que el ADN estaba desprovisto de cualquier otro componente bacteriano, añadieron este ADN a un tubo de cultivo donde crecía la otra bacteria, MC. Esta bacteria no era ni resistente al antibiótico, ni podía convertirse en azul, al no tener los genes que le capacitaban para ello.

Sin embargo, tras cuatro días en crecimiento, los investigadores comprobaron que algunas bacterias MM se habían convertido en azules y eran además resistentes al antibiótico. Esto solo podía suceder si las bacterias habían incorporado al menos los genes para convertirlas en azules y hacerlas resistentes.

Estos genes se encontraban en el genoma entero de MM, por lo que si las bacterias MC lo habían incorporado, era porque habían incorporado todo el genoma de MM. Los investigadores comprobaron por diversos métodos que, en efecto, las bacterias MC azules no tenían ni rastro de su genoma original. De hecho, eran de nuevo bacterias MM, puesto que habían adquirido todo su genoma.

¿Qué había sucedido? ¿Cómo se había producido esta asombrosa transformación? Los investigadores creen que algunas bacterias MC incorporaron el genoma de MM y contuvieron momentáneamente en su interior los dos genomas, el de MM y el de MC. Cuando estas bacterias se dividieron en dos para reproducirse, una de las bacterias "hijas" recibió uno de los genomas y la otra recibió el otro. La que recibió el genoma de MM se convirtió así en este tipo de bacteria. Al añadir el antibiótico al medio nutritivo, solo las bacterias azules sobrevivieron. Estas bacterias eran todas de la especie MM.

Pasemos ahora a responder a la pregunta: y todo esto, ¿para qué vale? Resulta que varios grupos de investigación están intentando conseguir el organismo vivo con el menor número de genes posible. En otras palabras, el organismo vivo más económico posible. Una vez conseguido, se podrían entonces añadir los genes necesarios para la fabricación de un determinado fármaco, o para la obtención de biocombustibles de manera muy rentable.

Para conseguir este objetivo, debe ser posible incorporar genomas enteros a organismos ya vivos y conseguir que esos genomas se pongan a funcionar dentro del nuevo organismo. Este paso es el que han conseguido dar estos investigadores con su trabajo, que publican en la revista *Science*. En el futuro, se pretende generar genomas artificiales, con cada vez menos y menos genes, y estudiar si estos son capaces de ponerse a funcionar en el interior de bacterias ya existentes y convertirlas en otras cada vez más simples. Estamos hablando, en efecto, de la creación de vida artificial, o casi.

Me caben pocas dudas de que esto acabará, tarde o temprano, por conseguirse y, aun haciendo uso de organismos vivos como recipientes de la molécula de la vida por excelencia, el ADN, el ser humano conseguirá crear vida artificial y producir organismos de diseño con diversos fines. La ciencia no dejará de asombrarnos en la vida, ni siquiera en la vida artificial, vida que yo me atrevo a definir, simplemente, como una simbiosis molecular que genera un sistema reproducible.

9 de julio de 2007

AMAR POR NARICES

SERÁ QUIZÁ PORQUE en verano uno siente más los olores, por esta fechas suelo hablar de los nuevos descubrimientos sobre la acción de las feromonas, que casi siempre transportan el olorcillo de lo sexual. Dice un chiste feminista que detrás de un hombre inteligente hay una mujer sorprendida. Los nuevos datos obtenidos sobre la acción de algunas feromonas bien podrían apoyar la afirmación de que detrás un hombre con carácter hay una mujer con cerebro. Al menos esto puede ser así en el caso de los ratones, y gracias a las feromonas.

En el mundo de los insectos, es bien conocida la existencia de moléculas volátiles que los individuos utilizan para enviar determinados mensajes químicos a otros. Se trata de las llamadas feromonas. La palabra feromona proviene del griego, *pherein* (transportar) y *hormon* (estimular). Las feromonas son producidas por un individuo y transportadas por el aire hasta otro organismo receptor al que estimulan de alguna manera. Estas sustancias transportan mensajes de diversos tipos, que incluyen peligro, agregación, feromonas de seguimiento (como las que utilizan las hormigas para formar sus hileras de ida y vuelta al hormiguero), etc.

Dada nuestra fijación con los temas sexuales, entre las feromonas más famosas se encuentran la relacionadas con la vida sexual, aunque sea la vida sexual de los insectos. Son estas sustancias las que, en general, las hembras de algunas especies de insectos secretan al aire para atraer a los machos.

Si la existencia de feromonas sexuales en los insectos ha sido demostrada por la ciencia desde hace décadas, la existencia de feromonas sexuales en mamíferos, incluido el ser humano, ha sido mucho más controvertida, hasta al menos el año pasado. Como explicaba hace casi un año, un grupo de investigadores suecos descubrió que un derivado de la hormona masculina testosterona, un compuesto llamado AND, presente en el sudor de los hombres, y otro compuesto relacionado con los estrógenos, llamado EST, presente en la orina de las mujeres, actúan como feromonas (es curioso que estas cosas se descubran en Suecia, ¿no cree?). Oler AND activa regiones del hipotálamo cerebral, altamente involucradas en la conducta sexual, en mujeres heterosexuales y, curiosamente, en hombres homosexuales, pero no en hombres heterosexuales y mujeres lesbianas, es decir, estas feromonas solo actúan sobre cerebros humanos sexualmente orientados de determinada manera.

¿Cómo funcionan las feromonas? ¿Qué efecto causan a los cerebros sobre los que actúan? Este asunto es lo que intentaron averiguar el grupo del doctor Samuel Weiss, de la Universidad de Calgary, en el estado de Alberta, en Canadá. Estos investigadores sabían que la orina de los ratones macho contiene feromonas y que es posible que estas influyan en el cerebro de las hembras a la hora de seleccionar compañeros sexuales.

Para estudiar la naturaleza de los efectos de estas feromonas, el equipo de investigación realizó un simple experimento. Mantuvo a hembras de ratón por una semana en jaulas con serrín que había absorbido orina bien de ratones macho dominantes, bien de machos subordinados, bien de hembras, o que no había sido expuesto a orina alguna, es decir, serrín limpio hasta de ideas, como el que se encuentra en las cabezas de algunos salidos de la ESO.

Tras una semana, los investigadores encontraron que las hembras expuestas a orina de machos dominantes mostraban un crecimiento de nuevas neuronas de hasta un 25% en dos regiones del cerebro, el hipocampo –una región involucrada en el aprendizaje y la memoria– y el bulbo olfativo. Estas regiones generan nuevas neuronas a lo largo de la vida, pero la exposición a orina de machos dominantes incrementa este proceso. El incremento no se observa en hembras expuestas a orina de machos subordinados, de otras hembras, o a serrín limpio. Estos resultados han sido publicados en la revista *Nature Neuroscience.*

Las hembras de ratón, que no son tontas, y menos aun tras exposición a orina de machos dominantes, prefieren a estos últimos, y no a machos subordinados, como compañeros sexuales. Para comprobar si esta preferencia por los machos dominantes era dependiente del crecimiento neuronal, los investigadores suministraron fármacos que bloqueaban dicho crecimiento neuronal al mismo tiempo que exponían a las hembras a la orina de machos dominantes. En este caso, a las ratoncitas les daba igual Mr. Bean que Brad Pitt, o sus equivalentes roedores, y el estatus dominante carecía de importancia.

No sabemos si esto puede suceder también en los seres humanos, aunque algunos experimentos así lo sugieren. Por ejemplo, recordemos si no los resultados de un estudio publicado hace dos años en el que los investigadores recogieron con bolas de algodón el olor de los sobacos de cuarenta y ocho hombres a quienes se les hizo también pasar una prueba que evaluaba su propia percepción de su posición en la escala social. Las bolas de algodón se dieron a oler a sesenta y cinco mujeres a las que se pidió que calificaran la masculinidad y lo "sexy" que encontraban esos olores. Y bien, las mujeres que se encontraban ovulando o a punto de hacerlo tendían a preferir los olores de los hombres que se consideraban altos en la escala social.

Así pues, es posible que las mujeres con algo más de cerebro prefieran a los hombres con algo más de carácter e inteligencia, que suelen ser los que alcanzan escalas sociales más altas. Es incluso posible que las feromonas segregadas por ese tipo de hombres VIP estimulen el crecimiento de algunas neuronas adicionales en el cerebro de sus parejas femeninas y que esto resulte en una mayor atracción, que no sería fatal, sino simplemente nasal.

En todo caso, es muy posible que las empresas de perfumería y cosmética estén interesadas por estos trabajos. Al fin y al cabo la cosmética no solo puede ayudarnos a disimular nuestro verdadero aspecto exterior, sino también a disimular nuestro aspecto interior, al menos nuestro verdadero valor social. "Las mujeres –decía el escritor Enrique Jardiel Poncela– cuando les fallan los atractivos físicos, recurren a los químicos".

No sabía Don Enrique lo cierto que esto puede llegar a ser, también con los hombres, gracias a las feromonas.

16 de julio de 2007

LA GENEROSIDAD DE LAS RATAS

MUY POSIBLEMENTE, CASI todos recordamos la parábola del buen samaritano, descrita en el evangelio de San Lucas. En ella, Jesús quiere ilustrarnos sobre el hecho de que la compasión y la generosidad deben ser ejercidas con todos, y no solo con nuestros familiares o con quienes consideramos nuestros amigos o compañeros. Para educarnos sobre este aspecto, Jesús cuenta la historia de un hombre que es atracado en el camino y abandonado malherido a su suerte. Un sacerdote y un Levita pasan de largo sin ayudarle, pero un samaritano, el buen samaritano, lo recoge, lo conduce hasta un mesón y le dice al mesonero que lo cuide hasta que sane, que él correrá con todos los gastos.

"Ama al prójimo como a ti mismo" (y alcanzarás la vida eterna) es la máxima que Jesús quiere enseñarnos, máxima absolutamente fabulosa para acabar con muchos de los problemas de la Humanidad, pero de la que desconocemos si es o no posible que el ser humano pueda cumplir. Y quiero aclarar que no estoy hablando de religión, o de moralidad, sino de biología. Me explico: si Jesús o cualquier otro líder social nos hubiera dado la máxima "aprended a volar como águilas" (y alcanzaréis la vida eterna), solo unos cuantos locos se hubieran creído que este objetivo era alcanzable. Los demás hubiéramos dicho que si Dios hubiera querido que el ser humano volara como un águila, le habría dado alas. En otras palabras, no está en nuestra biología y nuestra naturaleza volar como águilas. Es imposible, pues, cumplir esa máxima.

Lo que resulta evidente desde el punto de vista de nuestras cualidades físicas, no lo es tanto desde el punto de vista de las cualidades intelectuales, emocionales, o morales que poseemos, es decir, conocemos mejor nuestras limitaciones físicas que nuestras limitaciones intelectuales. Muy pocos se creen grandes atletas, pero muchos se creen muy listos. Y también podamos quizá creer que podemos ser más generosos y buenos con el prójimo de lo que realmente podemos. Lo que quiero decir es: ¿realmente es propio de nuestra naturaleza, de nuestra biología, la capacidad de amar al prójimo como a nosotros mismos?

Seguramente cada uno tendrá su propia idea sobre la respuesta a esta pregunta. No obstante, no vendría mal llevar a cabo algunos estudios para comprobar lo que la ciencia tiene que decir al respecto. ¿Es el ser humano capaz de ser generoso con quienes ni siquiera conoce? ¿Con sus propios enemigos? ¿Hasta qué punto es esta cualidad propia de la naturaleza humana?

Y bien, se han llevado a cabo estudios para responder esta pregunta. Las conclusiones de los mismos indican que la respuesta es afirmativa, aunque no han demostrado que seamos capaces de amar a los demás como a nosotros mismos. De hecho, hasta hace muy poco se creía que el ser humano era el único capaz de ejercer la llamada reciprocidad generalizada. Es esta una cualidad que nos permite ayudar a los demás, indiscriminadamente, dependiendo de lo que el ambiente y el entorno en general nos ayuden o favorezcan. Como ejemplo, si por azar nos encontramos un billete de cincuenta euros en la calle, lo normal es que nos sintamos más generosos con los demás ese día o, al menos, en los minutos que siguen al afortunado encuentro.

Además de este tipo de reciprocidad, el ser humano es también capaz de la reciprocidad directa (ayudar a quien te ayuda) y de la reciprocidad indirecta (ayudar a quien ayuda a otros). Esto implica que somos capaces de evaluar la generosidad de los demás y de ejercer o no la nuestra dependiendo del resultado de esa evaluación. Sin embargo, es difícil que seamos generosos con los demás si el ambiente no nos es favorable y si nuestros congéneres más próximos no nos ayudan.

Otra buena forma de confirmar que es propio de nuestra biología ser generosos y ayudar a los demás es averiguar si animales más primitivos que nosotros son también capaces de generosidad con otros de su especie. Si estos animales primitivos poseen en su naturaleza esta capacidad, es muy probable que animales más evolucionados (entre los que usted se encuentra) también la posean.

Por esta razón, dos investigadores de la universidad suiza de Berna decidieron estudiar la generosidad de las ratas de laboratorio. Seguramente si un animal tan despreciable como la rata es generoso, un animal como el ser humano debería serlo en mayor medida.

Para evaluar la generosidad de las ratas, los investigadores entrenaron a varios de estos animales a pulsar una palanca de modo que dispensara alimento para un congénere, pero no para ellas mismas. Encontraron que las ratas que recibieron comida caritativamente por este procedimiento eran un 20% más inclinadas a ayudar a un congénere desconocido que las ratas que no la habían recibido. Esto es un ejemplo de la llamada reciprocidad generalizada, que hemos mencionado antes, y que, ante la sorpresa general, estos roedores también pueden ejercer. El ser humano deja, una vez más, de ser especial y único también en su generosidad, y comparte esta característica con animales tan simpáticos como las ratas.

No acaba aquí la generosidad de las ratas. Los investigadores también averiguaron que las ratas que habían sido ayudadas por un congénere conocido eran un 50% más inclinadas a ayudarle que si este congénere no les había ayudado en primer lugar. Esto es un ejemplo de reciprocidad directa, de la que al parecer estos animales, como nosotros, también son capaces. Estos resultados se han publicado recientemente en la revista *PLOS biology.*

Estos estudios sugieren que ayudar a los semejantes ha sido posiblemente una característica seleccionada a lo largo de la evolución de las especies por su capacidad para contribuir a la supervivencia de las mismas. Aquellas especies, al menos de mamíferos superiores, que han contado con organismos que cooperan, y no solo que compiten entre sí, son las que han sobrevivido hasta nuestros días. Evidentemente, la capacidad para ser generosos con todos, o solo con algunos, depende de habilidades intelectuales o cognitivas para discriminar cuándo debemos serlo y con quien, habilidades que también han tenido que desarrollarse a lo largo de la evolución.

Así pues, el "ama al prójimo como a ti mismo" está en alguna medida en nuestros genes, en nuestra naturaleza. Los estudios con las ratas descritos aquí y otros realizados con seres humanos indican, además, que si ponemos en práctica esta máxima también inducimos a los demás, a su vez, a practicarla. No son solo buenas palabras. Existe una base científica, biológica y racional para ello. Puede, por tanto, funcionar. Puede, por tanto, que tan solo con ser un poco más generosos que las ratas y ayudar a quienes nos rodean, sean quienes sean, consigamos todos un mundo mejor.

23 de julio de 2007

DECLARADOS CULPABLES DEL CAMBIO CLIMÁTICO

UN TEMA DE gran actualidad científica es el cambio climático, aunque de esto suelo hablar poco, ya que hasta la fecha no parecía estar científicamente claro si este cambio es real. Las dificultades para establecer científicamente si se está produciendo o no un cambio climático son muchas, y muchas más aun las dificultades para establecer si el cambio climático, si lo hay, es causado por la actividad humana.

Y es que el clima no consiste en que haga más o menos calor un verano que otro, o menos frío cinco inviernos seguidos. El clima se establece como una media aritmética de las variaciones meteorológicas, de temperaturas, de precipitaciones, de días soleados o nublados, etc., calculada en largos periodos de tiempo, no solo en unos cuantos años, ni siquiera en unas cuantas décadas.

Por esta razón, no debemos concluir que los climas mediterráneo, atlántico, o tropical, como tales climas, es decir, como tales medias, cambian debido a las variaciones normales que suceden año a año. Sería como decir que enero ha sufrido un cambio climático porque hemos tenido cuatro días más calurosos de lo normal, y por eso enero ya no va a ser un mes frío porque su clima ha cambiado. Absurdo.

Así pues, para comprobar si verdaderamente sucede o no un cambio climático, hay que comprobar que las medias de temperaturas, lluvias etc. están cambiando a lo largo de largos periodos de tiempo, cuanto más largos mejor. El problema es que no disponemos de datos suficientes sobre el clima en un periodo suficientemente largo. Las estadísticas fiables sobre datos climáticos apenas superan el siglo de duración. En ese periodo, podemos comparar lo que sucedió, por ejemplo, en los primeros cincuenta años con lo que sucedió en los últimos, pero no podemos comparar periodos más largos y confirmar así que, más allá de variaciones puntuales, el clima está cambiando.

Para responder a esta cuestión, una solución es esperar otros cien años y recoger los datos climáticos de ese periodo para compararlos con los del siglo anterior. Si todavía no estuviese claro que se había producido un cambio, deberíamos recoger datos climáticos por otros cien años más, y así sucesivamente. Es un método seguro, pero que consume toda la paciencia, y la vida, de los climatólogos.

Además, incluso disponiendo de esos datos y comprobando que el clima, en efecto, ha cambiado, aún nos quedaría responder a la pregunta de por qué lo ha hecho. ¿Cuál ha sido la influencia del ser humano en ese cambio? Si no hubiéramos estado quemando combustible fósil y haciendo otras barbaridades, ¿habría cambiado el clima de forma similar?

Afortunadamente, los científicos han inventado métodos que les permiten acelerar el proceso de estudio. Para intentar explicarlos, permítame hacer una similitud con la bolsa de valores.

Todos sabemos que la bolsa de valores empresariales sube y baja, igual que las temperaturas. Últimamente, la bolsa ha subido, en general, y el clima bursátil parece orientarse al alza, a pesar de bajadas puntuales. Esto es así porque podemos comparar entre sí periodos largos de actividad bursátil, cuyas unidades se miden en días y no en años, como en el caso del clima. Supongamos ahora que, una vez establecido que el clima bursátil ha sido alcista en los últimos años, deseamos averiguar cuál ha sido la influencia de la guerra de Irak. Si no hubiera existido esa guerra, ¿qué habría sucedido?

Responder a esta pregunta no es fácil. Evidentemente, y por desgracia, no podemos hacerlo volviendo atrás en la historia e impidiendo que la guerra comience para estudiar qué sucedería en esas condiciones. Tenemos que hacerlo de otro modo, pero ¿cómo?

Los científicos han encontrado una posible solución. Se trata de desarrollar modelos, es decir, ecuaciones matemáticas, que intenten simular el comportamiento real de la bolsa. Por ejemplo, se establece una ecuación en la que el índice bursátil es la suma de varios factores, como el precio del petróleo, de las materias primas, de las conexiones a Internet, de lo que sea. El resultado de esa ecuación se compara con lo observado en el pasado y, según el resultado, se van añadiendo o eliminando factores de la misma, o subiendo o bajando su importancia (el porcentaje de su influencia). Así el modelo se va afinando hasta hacerlo lo más cercano posible a la realidad.

Los climatólogos han hecho algo similar con el estudio del clima. Han desarrollado modelos con distintos factores para simular su evolución. Estos factores pueden incluir, entre otros, la cantidad de energía recibida del Sol, la actividad volcánica, el crecimiento de las plantas, y, por supuesto, la emisión de gases de efecto invernadero causada por la actividad humana.

Un consorcio de investigadores del Reino Unido, Canadá, Estados Unidos y Japón han comparado las precipitaciones reales de los últimos ochenta años con catorce de estos modelos climáticos. Estos modelos eran de tres clases diferentes: unos incluían el efecto de los volcanes (efectos naturales); otros, el efecto de los gases de efecto invernadero (efectos artificiales) y, por último, unos terceros, los dos.

Y bien, solo los modelos que incluyen ambos tipos de efectos se adecuan a lo observado en la realidad, lo que indica que pueden servir para predecir lo que sucederá en el futuro. En otras palabras, este estudio demuestra que la actividad humana es un factor clave que ha influido en el clima de los últimos años y que va a influir en el futuro. Por fin contamos con evidencia de este hecho y de ahí la importancia de este estudio que los investigadores publican en la revista *Nature*.

El estudio demuestra que, debido a la actividad humana, los patrones de precipitaciones planetarios han cambiado. En las latitudes entre 40°N y 70°N, es decir, en las latitudes donde nos encontramos, ha llovido entre un 50% y un 85% más de lo que lo hubiera hecho si el ser humano no hubiera quemado combustibles fósiles, pero ha llovido menos en latitudes más al sur, por ejemplo en el Sahel y desierto del Sahara, y también, en latitudes más al norte.

Así pues, el cambio climático es una realidad y la actividad humana, un factor importante, al menos en el cambio de los patrones de precipitaciones observado. Los seres humanos somos, pues, culpables, aunque en el caso de España, hemos tenido suerte, ya que ha llovido más de lo que lo hubiera hecho sin cambio climático. Menos mal, porque de otro modo esto hubiera acarreado de todos modos otro cambio de clima, traducido esta vez en una mayor crispación social causada por la falta de agua, que de todas formas sufrimos.

30 de julio de 2007

EL GEN QUE PICA

UNA TENDENCIA MUY natural de la especie humana es que cuánto más naturales nos parecen las cosas, menos nos preguntamos por qué son así. ¿Y hay algo más natural que rascarse cuando nos pica?

Así que, como me ha sucedido hasta hace poco, es muy probable que no se haya usted preguntado nunca por qué se rasca, y es también muy probable que tampoco se haya preguntado por qué algo pica, en lugar de, por ejemplo, doler o quemar. ¿Por qué sentimos esa sensación punzante que invita a deslizar rabiosamente las uñas por nuestra piel? Espero que esta pregunta pique su curiosidad. Yo, por mi parte, intentaré rascársela a base de ciencia.

El picor es una sensación que, como todas, tiene su razón de ser biológica y su valor de supervivencia. Si nos rascamos es porque de esta manera eliminamos a presuntos parásitos que atacan nuestra piel. Y si algo pica es porque a lo largo de la evolución, nuestro cuerpo, como el de muchos otros animales, ha aprendido a identificar los ataques de diversos parásitos de esa manera.

Antes de que apareciera la "era del picor" en la evolución de las especies, en la que nos encontramos ahora inmersos de lleno, los animales primitivos no se rascaban porque no eran capaces de sentirlo. Los parásitos atacaban a esos pobres animales sin piedad y sin problemas. La vida era, además, aburrida porque nadie podía jugar a esos juegos de "rasca y gana".

Sin embargo, en algún momento de la evolución, alguno de nuestros ancestros sufrió una mutación en un gen que le permitió comenzar a detectar, siquiera vagamente, el ataque de algunos parásitos y, al detectarlos mediante una sensación de picor primitivo, a defenderse de ellos. Esto supuso el comienzo de la "era del picor" que, como digo, quizá no fue al principio un picor tan claro y sofisticado como el que podemos sentir hoy en algunas partes de nuestros cuerpos (no todas, por cierto, pican igual), como tampoco lo fueron el sentido de la vista o del oído primitivos, pero que, poco a poco, fue involucrando a más genes, evolucionando y refinándose, proporcionando así una ventaja a los animales capaces de sentirlo y de actuar sobre él, rascándose con uñas o con dientes.

Algo similar podemos decir de la sensación de dolor, que también tiene sus matices y no duele igual pillarse un dedo con la puerta que golpearse la nariz con la misma maldita puerta. La sensación de dolor también tiene un importante valor de supervivencia, ya que sentirlo permite evitar lo que puede hacernos daño o amenazar nuestra integridad física. Esto, a su vez, aumenta las posibilidades de reproducirnos y de transmitir nuestros genes a la siguiente generación.

La investigación sobre los genes involucrados en la sensación de dolor ha sido bastante más intensa que la investigación sobre el picor. La razón es que conocer los mecanismos del dolor podría permitir desarrollar nuevos fármacos analgésicos o anestésicos, de una evidente importancia médica. Además, no podemos eliminar el dolor rascándonos, lo que, en general, y salvo condiciones patológicas extremas, sí podemos hacer con el picor. Si te pica, te rascas, suele decirse, pero si te duele, ajo y agua, a menos que te tomes una aspirina u otro analgésico.

Sin embargo, como tantas veces en ciencia, buscas una cosa, y encuentras otra. Investigadores de la Facultad de Medicina de la Universidad de Washington, en la ciudad de San Luis, estado de Missouri, USA, por distintas razones largas de explicar, se encontraban estudiando el gen GRPR (*gastrin releasing peptide receptor*, o receptor para el péptido liberador de gastrina) por su posible implicación en el dolor. Es este un gen productor de una proteína en la membrana de algunas neuronas que es la receptora de una pequeña hormona, la GRP. Esta hormona, producida por el nervio vago, estimula la secreción de gastrina, otra hormona que desempeña un importante papel en la digestión.

Ciertos estudios sugerían que, además de su papel regulador de la digestión, el GRPR podía tener que ver con la sensación de dolor, tal vez porque antiguamente, hambre y dolor pudieran estar relacionados, ser sensaciones primitivas similares, ya que ambas representan estados que amenazan la supervivencia. De hecho, aún hoy si tenemos hambre puede dolernos el estómago.

No obstante, los estudios subsecuentes con ratones desprovistos del gen GRPR demostraron que este gen no tenía que ver con el dolor. Estos ratones respondían con normalidad a diversos estímulos dolorosos, incluyendo un excesivo calor, la inflamación o una excesiva presión mecánica (los vulgares pellizcos).

Mientras los científicos se rascaban la cabeza preguntándose qué pasaba, alguien se dio cuenta de que esos ratones desprovistos del gen GRPR se rascaban muy poco. ¿Y si este gen tuviera que ver con la sensación, no de dolor, sino de picor?

Para comprobarlo, los investigadores inyectaron a esos ratones diversas sustancias que pican endemoniadamente. Una de ellas fue la misma histamina, producida por algunas de nuestras células inmunes en respuesta a las picaduras o a las sustancias que generan alergia, y blanco de acción de los famosos antihistamínicos, uno de los fármacos más populares del verano.

Y bien, los ratones sin el gen GRPR no se rascaban ni la mitad de la mitad de lo que se rascaban los ratones normales inyectados con la misma dosis de sustancias picajosas. Además, cuando a estos ratones normales se les inyectaba GRP, la hormona que se une a la proteína GRPR, que estos ratones normales sí poseen, los ratones se rascaban mucho más de lo normal, casi por cualquier cosa. Los investigadores publican estos interesantes resultados en la revista *Nature*.

Aunque los investigadores no encontraron lo que buscaban, un gen que intervenía en el dolor, sí encontraron uno que interviene en el picor, lo cual puede ser también muy útil para desarrollar fármacos que impidan el picor excesivo y el picor crónico, que debe ser peor que la peor de las torturas para quien lo sufre.

Una vez más, un descubrimiento inesperado abre nuevas puertas tanto al desarrollo de tratamientos para condiciones patológicas crónicas como para la comprensión de los mecanismos que hacen funcionar nuestros maravillosos cuerpos, los cuales aumentan su nivel de maravilla y su capacidad de maravillarnos cuánto más y mejor los conocemos.

6 de agosto de 2007

FIEBRE AFTOSA

SIEMPRE QUE APARECEN noticias sobre brotes de alguna enfermedad infecciosa, bien en el ser humano, bien en animales de granja, surge la preocupación de si nos afectará a nosotros. Puede de nuevo ser el caso del brote de fiebre aftosa surgido recientemente en el Reino Unido. ¿Qué es la fiebre aftosa y, sobre todo, corremos algún riesgo en España a pesar de que Tony Blair ya no es primer ministro?

Y bien, despreocúpese. El riesgo que la fiebre aftosa supone para el ser humano es casi inexistente, excepto, claro, si es usted propietario o propietaria de una granja de vacas, cerdos, cabras, ovejas, u otros animales con dos pezuñas, en cuyo caso corre usted un enorme riesgo económico. Nada más.

La fiebre aftosa, como sabrá usted si ha escuchado o leído las noticias sobre este asunto la última semana, es causada por un virus que es altamente contagioso en animales, pero no en humanos. La enfermedad en animales cursa con fiebre elevada, que disminuye a los pocos días, y con la aparición de llagas en la boca y también en las patas y pezuñas que pueden causar cojera. Las vacas infectadas disminuyen drásticamente su producción de leche, que puede también contener partículas de virus. Esto, de todas formas, solo constituye un problema económico, y no sanitario, puesto que el virus no resiste los jugos gástricos ni la acidez de nuestro estómago, además que de que la leche que se comercializa ha sido debidamente tratada para eliminar los microorganismos.

Tras un periodo más o menos largo, los animales sanan. Solo en algunos casos, sobre todo en animales recién nacidos, la enfermedad puede causar inflamación del músculo cardiaco y conducir a la muerte. Sin embargo, aun cuando los animales pueden recuperarse de la enfermedad, el tratamiento estándar para esta es su sacrificio, lo cual plantea algunas cuestiones éticas sobre este asunto que no obstante no vamos a tratar aquí.

A pesar de que si aparece en un país supuestamente desarrollado, como el Reino Unido, esta enfermedad puede llegar a las portadas de los informativos y periódicos, la fiebre aftosa está normalmente presente en muchos países de África, de Sudamérica y de Asia. Por razones sobre todo económicas, los países desarrollados han realizado un esfuerzo para erradicar la enfermedad. Así, los Estados Unidos, Japón, Nueva Zelanda y los países de la Unión Europea están libres de ella. Incluso en muchos países de Europa ni siquiera se vacuna a los animales, ya que el riesgo de esta enfermedad es prácticamente nulo.

Entonces ¿qué ha sucedido en el Reino Unido para que sufra nada menos que dos brotes de esta enfermedad en menos de una década? En mi opinión, y como parecen estar confirmando las noticias que van llegando, lo que sucede allí es sospechoso bien de intencionalidad por parte de algún o algunos desalmados que quizá practican el "bioterrorismo económico", bien de negligencia extrema que podríamos aquí bautizar de "negligencia animal a la inglesa".

Ya en el año 2001 hubo en el mismo país un brote de esta enfermedad que causó alrededor de dieciséis mil millones de euros de pérdidas y que acabó con la vida de más de siete millones de vacas y ovejas, sacrificadas en un intento de controlar la epidemia. Hasta las elecciones generales tuvieron que ser pospuestas por un mes (quizá para comprobar que los "animales políticos" no se habían contagiado y no era necesario, por tanto, sacrificarlos).

¿Cuál fue la causa de este brote de fiebre aftosa? Nadie lo sabe a ciencia cierta, pero el diario *Sunday Express* publicó en la primavera de 2001 que un frasco con virus causante de esta enfermedad desapareció de una instalación militar secreta ¡dedicada a la investigación y desarrollo de armas biológicas! De acuerdo con este diario, la desaparición de este frasco con virus sucedió aparentemente solo dos meses antes de la aparición de la epidemia.

Las noticias sobre este nuevo brote de fiebre aftosa no son tampoco tranquilizadoras en lo que se refiere a la posibilidad de una negligencia o de mala intención. Los estudios llevados a cabo con virus extraídos de los animales infectados demuestran que el virus que causó este brote reciente "escapó" de una instalación dedicada a la fabricación de vacunas. Es esto algo ciertamente preocupante.

Es más que preocupante, es asombroso. En primer lugar, este tipo de instalaciones cuentan con medidas de bioseguridad muy rigurosas. Es siempre posible que se produzcan fallos, pero conociendo el riesgo de pérdidas millonarias que pueden generarse en la ganadería de todo el país, como así está sucediendo, es muy improbable que este tipo de fallos se produzcan. Tan improbable que sería, de otro modo, incomprensible permitir operar a varias granjas situadas a pocos kilómetros de esta instalación, granjas donde se ha detectado el brote epidémico. Ni siquiera los británicos son tan incautos.

Sin embargo, más asombroso aun es el hecho de que no es necesario cultivar virus vivos de la fiebre aftosa para fabricar las vacunas. De hecho, inicialmente se inyectaba el virus atenuado para inmunizar a los animales, pero esto resultó en la generación de brotes reales de enfermedad. Hoy, basta con utilizar un solo gen de este virus y propagarlo en otro organismo inocuo mediante técnicas de biología molecular para generar una proteína que puede ser utilizada como vacuna. De hecho, la vacuna para la fiebre aftosa fue la primera vacuna generada por ingeniería genética de la historia, y se anunció como tal en 1981 por el gobierno estadounidense.

Como de tantas y de tantas cosas, quizá nunca lleguemos a saber lo que ha sucedido con este brote. Tal vez, como pudo suceder hace seis años, algún desalmado ha producido la epidemia malintencionadamente. Al fin y al cabo, si algunos en nuestro país son capaces de incendiar bosques enteros porque su contrato no es renovado, otros en el suyo pueden liberar un virus dañino para los animales por la misma o similar razón y causar así un tremendo daño económico. Por supuesto, no estoy diciendo que esto es lo que ha sucedido sino, simplemente, que faltos de información, en mi opinión, y considerando lo que pudo suceder en la epidemia del año 2001, esta posibilidad no puede descartarse.

13 de agosto de 2007

TELEMEDICINA INTERNA

LOS QUE TENEMOS ya una cierta edad, pero hemos mantenido la memoria, quizá recordemos una película de ciencia-ficción titulada *Viaje fantástico*. En ella, el científico Jan Benes, que ha descubierto el secreto de la miniaturización indefinida (es decir, cómo convertir en microscópicos a agentes secretos, y hasta a soldados y ejércitos para transportarlos fácilmente en un bolsillo hasta donde resulte conveniente, y luego desminiaturizarlos), se pasa desde el otro lado del Telón de Acero (¿quién lo recuerda?) al bando de los "buenos", con ayuda de un agente de la CIA llamado Grant. En su huida en motocicleta, son atacados por agentes del KGB y, aunque logran escapar, el científico se golpea la cabeza, lo que le produce un coágulo de sangre en su cerebro que si no es eliminado acabará con su vida.

Desgraciadamente, el coágulo es inoperable. Grant y un grupo de científicos occidentales –que dominan también la técnica de la miniaturización, aunque solo conocen cómo mantenerla por una hora–, deben viajar en un submarino miniaturizado al interior del cerebro del científico herido para eliminar el coágulo. Los problemas comienzan nada más introducirse en el interior del sistema circulatorio del Dr. Benes...

Una de las maravillas de nuestra época es que lo que antes era ciencia-ficción en ocasiones se convierte en ciencia-real. La miniaturización no está aún a nuestro alcance, aunque ¿quién sabe? Al fin y al cabo los átomos están prácticamente vacíos, con sus electrones a enormes distancias de los núcleos, así que quizá puedan miniaturizarse después de todo. Sin embargo, lo que sí comienza a estar a nuestro alcance es pilotar un pequeño "submarino" no tripulado por el sistema circulatorio de un paciente. Esto, además de fantástico, es interesante y útil. Veamos por qué.

Utilizando los instrumentos empleados en resonancia magnética que se usan en Medicina, el equipo dirigido por Sylvain Martel, del laboratorio de nanorobótica de la escuela politécnica de la Universidad de Montreal, imaginó que sería posible pilotar una bolita ferromagnética por el interior de las arterias de un cerdo, animal anatómicamente similar al ser humano. Además de permitir ver dónde se encontraría la bolita en cada momento, la resonancia magnética permitiría impulsar y dirigir la bolita modificando la dirección e intensidad del campo magnético aplicado.

Para probar que esta idea era posible, los investigadores diseñaron un "submarino" que no era otra cosa que una simple bolita de metal ferromagnético (aleación de cromo y acero) de solo un milímetro y medio de diámetro y que pesaba una centésima de gramo. El tamaño de la bolita le permite viajar por las arterias o venas más anchas, pero no por las vénulas o capilares, que solo tienen décimas de milímetros de anchura, o incluso menos. De todas maneras, para probar que era posible, bastaba.

Los investigadores introdujeron la bolita en la arteria carótida de un cerdo, colocado en un aparato de resonancia magnética, e intentaron hacerla avanzar hasta un punto determinado de dicha arteria. Era más fácil de decir que de hacer.

Si el campo magnético es demasiado débil, la bolita no avanza. Si es demasiado fuerte, puede avanzar de manera descontrolada y pasarse del punto de destino. Hay que tener en cuenta, además, que la bolita se encuentra inmersa en el flujo sanguíneo, el cual fluye a una velocidad que debe ser compensada por la fuerza del campo magnético para mover la bolita de la manera deseada.

Los ensayos no fueron fáciles, y en muchas ocasiones la bolita se perdió en la maraña de arterias, aunque la pudieron recuperar fácilmente cada vez que eso sucedió. Poco a poco los investigadores se dieron cuenta de que para hacer avanzar de manera constante y precisa la bolita había que utilizar un sistema de cálculo informatizado que tuviera en cuenta la velocidad de la bolita, su trayectoria, la intensidad del flujo sanguíneo, y ajustara permanentemente la intensidad y dirección del campo magnético aplicado. No es posible conseguir dirigir con precisión la bolita hasta el punto decidido por los investigadores sin la ayuda, una vez más, de la informática.

Así pues, con estos experimentos preliminares se ha demostrado que es posible dirigir una pequeña bolita ferromagnética por el interior de las arterias. Y esto ¿para qué puede ser útil?

Y bien, en primer lugar puede ser útil para llevar una carga de medicamento hasta un punto determinado, por ejemplo, un tumor. Uno de los problemas de la quimioterapia antitumoral es que la dosis de fármaco aplicada se distribuye por todo el organismo y no solo en el tumor. Esto disminuye la cantidad de dosis que puede administrarse, y disminuye la dosis efectiva, es decir, la concentración de fármaco en el tumor.

Si se pudiera hacer llegar una fuerte dosis solo hasta el punto donde se encuentra un tumor, la eficacia de la quimioterapia podría aumentar. Para ello, los investigadores ya han ideado bolitas huecas de un biopolímero biodegradable. Estas bolitas podrían rellenarse del fármaco deseado, y también introducir con él unas nanopartículas ferromagnéticas de cobalto y hierro. Tras conducirlas hasta el tumor mediante el empleo de campos magnéticos, se aplicarían entonces ondas de radio de determinada frecuencia que calentarían las nanopartículas, fundiendo así el biopolímero y liberando el medicamento. Igualmente, se podrían hacer llegar fármacos anticoagulantes hasta un coágulo, emulando más aun la película de la que hablaba al principio.

Otra posible utilidad de esta técnica sería la de bloquear, mediante bolitas sólidas, las arterias que llevan oxígeno y nutrientes a los tumores, ahogándolos literalmente e impidiendo su crecimiento. Esto no supondría una técnica curativa por sí sola, pero combinada con otras podría ayudar a erradicar el tumor.

Habrá, por supuesto, que llevar a cabo estudios adicionales en animales para estudiar la eficacia y utilidad de estos procedimientos. Sea como fuere, es muy agradable saber que, incluso en vacaciones, la mente y la imaginación humanas siguen funcionando para idear nuevos y mejores métodos para salvaguardar la salud de todos.

20 de agosto de 2007

UN GEN PARA LOS RECUERDOS EMOTIVOS

AUNQUE EN ESTAS páginas suelo insistir en que nada escapa a la influencia de los genes, sé que muchos siguen sin hacerme caso. Lo comprendo. Es demasiado duro pensar que, en el fondo, no somos más que el resultado del funcionamiento ciego de moléculas y de mecanismos que nos han construido a lo largo de la evolución.

Además, seguro que algunas cosas no están en absoluto bajo la influencia de los genes. Por ejemplo, la emoción que me suscita el olor de unas gambas a la plancha, o el sentimiento que revivo al recordar un acontecimiento aciago no pueden depender de los genes, ¿verdad?

Desengáñese usted, ni siquiera esas sensaciones y sus recuerdos asociados están exentos de la influencia de los genes. Note que digo influencia, y no determinación, es decir, los genes influyen, pero, en general, no determinan, aunque en el caso de algunas enfermedades poseer cierta variante de un gen puede, en efecto, determinar la aparición segura de la enfermedad. En el caso de los recuerdos, de esos recuerdos recogidos con el esfuerzo de las vivencias íntimas, aunque nos gustaría que los genes no tuvieran nada que decir, un reciente estudio demuestra lo contrario.

Por más de diez años, los neurocientíficos han conocido que los circuitos cerebrales ligados a las emociones están muy influidos por el neurotransmisor norepinefrina. Esta hormona es similar a la adrenalina (también llamada epinefrina) y es parte de la respuesta fisiológica ante acontecimientos peligrosos, en los que debemos prepararnos para huir o para luchar. Niveles elevados de norepinefrina están asociados con la capacidad de recordar acontecimientos de alta carga emotiva. Por supuesto, esta capacidad varía de persona a persona, ya que no todos poseemos niveles similares de esta hormona.

Por esta razón, los investigadores supusieron que quizá alguna variante de algún gen involucrado en el metabolismo, la producción, o la acción de la norepinefrina pudiera ejercer un efecto en la capacidad de recordar dichos acontecimientos. Unos de los genes candidatos no era otro que el gen que produce una proteína receptora para esta hormona, el llamado ADRA2B. Este gen es, además, interesante porque se presenta en forma de dos variantes, a una de las cuales le falta un pequeño fragmento, lo que se traduce en la producción de una proteína receptora algo más corta.

Para estudiar el posible efecto de este gen en la memoria, investigadores suizos, alemanes y ugandeses de varias universidades reclutaron a cuatrocientos cincuenta voluntarios normales y a doscientos supervivientes de las masacres de la guerra civil de Ruanda. Evidentemente, era necesario comparar la capacidad de recordar acontecimientos de alta carga emocional entre individuos que los habían sufrido y los que no, para eliminar en lo posible el efecto de la experiencia previa sobre la capacidad de este tipo de recuerdos.

A todos los participantes en el estudio se les realizó un análisis genético para determinar el tipo de gen ADRA2B que poseían. Tras clasificarlos de esta manera entre los poseedores de la variante larga y de la variante corta, se mostró a los sujetos una serie de fotografías que variaban en la emotividad de las escenas que contenían (objetos neutros, escenas felices o accidentes mortales, por ejemplo). Se pidió a los sujetos que clasificaran las fotos en emocionalmente positivas, negativas, o neutras, y que otorgaran una puntuación de uno a diez a la intensidad de la emoción que la vista de la foto le suscitaba.

Tras realizar este ejercicio, diez minutos más tarde se solicitó a los sujetos que describieran las escenas de las fotos que habían visto. Esto tenía por objeto, claro está, comprobar la capacidad memorística de estos individuos en relación con las fotos mostradas.

Ambos grupos genéticos, es decir, tanto los poseedores de la variante larga como los de la corta del gen ADRA2B, tuvieron similar éxito en recordar las fotos emotivamente neutras. Sin embargo, para las fotos con carga emocional, los poseedores de la variante corta del gen ADRA2B recordaron estas escenas con un 34% más de éxito que los poseedores de la variante larga.

Este aumento de la capacidad para recordar acontecimientos con carga emocional en los portadores de la variante corta del gen ADRA2B se corresponde con el hecho de que un mayor número de refugiados ruandeses de la guerra civil de 1994, que siguen traumatizados por los recuerdos de este acontecimiento, son portadores de esta variante. Los portadores de la variante larga parecen estar más protegidos de los efectos emocionales de los traumas vividos en esa guerra.

Sin embargo, no todo es negativo. Los resultados de este estudio también indican que los portadores de la variante corta pueden recordar mejor también los acontecimientos con carga emocional positiva. En suma, estos individuos poseen una personalidad algo más predispuesta a los recuerdos que significan emocionalmente algo en sus vidas.

¿Cómo ejerce este gen sus efectos sobre la memoria? Todos los detalles tardarán en conocerse, pero recuerde usted que los niveles de norepinefrina están ligados al funcionamiento de los circuitos emocionales del cerebro. El receptor ADRAB2 detecta la presencia de norepinefrina y envía una señal para interrumpir su producción cuando esta hormona alcanza determinados niveles. La variante corta de este receptor funciona algo peor que la larga, por lo que los niveles de norepinefrina en los portadores de la variante corta son más elevados y, por tanto, el funcionamiento de los circuitos cerebrales ligados a la emoción es también más alto. Esto puede facilitar la fijación en la memoria de hechos emocionalmente más intensos.

Este mecanismo ha tenido su valor de supervivencia en el pasado, al facilitarnos recordar, y evitar, el lugar donde se encontraba, por ejemplo, el tigre cuando mató a nuestro abuelo, lo que evidentemente produjo una intensa emoción. Hoy, el conocimiento del papel de estos genes y de la norepinefrina en el recuerdo de acontecimientos emotivos puede ayudar a desarrollar nuevos fármacos y estrategias encaminadas a potenciar los buenos recuerdos y a eliminar los malos, incluidos los traumáticos. En suma, puede ayudar a muchos a disfrutar de mejor salud mental, lo que en los tiempos que corren, falta nos hace.

27 de agosto de 2007

RELIGIÓN, MEDICINA Y CIUDADANÍA

SE ACERCA EL comienzo del curso escolar y, por tanto, el momento en el que muchos de nuestros hijos comenzarán a estar expuestos a las ideas contenidas en la asignatura "Educación para la Ciudadanía". Desde las filas de los obispados, arzobispados, y papados, se ha advertido, entre otras cosas, de los deletéreos efectos que para la sociedad tendrá la educación ética y moral de los niños fuera de los valores cristianos. Aunque está bien avisar de los posibles peligros que nos acechan, esto no deja de ser una opinión para la cual no existen evidencias científicas, ya que no podemos comparar todavía el comportamiento y valores de los niños sistemáticamente educados bajo una moral laica con los de los educados bajo la moral religiosa. Simplemente carecemos de población para realizar este estudio, puesto que lo último no ha sucedido aún en nuestro país.

Sin embargo, sí convendría analizar si existen evidencias científicas que sustenten la idea de que aquellos ateos, agnósticos, y demás "laicos demoniacos" se comportan de manera socialmente menos válida que quienes creen en Dios y siguen su palabra. Y mejor aun sería analizar si el comportamiento y los valores de aquellos que ejercen profesiones cuyo fin es ayudar a los demás, como por ejemplo el ejercicio de la Medicina, se ven influidos por su creencia, o ausencia de creencia, en la divinidad.

El ejercicio de la Medicina es, precisamente, un objeto de estudio ideal para estos fines. Desde los tiempos de Hipócrates, la Medicina se ha guiado por valores éticos incuestionables, muchos de los cuales son prácticamente los mismos que algunos de los valores cristianos y de otras religiones mayoritarias. Entre ellos, la recomendación, o mandato ético, de ayudar al necesitado. De hecho, los principales milagros de Cristo tuvieron que ver con la sanación.

En países que cuentan con un servicio universal de salud, como el nuestro, en principio, todos somos atendidos cuando lo necesitamos: el sistema cubre los gastos. ¿Qué sucede en otros países en los que es necesario adquirir un seguro privado de enfermedad, o pagar la consulta médica? ¿Son los más necesitados, quienes no pueden pagar la atención sanitaria, atendidos por los médicos de acuerdo a los valores éticos de su profesión? Y, sobre todo, ¿son los médicos más religiosos quienes, como sería de esperar, más y mejor atienden a los necesitados, de acuerdo con lo mantenido por la moral religiosa? Este asunto es el que se propusieron estudiar un grupo de médicos de la Facultad de Medicina de Chicago, dirigidos por el Dr. Marshal Chin. Los resultados se publican en el número de agosto de la revista *Annals of Family Medicine.*

Para comenzar, los autores documentan el hecho de que la mayoría de los médicos posee razones poderosas para no atender a los pobres. Los que, en EE.UU., eligen ejercer la Medicina en ciudades o barrios desfavorecidos, entre otras dificultades, pierden oportunidades académicas, prestigio profesional, tiempo libre y, además, deben aceptar salarios más reducidos. Por otra parte, ejercen menor influencia sobre su entorno profesional (menores recursos) y mayor carga burocrática.

A pesar de estos problemas, muchos médicos eligen ejercer su profesión en lugares desfavorecidos. Las razones que les impulsan a ello son, en su mayoría, vocacionales e incluyen marcar una diferencia en la sociedad, ejercer un impacto positivo en la vida de pacientes marginalizados y, muy importante, vivir de acuerdo con los valores, esperanzas y aspiraciones que les motivaron a prepararse para ejercer la Medicina. ¿Son estos médicos vocacionales los más religiosos?

Para evitar en lo posible sesgos en los resultados, los investigadores realizaron su estudio con nada menos que una muestra de dos mil médicos de todas las especialidades, que ejercen en todos los Estados Unidos. Los autores determinaron primero la llamada "religiosidad intrínseca" de los médicos, de acuerdo a una escala validada, que se basa en el grado de acuerdo que las personas muestran a las siguientes frases: 1. Intento llevar mis creencias religiosas a todos los aspectos de mi vida. 2. La manera en que vivo mi vida se basa en mi religión. Además, los autores también determinaron la "religiosidad participativa", de acuerdo a la frecuencia con la que los médicos asistían a un servicio religioso de su confesión. Los autores determinaron igualmente el grado en que cada participante se consideraba una persona "espiritual", lo que no debe confundirse con la pertenencia a una confesión religiosa determinada.

Los resultados indican que la pertenencia a una religión influye negativamente en la extensión con que los médicos atienden a los más necesitados. Los médicos que más frecuentemente ejercen en zonas desfavorecidas incluyen aquellos que dicen considerarse personas "espirituales" (no necesariamente religiosas, ni mucho menos cristianas). También se encuentran en este grupo aquellos que contestaron que sus creencias religiosas influyeron en el momento de su elección de la práctica de la Medicina, aquellos educados en familias, religiosas o no, que valoraban ayudar a los necesitados, pero también, sorprendentemente, aquellos sin afiliación religiosa particular (ateos o agnósticos), que de hecho ¡eran los más numerosos en ejercer en zonas necesitadas! Al contrario, los médicos más religiosos, definidos de acuerdo a los criterios explicados arriba, no ejercían en zonas desfavorecidas con mayor frecuencia que los grupos anteriores. De hecho, los datos indican que aquellos que asisten con más frecuencia a los servicios religiosos son los que menos ejercen la Medicina en zonas desfavorecidas.

Así pues, las creencias religiosas no están asociadas, en el ejercicio de la Medicina, con una dedicación a los pobres y necesitados superior a la que se puede observar en los profesionales sin afiliación religiosa concreta, incluidos los que se consideran "espirituales", pero también los que se consideran ateos o no religiosos. En conclusión, los resultados de este estudio indican que la "espiritualidad" y la educación en valores de ayuda a los demás, sea esta religiosa o laica, es más importante que la pertenencia a una determinada religión. El estudio aporta evidencia científica en contra de la opinión catastrofista de que fuera de la religión no pueden desarrollarse valores éticos ni sociales adecuados. El estudio sugiere que la no pertenencia a una religión concreta, en particular a la católica, no afecta al desarrollo de los valores morales que motivan a las personas a ejercer una profesión dedicada a los demás, como la Medicina y, además, a hacerlo para favorecer a quienes más lo necesitan.

No es de temer, pues, que la educación en valores fuera de la religión, pero dentro de la racionalidad, como pretende hacerlo la asignatura "Educación para la Ciudadanía", cause perjuicio social y moral alguno, como mantienen tan catastrofistamente, y sin evidencia alguna, ciertas pretendidas autoridades morales y religiosas. Más bien, al contrario, esta educación en valores será probablemente socialmente beneficiosa.

3 de septiembre de 2007

DE VENUS A MARTE, CUESTIÓN DE OLFATO

ALGO QUE CONSIDERAMOS como muy característico de nuestra identidad es el sexo. Nos sentimos hombres o mujeres, lesbianas u homosexuales, y eso es lo que somos. No lo vamos a cambiar; en general, no deseamos, ni podemos, hacerlo. Sentimos el sexo como algo que nos viene dado desde el nacimiento. De hecho, la ciencia ha revelado que el sexo de cada cual se determina desde el momento de la concepción y en el desarrollo fetal, como resultado de una conjunción de elementos genéticos (la herencia de los cromosomas X e Y) y hormonales.

Para la inmensa mayoría es impensable cambiar nuestras preferencias sexuales, incluso como resultado del condicionamiento mental o de tratamientos farmacológicos. Sin embargo, en nuestro mejor amigo, el ratón de laboratorio, las tendencias sexuales pueden cambiar en la vida adulta, en particular las hembras de ratón pueden ser inducidas a comportarse como machos, y esto es solo cuestión de olfato, de olfato y de feromonas. Veamos cómo sucede.

En esta sección ya he hablado de las feromonas y de cómo pueden condicionar el comportamiento sexual, tanto en insectos, donde se descubrieron, como en mamíferos, incluido el ser humano. Recordemos que las feromonas son sustancias volátiles producidas por un individuo y transportadas por el aire hasta otro organismo receptor al que estimulan sexualmente o envían un mensaje de alarma, localización de alimento, etc.

En los animales vertebrados, incluido usted, las feromonas son reconocidas por neuronas localizadas en dos regiones de la cavidad nasal. Estas regiones reciben el poco aromático nombre de "epitelio olfativo principal" y de "órgano vomeronasal". Estudios en animales de laboratorio han demostrado que estas regiones son muy importantes para la conducta sexual. Por ejemplo, el epitelio olfativo es necesario para la conducta reproductora y la agresiva, mientras que el órgano vomeronasal es necesario para la conducta agresiva y también para identificar el sexo de los demás miembros de la especie. Si el órgano vomeronasal no funciona, los animales no saben si se encuentran frente a un macho o frente una hembra.

Otros estudios han demostrado que algunos genes son necesarios para el funcionamiento del órgano vomeronasal. Entre ellos se encuentra el gen llamado TRPC2. Ratones macho que poseen un gen TRPC2 defectuoso no son, por tanto, capaces de diferenciar entre machos y hembras, al no funcionarles este órgano, e intentan establecer relaciones sexuales con cualquier miembro de su especie, sin importar su sexo. Son ratones bisexuales. Además, en contraste con los machos normales, esos ratones no se pelean con otros machos intrusos de sus territorios. Parece que estos simpáticos, ahora sí, roedores siempre hacen el amor y nunca la guerra. Maravilloso, ¿no?

En un reciente estudio publicado en la revista *Nature* del 30 de agosto pasado, investigadores de la Universidad de Harvard nos enseñan ahora que las hembras de ratón con un gen TRCP2 defectuoso también son incapaces de distinguir entre machos y hembras de su especie. Lo realmente sorprendente es que mientras los machos defectuosos siguen comportándose como machos, intentando montar a cualquier congénere sin importar su sexo, las hembras también hacen lo mismo, es decir, se comportan... ¡como machos! Además, aunque si se las deja en compañía de machos estas hembras pueden quedar preñadas y tener descendencia, su comportamiento maternal deja mucho que desear, tanto en su agresividad para defender a sus hijos de machos intrusos, como en la dedicación a sus hijos durante la lactación. Así pues, podemos decir que un solo gen que inutiliza el funcionamiento del órgano vomeronasal basta para cambiar el comportamiento sexual de hembra a macho, al menos en ratones. Esto indica que sin las feromonas adecuadas, detectadas por ese órgano, las hembras podrían comportarse como machos. Escalofriante.

No corramos tanto. Las hembras con el gen defectuoso lo tienen desde el momento de su concepción. Es decir, podría suceder que los efectos de este gen en el comportamiento sexual de las hembras de ratón se debiera a sus efectos sobre el desarrollo fetal, pero una vez el animal llegado a adulto, este cambio de comportamiento no fuera posible.

Para estudiar esta posibilidad, los investigadores sometieron a hembras de ratón adultas normales a una operación quirúrgica en la que se les eliminaba el órgano vomeronasal. Tras el postoperatorio, los investigadores observaron con asombro cómo estas hembras dejaban de comportarse como tales y se comportaban similarmente a las poseedoras del gen TRCP2 defectuoso, es decir, como machos bisexuales, intentando acoplarse con machos o hembras, sin distinción, como hemos dicho. Este cambio de comportamiento sucedía, además, sin cambios en su ciclo menstrual ni cambios hormonales significativos.

¿Qué significan estos hallazgos? Y bien, en primer lugar, significan que los misterios del diferente comportamiento sexual, al menos en animales, van desvelándose. En segundo lugar significan que, en ratones, las feromonas detectadas por el órgano vomeronasal, de las que de momento se desconoce su naturaleza, son necesarias para reprimir el comportamiento sexual propio de los machos en las hembras de esta especie. Por supuesto, esto implica también que existen circuitos neuronales en los cerebros de las hembras que condicionan un comportamiento masculino, el cual debe ser reprimido "por narices" o, de otro modo, la hembra se convierte en macho desde el punto de vista de su comportamiento.

Las mujeres son de Venus; los hombres, de Marte, dice el título de un conocido libro que nos ilustra sobre las diferencias entre los dos sexos. Estos estudios sugieren que la distancia entre Venus y Marte no es tan grande como podría parecer. Es muy pronto aún para saber si algo similar a lo descrito aquí sucede en el ser humano, aunque el ratón es un animalito con una genética peligrosamente cercana a la nuestra. Sin duda, estas investigaciones conducirán a otras en los que estos aspectos se estudiarán en nuestra especie, en particular porque otros estudios ya han demostrado que las feromonas también pueden regular nuestra conducta sexual, aunque no se conoce aún con precisión hasta qué nivel. Habrá que esperar. Mientras tanto, sería prudente cuidar al máximo el medio ambiente y limitar la contaminación para evitar que substancias nocivas que puedan interferir con nuestras feromonas consigan que todos y todas nos comportemos como machos bisexuales a los que dé igual Barbie que Ken, lo que ciertamente haría invivible la vida, tal y como la conocemos. *Vive la différence!*

10 de septiembre de 2007

ANTIBIÓTICOS RADICALES

UNO DE LOS temas de investigación que sigo desde la distancia es la investigación sobre los antibióticos. Lo creo importante porque las enfermedades infecciosas son la primera causa de mortalidad en el mundo; las bacterias son causantes de muchas enfermedades infecciosas y los antibióticos son las herramientas que ayudan a mantenerlas a raya. Sin el descubrimiento de los antibióticos quizá en este momento ni yo estuviera vivo para escribir esto, ni usted vivo para leerlo.

Como ya he mencionado en otras ocasiones, uno de los problemas más importantes con el que se enfrenta la Medicina es el desarrollo de cepas de bacterias patógenas resistentes a la acción de los antibióticos. Este fenómeno es una consecuencia casi inevitable de uno de los mecanismos más importantes de la vida: la evolución por selección natural.

Debido a que no todas las bacterias de una misma especie son genéticamente idénticas, no todas son igualmente sensibles a los antibióticos. El tratamiento con antibióticos elimina primero a las más sensibles, pero puede dejar vivas a las más resistentes. Estas últimas, evidentemente, se reproducen mejor en presencia de antibiótico que las no resistentes y, de esta manera, se expanden por las poblaciones de bacterias, que con el tiempo acaban por estar formadas solo por bacterias resistentes.

Una de las estrategias de la investigación biomédica para minimizar las consecuencias de este fenómeno es descubrir, y sintetizar, nuevos antibióticos, lo que, por desgracia, resulta cada vez más caro. Esta estrategia ha dado sus frutos y ahora contamos con una panoplia de más de doce clases diferentes de antibióticos, que incluyen varios antibióticos diferentes en cada una.

Cada una de estas clases de antibióticos posee un modo de acción particular. Por ejemplo, algunos frenan la replicación del ADN bacteriano, otros impiden la producción de proteínas por la bacteria y aun otros, como la penicilina, destruyen la pared celular bacteriana que protege de la ruptura de la bacteria en un medio acuoso diluido, ya que sin pared celular la bacteria se hincha de agua y acaba por explotar.

Dependiendo de los resultados de su acción, los antibióticos se dividen en dos clases muy amplias: bacteriostáticos, que detienen el crecimiento bacteriano, pero no matan las bacterias, y bactericidas, los cuales, como su sufijo indica, acaban con la vida de estos microorganismos. De todas formas, esta distinción no es importante sino en el laboratorio, ya que ni los bacteriostáticos ni los bactericidas son capaces de detener una infección si nuestro sistema inmune no lo hace. En otras palabras, los antibióticos ayudan al sistema inmune a detener la infección, pero es este el que debe conseguirlo o, de lo contrario, moriremos.

Sin embargo, no se conoce con exactitud todavía el modo de acción de cada clase de antibiótico. Conocerlo es importante, ya que de esta manera se puede comprender y se puede intervenir sobre los mecanismos que las bacterias ponen en marcha para convertirse en resistentes.

La investigación ha proporcionado algunas sorpresas respecto al modo de acción de algunos antibióticos, que se creía, sin embargo, bien comprendido. Por ejemplo, investigadores de la Universidad de Boston encontraron recientemente que un grupo de antibióticos, las quinolonas, que actúan impidiendo la replicación del ADN, también actúan sobre la regulación del hierro y los procesos de oxidación y reducción en los que este átomo participa (recordemos que el hierro forma parte integral de muchos procesos bioquímicos en los que la oxidación es importante, y también en el transporte de oxígeno por la hemoglobina de la sangre).

Este efecto sobre los procesos en los que el hierro participa causa la aparición de radicales libres oxidrilo (representados por OH•), formados por la unión de un oxígeno con un hidrógeno, y muy dañinos para las bacterias y para las células en general. Los radicales libres OH• poseen un electrón libre (que se representa por •), el cual tiene tendencia a reaccionar con lo primero que se encuentra, que muchas veces es el propio ADN, al que daña seriamente. Con el ADN dañado más allá de la posible reparación (lo que también las bacterias saben hacer cuando el daño no es demasiado grande) la bacteria muere.

Si lo anterior parece muy lejano al lector, me permito indicarle que el agua oxigenada, H_2O_2, en contacto con átomos de hierro de nuestra sangre, produce radicales OH• que son los responsables de las propiedades antisépticas de ese producto de uso común. En otras palabras, resulta ahora que estas investigaciones sugieren que las quinolonas, además de impedir la replicación del ADN, pueden funcionar por un mecanismo similar al del agua oxigenada. ¿Quién lo hubiera pensado?

Una vez descubierto que las quinolonas contribuían a la formación de radicales OH•, el mismo grupo de investigadores decidió investigar si este fenómeno no sucedía también con otras clases de antibióticos que supuestamente funcionan por otros mecanismos. Pues bien, estos investigadores publican en el último número de la revista *Cell*, quizá la más prestigiosa revista de biología molecular y celular del mundo, que antibióticos de las clases que impiden la síntesis de proteínas o que impiden la formación de la pared bacteriana también producen radicales libres OH• de efectos bactericidas.

Más aun, estos investigadores han demostrado que solo los antibióticos bactericidas, es decir, los que matan las bacterias, poseen la propiedad de generar radicales libres OH•. Sin embargo, los antibióticos bacteriostáticos, aquellos que sin matar a las bacterias frenan su crecimiento, no los generan.

¿Qué nuevas oportunidades terapéuticas ofrecen estos hallazgos? Y bien, parece que para acabar con las bacterias es necesario el concurso de radicales libres y es necesario además impedir el buen funcionamiento de los mecanismos reparadores del ADN que estos microorganismos utilizan para defenderse de sus efectos. Este conocimiento podría conducir al diseño de antibióticos más eficaces que actúen mediante estos mecanismos de acción. Se puede pensar ahora en la generación de súper antibióticos o en combinaciones de antibióticos que, además de generar radicales libres, impidan la reparación del daño que estos causan. Esto es un ejemplo más de cómo la investigación básica genera conocimiento que puede ponerse en buen uso para todos. Esperemos que esta idea pueda un día convertirse en realidad, lo que sin duda salvará millones de vidas en el futuro.

17 de septiembre de 2007

DESCUBRIMIENTOS ULTRASÓNICOS SOBRE EL GEN DEL LENGUAJE

UNA DE LAS satisfacciones de esta afición mía de la divulgación científica es que me permite ver y vivir los avances de la ciencia en cuestiones que se encuentran alejadas de mi particular tema de investigación, lo que se une a la satisfacción de compartirlos con los lectores. Dado que creo que la ciencia es la única actividad intelectual humana que puede responder a la pregunta: ¿qué es el ser humano y de dónde proviene?, me interesan particularmente estas investigaciones. Y ¿qué hay de más humano que el propio lenguaje que ahora empleo para comunicarme con usted?

Hace cinco años y unos pocos días relataba en estas páginas el descubrimiento de un gen indispensable para el lenguaje humano. Este gen, llamado *FOXP2*, se encontraba mutado en una familia inglesa que tenía muchas dificultades para hablar inglés, lo que, por otra parte, sucede a la mayor parte de la población española. No se alegre usted antes de tiempo. Desgraciadamente, la incapacidad para hablar inglés de los españoles no se debe a ninguna mutación, sino a una deficiente educación.

FOXP2 produce una proteína, llamada también FOXP2 (las proteínas deben escribirse en tipografía normal, sin cursiva), que es un factor de transcripción. Esto quiere decir que FOXP2 es una proteína que se une al ADN y funciona como una pieza fundamental en la maquinaria de fabricación de otras proteínas a partir de sus genes correspondientes. De esta manera se explica que un fallo en FOXP2 influya en la producción de la cantidad correcta de muchas otras piezas de la maquinaria celular. En particular, parece que la proteína FOXP2 participa en la producción de muchas proteínas durante el desarrollo de las neuronas involucradas en el correcto cableado de los circuitos cerebrales implicados en el aprendizaje y producción del lenguaje hablado.

La evidencia más importante en apoyo de que *FOXP2* era un gen para el lenguaje se obtuvo en estudios en los que se comparaba la secuencia de ADN de los genes *FOXP2* de humanos, chimpancés, gorilas, orangutanes y ratones. Resulta que el gen *FOXP2* humano es diferente del gen de las otras especies, incluido el chimpancé. De hecho, el gen *FOXP2* de chimpancé es más parecido al de ratón que al humano. Esto indicaba que, en un punto de nuestra evolución, se produjo una mutación que favoreció el desarrollo del lenguaje, mutación que no se produjo en los chimpancés, ni tampoco en el gorila, o en el orangután.

Por si esto fuera poco, los estudios también demostraron que toda la población humana poseía la misma variante del gen *FOXP2*, es decir, excepto en el caso de mutantes incapaces de desarrollar adecuadamente el lenguaje, como el caso de la familia inglesa a la que me refería, todos poseemos el mismo e idéntico gen. Al parecer, otras variantes son menos adecuadas para permitir coordinar los complejos movimientos secuenciales propios de nuestra locución, que no es otra cosa que una secuencia de movimientos que siguen unas reglas determinadas y que producen sonidos. Así pues, lo que parece capacitarnos para un lenguaje complejo y distanciarnos de los otros mamíferos, incluidos los otros primates, es una simple mutación en el gen *FOXP2*.

No obstante, si algo nos ha enseñado la ciencia es que los seres humanos no somos tan distintos de los otros seres vivos. Incluso considerando el lenguaje, no somos los únicos seres que nos comunicamos. Además, si *FOXP2* es el gen que capacita el lenguaje humano, ¿Por qué está presente en otros mamíferos que no hablan? ¿O acaso también lo hacen?

Para averiguar la función de un gen, los científicos disponemos ahora de una herramienta fascinante. Podemos, por técnicas de biología molecular, conseguir ratones carentes del gen de nuestra elección. Ratones carentes del gen *FOXP2* fueron generados hace ahora unos dos años. Resultó que estos ratones eran casi mudos.

Sí, los ratones también "hablan". Para comunicarse emiten ultrasonidos inaudibles para nosotros. Por ejemplo, los ratoncitos recién nacidos emiten gritos ultrasónicos de alarma cuando se les separa de la madre, pero los ratones sin el gen *FOXP2* no pueden emitirlos. Este gen también afecta, por tanto, a la capacidad de comunicación del ratón, lo que sugiere que nuestro lenguaje no surge por "arte de magia" debido a una afortunada mutación en un gen exclusivo de nuestra especie, ni siquiera de los primates, sino que es el resultado de una mutación, sí, pero en un gen que participa ya en la comunicación de mamíferos más primitivos.

Y uno de los mamíferos más primitivos que nosotros, en teoría, pero cuya supervivencia depende de la generación y modulación de ultrasonidos, es el murciélago. Nuestro lenguaje parece cosa de niños ante lo que este animal es capaz de hacer con el sonido, aunque no sea para comunicarse, sino para orientarse y volar en la oscuridad. Como probablemente sepa, el murciélago se orienta a base de generar ultrasonidos y de detectar el eco que estos producen al chocar con distintos objetos. Este modo de orientarse se llama ecolocación.

En la ecolocación, el murciélago debe coordinar su boca, nariz, orejas y laringe para emitir y recibir sonidos, al mismo tiempo que realiza las maniobras en vuelo, encaminadas a evitar los obstáculos o a capturar una presa. Para acercarnos a comprender la complejidad de estas acciones, intente usted explicarle a su pareja lo que le ha sucedido hoy mientras agita los brazos y anda con rapidez por la casa, evitando chocar con los muebles, a modo de un murciélago. Difícil ¿verdad? (además de que su pareja pensará que ha perdido la cabeza).

Un equipo de investigadores de la universidad de Londres supuso que los murciélagos debían de poseer variantes del gen *FOXP2* particularmente adecuadas a sus capacidades, según las diferentes especies de estos animales. Para comprobarlo, analizaron la secuencia del gen *FOXP2* en trece especies de murciélagos y la compararon con la secuencia de este gen en veintitrés especies de otros mamíferos.

Los investigadores encontraron que el gen *FOXP2* mostraba cambios más frecuentes en las especies de murciélagos, lo que indicaba una evolución más rápida de este gen en los mamíferos voladores que en el resto de los mamíferos. Además, estos cambios no se observaban en aquellas especies de murciélagos que no dependen de la ecolocación para volar, que también las hay. Curiosamente, algunos de los cambios observados coincidían con las mutaciones detectadas en las personas con dificultades de lenguaje. Quizá Drácula, aunque vampiro y no murciélago, fuese mudo.

Estos estudios vuelven a insistir en que los humanos no somos tan especiales. Animales tan simpáticos como el murciélago son más similares a nosotros de lo que nos creemos, y de lo que nos gustaría, también en la capacidad para generar y modular sonidos que parece depender del gen *FOXP2*.

24 de septiembre de 2007

HACER EL AGOSTO EN EL INVERNADERO

EL PRÓXIMO MES de diciembre el protocolo de Kyoto cumplirá diez años. Como es sabido, este protocolo es una enmienda al tratado internacional sobre cambio climático que introduce limitaciones en la emisión de gases de efecto invernadero, en particular a las emisiones de dióxido de carbono, CO_2.

El protocolo de Kyoto distingue entre dos tipos de países: los "desarrollados", y los "en desarrollo", como viene siendo habitual. Según lo dispuesto en este protocolo los países desarrollados deberían disminuir sus niveles de emisión de CO_2 hasta un 5% por debajo de los niveles de 1990. Sin embargo, los países en desarrollo no deben realizar un esfuerzo similar y no están obligados a disminuir sus emisiones de CO_2.

No obstante, existen "mecanismos flexibles" para permitir a los países desarrollados la emisión de niveles de CO_2 superiores a los autorizados. Por ejemplo, si un país en desarrollo decide poner en marcha programas para disminuir sus emisiones, puede "vender" esta disminución a un país desarrollado, que podrá así emitir más CO_2 de lo que le correspondería.

Esta posibilidad ha abierto un mercado internacional de CO_2, en el que los países más emisores pueden comprar a otros sus "derechos de emisión" (en este caso emisión no deportivo-televisiva, sino de gases) y en el que, incluso, las industrias que más reduzcan sus emisiones de CO_2 pueden vender su déficit emisor a industrias más emisoras. Además, ha abierto un nuevo negocio potencial: la venta de "servicios de captura de CO_2

atmosférico", servicios que, en principio, garantizan capturar y eliminar de la atmósfera el CO_2 emitido en exceso por los países desarrollados.

Ya existe al menos una compañía privada que ofrece estos servicios: Planktos (http://www.planktos.com). Esta compañía basa sus servicios en controvertidos resultados científicos a escala casi planetaria, que pretendo explicarle a continuación.

Todos conocemos que las plantas verdes absorben CO_2 de la atmósfera en el proceso de la fotosíntesis. Este proceso puede resumirse en que las plantas verdes incorporan el CO_2 del aire, generan los compuestos orgánicos de la materia viva (azúcares, aminoácidos, grasas, etc.) y liberan oxígeno. La energía necesaria para este proceso la proporciona la luz del sol, que es capturada por la clorofila de las hojas.

Sin embargo, no solo las plantas verdes pueden absorber el CO_2 de la atmósfera para fabricar sus componentes. Microorganismos marinos, como el fitoplancton, también son capaces de realizar este proceso. De hecho, se ha calculado que el fitoplancton absorbe tanto CO_2 como el absorbido por la totalidad de las plantas terrestres. Aunque la mayoría de este CO_2 vuelve a la atmósfera en tan solo una semana, cuando el fitoplancton muere, algunos estiman que hasta un 20% del mismo se hunde en el océano, atrapando así el CO_2 absorbido en el mar.

Para llevar a cabo la fotosíntesis, las plantas necesitan hierro. El hierro es un elemento absolutamente preciso para que se produzcan las reacciones químicas de oxidación y reducción que caracterizan tanto a la fotosíntesis, como a la respiración animal.

El agua de la superficie de los océanos, donde el plancton vive y lleva a cabo la fotosíntesis, es muy pobre en hierro. Se cree que la mayoría del hierro que llega a la superficie del mar es transportado por el viento desde los continentes. Por ejemplo, la mayoría del hierro que se encuentra en el océano Pacífico oriental proviene de la arena transportada por el viento desde los desiertos del Gobi y Taklimakan, de Asia Central.

Apoyándose en algunos estudios de la NASA, la compañía Planktos mantiene que la cantidad de hierro que alcanza el océano Pacífico ha disminuido en un 15%, debido a que el cambio climático ha afectado a la intensidad y frecuencia de los vientos y tormentas de arena que transportan el hierro hasta el océano. Como resultado, la absorción de CO_2 por el mar ha disminuido. Este fenómeno no es aceptado por todos los científicos y sigue aún siendo sometido a análisis.

Sin embargo, estos datos, aunque controvertidos, han bastado para que la compañía Planktos pretenda llevar a cabo la fertilización con hierro de nada menos que diez mil kilómetros cuadrados de superficie oceánica, para conseguir así que el plancton crezca mucho mejor y absorba hasta el 70% de las emisiones de CO_2 mundiales por año.

No hay duda de que, en efecto, la fertilización con hierro produce una explosión brutal en el crecimiento del fitoplancton. Se han llevado a cabo ya unas doce expediciones científicas a distintos lugares, en las que se ha fertilizado el océano con minerales de hierro. Todas han conducido a un crecimiento espectacular del fitoplancton en la zona fertilizada.

Lo que sigue siendo dudoso es que este crecimiento explosivo del fitoplancton sea realmente eficaz para capturar el CO_2 e impedir su retorno a la atmósfera. De hecho, alguna de las expediciones científicas más fértiles en resultados ha demostrado también que menos del 10% del carbono absorbido por el fitoplancton se hunde a más de 120 metros de profundidad, lo que pone en duda la eficacia de este procedimiento para capturar CO_2 en las profundidades marinas.

No obstante estas incertidumbres, la compañía Planktos está lista para vender sus servicios de captura de CO_2 a quien desee comprarlos. Y esto a pesar de las protestas de grupos ecologistas y, esta vez, hasta del mismo gobierno de los Estados Unidos, que no ven con buenos ojos que se juegue con los ecosistemas marinos a escala planetaria.

En mi opinión, lo que sucede con esta compañía no es ni extraordinario ni excepcional. Otros productos, por ejemplo algunos medicamentos y productos de venta en farmacias, se han puesto en el mercado mundial sin estudios científicos independientes y adecuados para garantizar, al menos, que su eficacia sea proporcional a su precio de venta (que el producto se regale si no es eficaz, por ejemplo). Lo que pretende la compañía Planktos es un ejemplo más.

Aunque es posible que la manipulación del fitoplancton pueda ser, en efecto, útil para atrapar el exceso de CO_2 emitido a la atmósfera por la actividad humana, esta nueva tecnología no debería ser usada sin estudios serios y en profundidad que la validen y estimen sus potenciales efectos secundarios. No obstante, el dinero y algunos intereses políticos mandan, y mucho... y mucho me temo que será de nuevo el dinero, y no la ciencia, el que determinará el empleo de estos métodos con fines lucrativos, vendiéndonos con ellos, además, la salvación del clima, y de la misma biosfera terrestre, eso sí, como muchas veces que se vende más vida, aquí o allá, sin evidencias suficientes.

1 de octubre de 2007

MICROGENES, MACROENFERMEDADES

A VECES ME siento afortunado, como el montañero que ha sido capaz, con mucho esfuerzo y duro entrenamiento, de subir a una alta montaña. En su cima puede ver el mundo desde un punto de vista inaccesible para el común de los mortales. Afortunadamente, el montañero es generoso. Toma unas fotos y las baja en su descenso para que podamos apreciar un pedacito de la hermosa vista que disfrutó y logremos quizá imaginar la intensa emoción que sintió al ver el mundo desde la cima. Aunque por muchas fotos que nos muestre, quizá no consiga, de todos modos, transmitir lo que vio y sintió.

La actividad científica es similar a escalar montañas. Uno necesita estudiar y prepararse mucho para comprender la ciencia, para escalarla, pero cuando lo consigue, puede ver el mundo desde una perspectiva vedada para la mayoría. Ahora bien, ¿de qué sirve escalar montañas, sean reales o montañas de conocimiento, si no podemos compartirlas con los demás? Absolutamente de nada. Por eso cada semana disfruto intentando mostrarle las "fotos" que tomo en mi aventura personal con la ciencia. Hoy intentaré mostrarle una que me resulta fantástica, emocionante, pero quizá algo difícil de entender. Veamos si consigo transmitir la sensación que me produce contemplarla.

Le supongo conocedor de lo que son los genes. Y supongo también que usted conoce que de la actividad de los genes se producen todas las piezas necesarias para el funcionamiento de la maquinaria celular. En esta página he mencionado, además, en numerosas ocasiones que algunos genes producen los llamados factores de transcripción, es decir, las proteínas que actúan sobre el funcionamiento de otros genes, en general permitiendo este funcionamiento.

Los factores de transcripción ayudan a transmitir la información genética desde el gen a la pieza que debe fabricarse, generalmente una proteína. El primer paso de esta transferencia de información desde el ADN es la fabricación de una molécula mensajera, también un ácido nucleico, el ácido ribonucleico, el llamado ARN mensajero. El ARN mensajero es una molécula similar al ADN, pero de la que se fabrican muchas copias a partir de la secuencia de "letras", de la información contenida en este. Podemos suponer que el ADN es como un libro incunable o, al menos, una cara edición, que se encuentra bien protegido en una biblioteca. Para transmitir la información que contiene sin dañarlo, es conveniente realizar copias "baratas", de usar y tirar. La célula lleva a cabo estas copias produciendo moléculas de ARN mensajero. Los factores de transcripción son imprescindibles para llevar a cabo este proceso de una manera controlada, de acuerdo a las necesidades de la célula.

Una vez producido el ARN mensajero, este es utilizado para fabricar una proteína determinada. Es esta la que va a ejercer una función en la célula, la que va a funcionar como pieza de la maquinaria celular, capacitando a la célula para realizar "misiones" que sin esa pieza serían imposibles como, por ejemplo, las misiones de almacenar energía, o de reproducirse para luchar contra un invasor externo.

Los factores de transcripción actúan solo determinando si se fabrican o no las copias de ARN mensajero. Si se desea aumentar el proceso de copiado, la célula puede aumentar la fabricación de factores de transcripción, o activar algunos que tiene formados, pero inactivos, dormidos, digamos. Si se desea detener el proceso de copiado a ARN mensajero, los factores de transcripción deben ser frenados o degradados. Otros factores, llamados en esta ocasión represores, pueden ayudar a frenar el proceso de copiado. Sin embargo, una vez producidas miles de copias de un determinado ARN mensajero, ni los factores de transcripción ni los represores pueden hacer nada para evitar que su "mensaje" se convierta en una pieza de proteína.

En general, la célula no puede vivir sin una regulación inmediata de sus procesos vitales, incluido la generación de ARN mensajero. Hace solo algo más de una década se descubrió la existencia de un proceso que frena la fabricación de proteínas a partir del ARN mensajero que se ha producido en exceso, mediante el sencillo procedimiento de eliminar, de manera selectiva, los ARN mensajeros que ya no necesitan ser utilizados para producir proteínas.

Este proceso se basa también en el funcionamiento de los genes, pero en este caso, de genes muy especiales, llamados genes de micro ARN. Estos genes fabrican copias de ARN muy pequeño, de solo unas 23 letras de longitud, letras cuya secuencia es una "anticopia" de las letras de un ARN mensajero determinado. Estos micro ARN se unen entonces, por la complementariedad de las "letras" típica de los ácidos nucleicos, a ARN mensajeros de genes que contienen la secuencia correspondiente de letras, e inician un proceso que conduce a la destrucción de estos ARN mensajeros. Así pues, la célula puede tanto fabricar como destruir de manera rápida los ARN mensajeros, y regular así la fabricación de las piezas de su maquinaria.

Lo interesante de todo esto es que, muy recientemente, se ha descubierto que estos micro ARN pueden funcionar regulando la producción de proteínas que bien facilitan el crecimiento tumoral, bien lo suprimen, bien participan en la generación de metástasis tumorales. En el caso del cáncer de mama, esto último es lo que han encontrado un grupo de investigadores del Instituto de Tecnología de Massachusetts, que publican sus resultados en la revista *Nature.*

Estos investigadores encuentran que el micro RNA llamado mir-17-92 impide el funcionamiento de un gen que, curiosamente, es un importante factor de transcripción. En ausencia de este factor, se producen varios cambios en el funcionamiento de otros genes, uno de los cuales conduce a la formación de una proteína que favorece las metástasis.

Estos estudios demuestran que no todo es conocido todavía sobre el cáncer ni los procesos que lo inducen y lo hacen crecer y diseminarse. Afortunadamente, abren también la puerta a investigaciones encaminadas a intervenir sobre el funcionamiento de estos micro ARN. Podemos hoy pensar en el futuro desarrollo de medicamentos que, al actuar sobre los micro ARNs, impidan las metástasis. Una nueva avenida de investigación terapéutica contra el cáncer, enfermedad a la que, no me cabe duda, tarde o temprano, venceremos.

8 de octubre de 2007

Premios Innobel 2007

Como todos los años, por estos días se otorgan los Premios Nobel a grandes científicos por sus pasados descubrimientos. No obstante, los premios Nobel no son los únicos que se otorgan por estas fechas. Desde hace diecisiete años se otorgan también, en una ceremonia que es tan humorística como la real lo es solemne, los premios IgNobel (innobles, podríamos decir). Se trata aquí de premiar la investigación más extraña, divertida, o puramente inútil del año, aunque debe ser real, y no inventada (como a veces resulta ser la investigación supuestamente seria en el caso de fraudes científicos). La ciencia se ríe de sí misma en esta ceremonia IgNobel, a la que también asisten premios Nobel auténticos, quizá los más "marchosos" de la ciencia. Como repito a menudo, la ciencia puede resultar muy divertida y la ceremonia de los premios IgNobel, organizada por la revista científico-humorística *"Anales de Investigación Improbable"* es un buen ejemplo de ello.

Si este año, como en los cuarenta y ocho anteriores, no hemos conseguido un premio Nobel español, sí hemos logrado la hazaña de ganar un IgNobel. El premio IgNobel en lingüística lo ganaron Juan Manuel Toro, Josep Trobalón, y Nuria Sebastián-Gallés, de la Universidad de Barcelona, por una investigación que demuestra que las ratas no pueden distinguir entre dos lenguajes (holandés y japonés) cuando son pronunciados hacia atrás, es decir, "ciaha trasa". Le aseguro que es cierto y que su trabajo ha sido evaluado y publicado en una revista especializada.

No menos asombrosos e hilarantes resultan los premios IgNobel otorgados en otras categorías. Por ejemplo, el premio IgNobel en nutrición fue otorgado a Brian Wansink, de la Universidad de Cornell. Este investigador ha inventado un plato de sopa que se va rellenando solo, discretamente, a medida que el comensal va tomado cucharadas. El nivel de sopa del plato permanece, por tanto, constante. El investigador ha utilizado este "plato de la abundancia" para examinar cómo juzgamos que hemos comido lo suficiente, o demasiado. El estudio ha sido publicado en el *Journal of Obesity Research*, y no me dirá usted que no es ingenioso.

No se queda atrás por su estulticia el premio IgNobel de Medicina. Este año ha sido otorgado al radiólogo inglés Brian Witcombe y al faquir estadounidense Dan Meyer, por su trabajo conjunto en el que explican los efectos secundarios de tragar espadas en el circo y que, sorprendentemente, incluyen irritación de garganta y hemorragias intestinales. Sin duda, son efectos menos importantes que los de tragar carros y carretas, con los que estamos tan familiarizados en España.

El premio IgNobel de Física se otorgó a un trabajo conjunto entre Lakshminarayanan Mahadevan, de la Universidad de Harvard, y Enrique Cerdá Villablanca, de la Universidad de Santiago de Chile, en el que se estudia el proceso por el que se arrugan las sábanas. No me pregunte usted si estos investigadores arrugaron las sábanas conjuntamente, o por el contrario estudiaron cómo las arrugan otras parejas. En todo caso, estamos seguros de que estos investigadores no se dormirán en los laureles, al menos con sábanas arrugadas.

El premio IgNobel de Biología de este año también tiene que ver con las sábanas. La investigadora holandesa Johanna van Bronswijk de la Universidad de Eindhoven describe en su trabajo la microfauna de ácaros y horrendos microbichos que sobre ellas habita, y que nos impide dormir solos, por mucho que nos empeñemos. A esta investigadora no se le han vuelto a pegar las sábanas, que se sepa.

No solo la ciencia tiene cabida en los premios IgNobel. Como en el caso de sus hermanos más serios, también se otorga el premio IgNobel de la Paz. Este año ha correspondido a los Laboratorios Wright de la fuerza aérea estadounidense por su propuesta, realizada en 1994, de fabricar una "bomba hormonal" que convertiría en homosexuales a los soldados que se encontraran en su radio de acción, forzándoles, supuestamente, a hacer el amor y no la guerra. Le aseguro que esta propuesta es cierta, lo que indica el grado de locura de algún tipo de investigación militar, a la que se dedica en el mundo bastante más dinero que a la civil... y civilizada.

Y hablando de fuerza aérea, el premio IgNobel de la aviación lo han ganado investigadores argentinos por un estudio en el que demuestran que el medicamento viagra ayuda a disminuir el desfase horario tras un viaje en avión. Al menos, eso consigue con los hamsters, animalitos que felizmente intervinieron en el estudio recibiendo gratuitas y abundantes dosis de este divertido medicamento. No se crea usted que el estudio carece de interés, al menos económico, ya que se ha publicado en la prestigiosa revista *Proceedings of the National Academy of Sciences* estadounidense.

Tal vez el premio IgNobel con más sabor de este año sea el de Química. Lo ha ganado el japonés Mayu Yamamoto, del Centro Médico Internacional de Japón, por su descubrimiento sobre la extracción de vainillina, la esencia olorosa de la vainilla, a partir de ¡excrementos de vaca! La India ha mostrado particular interés, ya que si allí las vacas son sagradas, no así sus excrementos. El descubrimiento podría suponer importantes beneficios a la industria heladera india, que dispondría de materia prima abundante para fabricar helados de vainilla a precios literalmente por el suelo. Para demostrar que es factible, los organizadores de la ceremonia IgNobel obsequiaron también a Yamamoto con un helado de vainilla fabricado de acuerdo a sus procedimientos. Yamamoto se lo comió gustoso y muy satisfecho de su trabajo. Por mi parte, si he de elegir algún premio como el mejor, sin duda me quedaría con este último, que demuestra que no todo es apestoso en los desechos que surgen por el recto de las vacas, y que hasta lo más negativo contiene en su interior algo positivo, que también nos tragamos cuando debemos hacerlo.

Con los premios IgNobel, la ciencia, la actividad humana que más ha conseguido hacer progresar a la Humanidad, ha aprendido a reírse de sí misma. No puedo dejar de pensar, en el momento actual de la historia, y por esa circunstancia, que cuando la Religión aprenda a hacer lo mismo, el progreso de la Humanidad podrá darse casi por terminado. Quizá ese paso comience a producirse en el Instituto para Estudios "Científicos" de la Religión, (o algo similar a ese nombre, que de nuevo utiliza la palabra "científico" para dar prestigio a lo que no lo tiene) que el Cardenal Cañizares va a inaugurar. Si, en efecto, los estudios de la religión se atreven a ser realmente científicos, estoy seguro de que la Humanidad acabará riéndose de sí misma y de lo que una vez llegó a creer cierto.

15 de octubre de 2007

ALZHEIMER Y DIABETES

DEBIDO AL PROGRESIVO envejecimiento de la población de los países occidentales, una de las enfermedades que más preocupa últimamente es la enfermedad de Alzheimer. Esta enfermedad degenerativa propia, aunque no exclusiva, de la tercera edad, se caracteriza por una progresiva pérdida de memoria que culmina con la desaparición en la práctica de la propia identidad y con la muerte.

La enfermedad de Alzheimer tiene, en su raíz, una causa molecular. En este caso, son al menos tres las proteínas implicadas: la proteína precursora amiloide, la proteína tau y la apolipoproteína E. Por supuesto, las tres proteínas están producidas por sus genes, que pueden tener variantes o sufrir mutaciones. Estas mutaciones pueden producir proteínas que difieren de las normales o pueden resultar en un exceso de producción de la proteína. Ambos factores pueden causar la enfermedad.

Por ejemplo, la enfermedad de Alzheimer puede estar causada por un exceso de proteína precursora amiloide. En este caso, esta es también eliminada en exceso para intentar mantener su cantidad constante. En el proceso de su eliminación, la proteína es cortada en trozos denominados péptidos. Desgraciadamente, uno de esos péptidos, el beta amiloide, es tóxico para las neuronas si es producido en grandes cantidades. Este péptido tiende a agregarse consigo mismo y formar placas, llamadas placas amiloides, que afectan al funcionamiento neuronal.

Poco era sabido hasta hace poco sobre por qué esta acumulación de péptido beta amiloide afecta al funcionamiento de las neuronas y, en particular, al de las interconexiones neuronales, las llamadas sinapsis, pero estudios recientes indican que, sorprendentemente, el efecto de este péptido es el de causar una especie de "diabetes neuronal", que algunos ya denominan "diabetes de tipo tres". Recordemos que la diabetes de tipo uno se caracteriza por el ataque de las células inmunes a las células beta del páncreas, productoras de insulina. Este ataque autoinmune causa la eliminación de estas células pancreáticas y, por tanto, la ausencia de producción de insulina por el páncreas. Sin insulina en la sangre, las células no pueden incorporar la glucosa, y su exceso acaba por dañar los vasos sanguíneos y afectar seriamente la circulación. Para evitarlo es necesario la administración de insulina.

La diabetes de tipo dos, sin embargo, es un desorden del metabolismo que se caracteriza no tanto por la falta de producción de insulina, aunque también puede producirse, sino por una resistencia a la acción de esta hormona. No se conocen bien las causas de esta resistencia, aunque sí se conoce bien que para que la insulina pueda actuar es necesario su enlace a una proteína que atraviesa la membrana de las células. Puesto que esta proteína es la que "recibe" a la insulina en la superficie de la célula, se la denomina proteína receptora, o receptor, de la insulina.

La insulina se une con fuerza a su receptor, el cual funciona como un interruptor que reacciona a la unión con la insulina. Cuando esta se une, el receptor se coloca en posición de "encendido" y desencadena una serie de mecanismos en el interior de la célula que la capacitan para realizar nuevas funciones. Entre ellas se encuentra la capacidad para captar glucosa del exterior e incorporarla al interior. Las células no pueden realizar esta aparentemente simple función si no se ponen a funcionar proteínas transportadoras de glucosa que permitan a la misma atravesar la membrana celular. La glucosa es soluble en el agua y medio acuoso que baña las células del cuerpo, pero no es soluble en la membrana de la célula, que es de naturaleza grasa, por lo que no puede atravesarla sin ayuda. La unión de la insulina a su receptor pone en marcha a las proteínas transportadoras que consiguen que la glucosa atraviese la membrana y pase dentro de las células, donde es utilizada como combustible para la obtención de la energía necesaria para la vida.

Aunque no solo la glucosa puede ser utilizada como combustible, es la principal fuente de energía para el cerebro humano. Para ser aprovechada, la glucosa también necesita entrar dentro de las neuronas, y para ello es necesaria también la acción de la insulina en esas células, es decir, es necesario que las neuronas tengan en su membrana los receptores de la insulina listos para ser "encendidos" por la hormona y que así el transporte de glucosa hacia su interior se ponga en marcha.

La glucosa es necesaria para el buen funcionamiento del cerebro y para el mantenimiento, formación y buen funcionamiento de las sinapsis neuronales, el cual es a su vez necesario para el mantenimiento de la memoria. Ciertos estudios han demostrado que los niveles de insulina en el cerebro son menores en personas con enfermedad de Alzheimer. En otras palabras, el cerebro de estos pacientes parece ser en parte diabético, lo que podría explicar su deficiente funcionamiento.

Muy bien, pero ¿qué tiene que ver la insulina con la proteína beta amiloide de la que hablaba al principio? ¿No habíamos dicho que era esta proteína una de las causantes de la enfermedad de Alzheimer cuando se producía en exceso y se generaban péptidos beta amiloide?

Un nuevo estudio, publicado en la revista FASEB journal, esclarece esta relación. Resulta que los péptidos beta amiloides tienen la mala tendencia de impedir que los receptores de insulina lleguen desde los centros de producción de la célula hasta las membranas de las sinapsis, donde se les necesita. Esto explica en parte por qué las neuronas se convierten en resistentes a la acción de la insulina, ya que no tienen los receptores que son necesarios para que esta hormona actúe con normalidad, lo que puede afectar al funcionamiento neuronal, a la memoria y a las capacidades cognitivas en general.

¿Qué implicaciones pueden tener estos hallazgos para el tratamiento del Alzheimer? Y bien, no hay que ser un genio para comprender que, hasta la fecha, si se recetara a un enfermo de Alzheimer un medicamento para disminuir la resistencia a la insulina hubiéramos pensado que quizá el médico estaba ya tocado por la misma enfermedad que pretendía tratar.

"Mi madre tiene Alzheimer, doctor, no diabetes", hubiera advertido cualquiera al despistado galeno. Sin embargo, de ser confirmados, estos hallazgos abren la puerta a que los medicamentos utilizados para tratar la diabetes y mejorar la acción de la insulina puedan ser también eficaces para, al menos, evitar, y quizás hasta curar, la enfermedad de Alzheimer. Esperemos que de aquí a nuestra vejez, cada vez más cercana, esta promesa se convierta en realidad.

22 de octubre de 2007

GENES TAN MONOS

UNO DE LOS TEMAS recurrentes que suelo tratar en mis artículos es el estudio científico sobre lo que nos hace humanos. Confieso que esta insistencia quizá sea muestra de mi deseo inconsciente de averiguarlo antes de que deje de ser humano, o simplemente deje de ser. Por esa razón, cualquier avance en el estudio de esta cuestión excita mi curiosidad y me estimula a compartir lo que aprendo con usted.

Puesto que la especie más similar a la nuestra es, como ya sabe, el chimpancé, muchos estudios se han dedicado, y se siguen dedicando, a estudiar las similitudes y diferencias entre estas dos especies. Desde el punto de vista genético, que es uno de los que se suele estudiar con más frecuencia, han sido numerosas las hipótesis y los trabajos experimentales que han intentado dar una respuesta a por qué chimpancés y humanos, siendo genéticamente tan semejantes, somos, a la hora de la verdad, tan diferentes.

La similitud genética entre nuestra especie y el chimpancé es muy elevada. Solo diferimos en algo más de un 1% de la secuencia de letras del ADN. Para entender lo que esto significa, supongamos que en una edición moderna del Quijote (¿por qué siempre que pienso en un libro pienso en el mismo?) se han cometido errores tipográficos y cada cien letras se ha cambiado una, es decir, un 1% de las letras son diferentes. Está claro que, salvo que algunos cambios hayan sucedido en letras cruciales, no tendríamos dificultades en comprender y seguir la historia al leerlo.

Así pues, las investigaciones se han centrado en la búsqueda de genes con esos cambios cruciales, cambios que, aun siendo solo uno, afectarían radicalmente a la función de los genes afectados (comparemos si no las frases "el jefe reunió a los empleados para presentarles al delegado" con "el jefe reunió a los empleados para presentarlos al delegado". Solo difieren en una letra, pero su significado es muy diferente, prácticamente opuesto).

Aunque se han encontrado genes que difieren entre chimpancés y humanos en "letras" que, en efecto, parecen afectar sustancialmente a su función, no parece que estos cambios sean capaces de explicar todas las diferencias de morfología, comportamiento y habilidades que muestran la mayoría de los humanos con el chimpancé. Por esta razón se han intentado encontrar otras explicaciones.

Una de estas explicaciones se centra en el control del propio funcionamiento de los genes. Algunos estudios han revelado que una de las diferencias entre humanos y chimpancés es que, aunque pueden poseer genes virtualmente idénticos, estos no funcionan con la misma intensidad. De este asunto ya hablaba hace un tiempo aquí. Además, algunos de los genes que funcionan más intensamente en humanos que en chimpancés producen proteínas que afectan el funcionamiento de otros genes, por lo cual este efecto se ve amplificado.

No obstante, para que las diferencias en el funcionamiento de los genes sean suficientes para explicar las diferencias entre humanos y chimpancés es necesario que hayan sido positivamente seleccionadas durante la evolución de las dos especies, es decir, tienen que haber sufrido una presión para ser seleccionadas y mantenidas en el genoma humano, pero no en el del chimpancé. Sin embargo, los investigadores no han encontrado evidencia de que esto haya sucedido. En otras palabras, estas diferencias de funcionamiento genético pueden, finalmente, no ser determinantes para explicar las diferencias entre las dos especies. Después de todo, tener un gen funcionando más o menos intensamente puede no resultar en divergencias importantes, ya que, al fin y al cabo, los genes están funcionando en ambos casos.

Así pues, muchos científicos piensan que deben ser diferencias en las cualidades y propiedades de los genes, más que diferencias en la intensidad de su funcionamiento, las más importantes para explicar los contrastes entre humanos y chimpancés. El problema es que si esas diferencias se limitan a letras concretas de los genes, no parece posible, como hemos dicho, que sean capaces de explicar por qué nuestra especie es tan diferente del chimpancé. No es probable que cuando las dos especies se separaron de su ancestro común, solo sucedieran mutaciones puntuales en genes que condujeran al nacimiento de nuestra especie, y eso a pesar de que, en efecto, en algunos casos nuestra especie cuenta, en relación al chimpancé, con mutaciones en genes muy importantes para el desarrollo cerebral, e incluso para las capacidades motoras finas que capacitan la elaboración del lenguaje.

Por esta razón, ahora que ya contamos con genomas casi completamente secuenciados de diversas especies de primates, y de otros mamíferos, se ha hecho posible explorar otra posibilidad: la de analizar si nuestra especie ha ganado o perdido genes enteros a lo largo de su evolución. Y es que otro de los mecanismos de la evolución es la pérdida o ganancia de genes completos. No vamos a entrar aquí en cómo funciona esto en los cromosomas, pero sucede. Es como si ahora, en la nueva edición del Quijote, no hubiéramos cambiado solo letras, sino añadido o quitado páginas enteras; quizá hasta capítulos enteros eliminados o, al contrario, nuevos capítulos añadidos "inventados" por el "editor". Esta nueva edición sería, sin duda, muy distinta.

Utilizando modernos métodos informáticos y estadísticos, investigadores de la Universidad de Indiana, en los EE.UU., compararon los genomas de varias especies de mamíferos, incluidas la humana, el chimpancé, el macaco, el perro y el ratón. Los investigadores se centraron en familias de genes para intentar encontrar diferencias en el número de los miembros de esas familias. Lo que encontraron es que a lo largo de la divergencia evolutiva entre chimpancés y humanos se ha producido una desproporcionada ganancia o pérdida de determinados genes miembros de varias familias, con respecto a lo que se observa en otras especies. La suma de todos estos cambios indica que la especie humana ha ganado 648 genes con respecto al chimpancé y perdido otros 740. Esto suma la friolera de 1.348 genes distintos, es decir, sin equivalentes en la otra especie, lo que supone un 6,48% del total de genes de nuestra especie.

Estos resultados parecen iluminar algo más el por qué de las diferencias entre chimpancés, nuestra especie genéticamente más próxima, y humanos. Sin duda, abren una enorme avenida de estudio para entender cómo esos 1.348 genes generan las diferentes capacidades de nuestra especie con respecto a los otros primates. Probablemente, entre ellos se encontrarán algunos responsables de ciertas enfermedades. Como siempre, la investigación básica, encaminada a responder preguntas aparentemente sin demasiada importancia, nos abre la puerta a aplicaciones insospechadas. Mucho queda por hacer aún para comprendernos como seres humanos desde el punto de vista genético, pero en el camino, seguro que encontraremos hallazgos interesantes y de aplicación para la mejora de la salud.

29 de octubre de 2007

GENES, HORMONAS, SEXO, HÁBITOS

INICIAMOS ESTE LUNES la Semana de la Ciencia. Esperemos que sirva para elevar un poquito más nuestras conciencias sobre la importancia que la ciencia tiene en el mundo moderno. Sin embargo, como esta semana conviene no asustar a nadie con la ciencia, hablaremos hoy de un tema siempre interesante: de hombres y mujeres, de machos y hembras. ¿Acaso hay un tema más interesante que este? (¿acaso hay otro tema en la vida?, se preguntan incluso algunos y algunas).

Hombres y mujeres tenemos iguales derechos y obligaciones, pero afortunadamente somos diferentes. Afortunadamente, porque nada hay más aburrido que la igualdad suprema, es decir, la identidad. Hombres y mujeres somos iguales, aunque, evidentemente, no idénticos.

En cualquier caso, aunque iguales en responsabilidades y derechos, hombres y mujeres somos diferentes no solo en lo físico, sino también en lo emocional y cognitivo. Y no me refiero aquí a la inteligencia (Dios me libre y Watson no lo quiera), sino a un ámbito más global: a cómo hombres y mujeres diferimos a la hora de abordar la vida y sus problemas, y a cómo percibimos la realidad que nos rodea y nos adaptamos a ella.

A nadie se le oculta que, en lo físico, machos y hembras, somos el resultado, en parte, de los efectos bioquímicos de hormonas diferentes. Las hembras producen y se ven sometidas a los efectos de los estrógenos, mientras que los machos producen y sufren los efectos de los andrógenos. Las características propias de cada sexo dependen en buena parte de la acción de estas hormonas, las cuales actúan también sobre el cerebro y condicionan determinados comportamientos, incluido, por supuesto, el comportamiento sexual, pero también la agresividad, más propia de machos que de hembras.

Machos y hembras diferimos también en factores genéticos. Como debe ser sabido por todos y todas, los machos de la mayoría de las especies de mamíferos disponen de un cromosoma X y de otro cromosoma Y, mientras que las hembras disponen de dos cromosomas X. Así los machos son XY y las hembras, XX.

Si los machos poseen un cromosoma diferente del de las hembras es por una buena razón: en ese cromosoma se encuentra un gen que es fundamental para el desarrollo de los testículos durante el crecimiento embrionario. Independientemente de los cromosomas heredados (XX o XY) los embriones son idénticos, en cuanto al desarrollo de sus glándulas sexuales (testículos y ovarios) se refiere, hasta un determinado punto de su crecimiento. Entonces se activa el funcionamiento de un gen del cromosoma Y, llamado Sry, el cual produce una proteína que induce el desarrollo de los testículos. Por consiguiente, en presencia de este gen el embrión se desarrollará como macho; en su ausencia, se desarrollará como hembra. Puesto que el gen está ausente del cromosoma X, los individuos que hayan heredado dos de estos cromosomas serán hembras.

La importancia del gen Sry para el desarrollo de la masculinidad ha sido muy bien documentada científicamente. Las personas que, por determinados defectos, han heredado más de un cromosoma X, pero también un cromosoma Y (y son XXY, XXXY, etc.), son hombres. También se han observado personas XX que, sin embargo, son igualmente hombres. El análisis de sus cromosomas indica que poseen un gen Sry que, por error, se ha alojado (translocado, como se dice en lenguaje científico) en uno de sus cromosomas X. De igual manera existen mujeres XY, o incluso XXY. Como ha podido adivinar, el análisis de sus cromosomas Y indica que no poseen un gen Sry que funcione adecuadamente.

Con estos conocimientos, en la década de los noventa, los científicos aprendieron a generar ratones cuyo sexo real era independiente de los cromosomas sexuales. Por ejemplo, mediante la eliminación del gen Sry del cromosoma Y, los científicos pueden generar hembras XY, que producen estrógenos. Al contrario, por la inclusión del gen Sry en un cromosoma X, se pueden generar machos XX que producen andrógenos.

Utilizando estos simpáticos, e invertidos, roedores, los científicos pudieron demostrar que, en parte, la conducta maternal no depende solo de las hormonas, sino también de los genes, es decir, una hembra XY, sin el gen Sry, no se comporta igual que una hembra XX. Factores genéticos, y no solo hormonales, afectan pues al comportamiento maternal.

Un equipo de investigadores de la Universidad de Yale, EE.UU., ha estudiado ahora si la adquisición y abandono de hábitos de comportamiento están también independientemente condicionados por genes y hormonas en machos y hembras. Para ello, los investigadores entrenaron a los ratones descritos más arriba a introducir su hocico a través de un orificio para obtener sabrosas piezas de alimento. Los animalillos pronto se habituaron así a comer de esta forma, a pesar de que disponían de otro alimento en sus jaulas. Entonces, algunos de los ratones fueron sometidos a un tratamiento de "rechazo condicionado": tras comer a través del orificio se les inyectó una sustancia que les hacía sentirse enfermos. Normalmente, los animales aprenden rápidamente a evitar el alimento obtenido a través del orificio, ya que lo asocian al malestar que sienten a continuación, pero este aprendizaje se ve dificultado si los animales han adquirido un fuerte hábito para alimentarse de esa forma.

Pues bien, la dificultad para modificar el hábito adquirido se observó más frecuentemente en animales XX, aunque dispusieran de un gen Sry y fueran, por tanto, machos desde el punto de vista hormonal. Estos resultados han sido publicados en el último número de la revista *Nature Neuroscience* y demuestran que las diferencias sexuales en el desarrollo y modificación de hábitos están influidas por genes que no intervienen en la producción o la acción de las hormonas sexuales. Desgraciadamente, no sabemos aún de qué genes se trata, pero no me cabe duda de que pronto lo sabremos.

¿Qué importancia puede tener esto? Se sabe que las mujeres suelen adquirir hábitos más fácilmente que los hombres, lo cual les capacita para realizar un mayor número de tareas simultáneamente, una vez habituadas a ellas. Sin embargo, esta facilidad para adquirir hábitos tiene sus problemas, ya que las mujeres también se habitúan más fácilmente al consumo de drogas que los hombres. El conocimiento de los genes que afectan este rasgo de conducta podrá quizá ayudar al desarrollo de fármacos que faciliten la deshabituación del consumo de estas sustancias, lo cual probablemente también nos ayudará a aumentar la igualdad, que no la identidad, entre hombres y mujeres.

5 de noviembre de 2007

UNA INTELIGENCIA DE LA LECHE

SIEMPRE ME HA parecido algo estúpido el debate de si la inteligencia, que solo algunos pocos seres humanos se atreven a disfrutar sin complejos, es resultado de los genes o, por el contrario, del entorno, alimentación, educación, condiciones socioculturales, etc. Y ya que hablaremos de la leche, tomemos el ejemplo de la vaca. Con este lustroso animal podemos hacernos la misma pregunta: ¿es su inteligencia resultado de los genes o de los pastos que rumia? Sí, sí, la vaca también posee su inteligencia, indistinguible a menudo de la de algunos cowboys, por cierto.

Es evidente que la inteligencia de la vaca depende de sus genes, ya que si la vaca tuviera nuestros genes, sería más inteligente, y no sería vaca, sino mujer, nada menos que el ser más inteligente del universo conocido, y si no que se lo pregunten a cualquier hombre sincero. Así pues, en mi humilde opinión, dudar de que la inteligencia dependa de los genes es absurdo, y eso sin contar con que numerosas enfermedades que causan retraso mental en nuestra especie están causadas por defectos genéticos.

Por otra parte, dudar de que la inteligencia dependa del entorno es también absurdo. Evidentemente, sin una alimentación adecuada y sin una suficiente educación de la mente, la inteligencia se ve mermada. Este hecho puede comprobarse, por desgracia, muy frecuentemente en países subdesarrollados.

Así pues, no son necesarios estudios muy profundos para concluir que la inteligencia depende de los genes y del ambiente al mismo tiempo. Otra cosa es, sin embargo, determinar en qué medida depende de cada uno de esos factores. Para ello sí son necesarios estudios en profundidad y con un elevado número de sujetos para conseguir validez estadística y poder eliminar los factores que puedan confundir los resultados.

Uno de estos estudios en profundidad ha sido publicado recientemente por investigadores del Reino Unido, Estados Unidos y Nueva Zelanda, en la revista *Proceedings of the Natural Academy of Sciences* de los EE.UU. Los investigadores han estudiado si la alimentación con leche materna, en lugar de la realizada con otras preparaciones artificiales, ejerce alguna influencia en el desarrollo de la inteligencia. No han estudiado este asunto de forma aislada, sino en el contexto de la posible influencia de las variantes de un gen, en concreto del llamado FASD2, es decir, han estudiado si los niños con distintas variantes de este gen ven mermada o potenciada su inteligencia según sean alimentados o no con leche materna durante sus primeros meses de vida.

¿Por qué han elegido los investigadores el gen FASD2 y no otro cualquiera? Veamos. Resulta que, descontando el agua, el cerebro es en su mayor parte materia grasa. Por consiguiente, es lógico pensar que genes que afectan al metabolismo de las grasas puedan afectar al crecimiento del cerebro y a la manera en que las grasas de la alimentación, en particular las grasas de la leche materna, afectan al desarrollo cerebral.

El gen FASD2 es uno de estos genes. En particular, es un gen que produce un importante enzima para el metabolismo de los llamados ácidos grasos poliinsaturados de cadena larga, los encontrados también en la grasa de pescado y a los que pertenecen los famosos ácidos grasos omega-3, que todos conocemos a estas alturas de las compras en el supermercado de la esquina.

El cerebro necesita de este tipo de ácidos grasos para su desarrollo, para la correcta conexión de las neuronas en la formación de las sinapsis y para el crecimiento y mantenimiento de las neuronas en general. En otras palabras, los necesita para un correcto desarrollo no ya de la inteligencia, sino de las capacidades cognitivas globales. Estos ácidos grasos son suministrados al niño en la leche materna, pero las preparaciones de leche artificial no son, en general, tan ricas en estos compuestos.

Los investigadores encontraron que el gen FASD2 aparece en dos variantes principales, que difieren solo en una base, una letra, de la secuencia de su ADN. De acuerdo a las letras que varían, estas variantes se denominan la variante "C" y la variante "G". Mediante el análisis de datos recogidos de más de mil niños nacidos en Nueva Zelanda y de otros más de dos mil nacidos en el Reino Unido, que habían realizado un test de coeficiente intelectual a varias edades y de los cuales se conocía si habían sido alimentados con leche materna o no durante su primera infancia, y cotejando estos datos con las variantes del gen FASD2 que estos niños poseían, los investigadores encontraron un hallazgo fascinante. Según la variante de este gen, la alimentación con leche materna ejerce una seria influencia en la inteligencia.

Los niños poseedores de la variante "G" eran igualmente inteligentes tanto si habían sido alimentados con leche materna como si no. En cambio, los niños poseedores de la variante "C" eran claramente más inteligentes si habían sido alimentados con leche materna, y mostraban una media de su coeficiente intelectual nada menos que de casi siete puntos más elevada, lo que, como ya se conoce por otros estudios sobre la inteligencia, puede ejercer un efecto no desdeñable en el destino profesional y personal.

Estos estudios pueden tener interesantes e importantes implicaciones para nuestra especie. En primer lugar, van a permitir determinar si una composición más rica en ácidos grasos poliinsaturados en las preparaciones alimenticias infantiles ejerce un efecto beneficioso en aquellos niños poseedores de la variante "C" del gen FASD2. En los casos en que una madre, por la razón que sea, no pueda alimentar con su leche a su bebé, estos estudios facilitarán el desarrollo de mejores preparaciones alimenticias que no resulten en una merma de la inteligencia, sino que la potencien.

Además de lo dicho, estos estudios indican que las variantes de los genes no solo son causantes de enfermedades, como podríamos creer, sino que algunas resultan en efectos beneficiosos. Por ejemplo, en este caso la variante "G" del gen FASD2 protege a quienes la poseen de los efectos perjudiciales sobre la inteligencia causados por una alimentación distinta a la de la leche materna en la infancia.

Por último, la conclusión es clara: dele usted teta a su niño o niña. Sabemos ahora que no alimentar a nuestros hijos con leche materna puede resultar en una merma relativamente importante de su inteligencia. Quizá hagan falta más medidas sociales todavía para que sea más fácil amamantar a nuestros hijos, pero si el futuro depende de las siguientes generaciones, sin duda sobre todo depende de que estas sean todo lo inteligentes que puedan ser.

12 de noviembre de 2007

MUERTE ÁUREA

COMO YA HE mencionado en algunas ocasiones, uno de los problemas con que se enfrenta la medicina moderna es paliar los efectos secundarios de sus éxitos en el control de las enfermedades infecciosas. Me explico. El uso de antibióticos ha conseguido controlar y ayudar a curar numerosas enfermedades infecciosas. Sin embargo, las bacterias han evolucionado rápidamente y se han convertido en resistentes a muchos de esos antibióticos. Si resultamos infectados por una de esas bacterias, quizá porque nos encontremos inmunodeprimidos (bajos de defensas) por alguna razón, nuestra vida puede correr serio peligro.

Una de las bacterias más peligrosas es la conocida con el nombre de estafilococo áureo, que puede causar infecciones de la piel, de los tejidos blandos, neumonía e incluso infecciones de la sangre que resultan a menudo mortales. Estirpes resistentes a los antibióticos aparecieron por primera vez en 1961 y desde entonces hasta hoy han surgido estirpes más y más resistentes a más y más antibióticos. En parte por esta razón, y también porque puede sobrevivir sobre superficies secas por largo tiempo, el estafilococo áureo es responsable de buena parte de las llamadas infecciones nosocomiales, es decir, las que suceden en hospitales.

Evidentemente, los enfermos ingresados en los hospitales son más susceptibles a las infecciones que las personas sanas. Esto es así por varias razones, como que pueden sufrir de heridas abiertas por accidentes u operaciones quirúrgicas, se les han abierto vías intravenosas para introducirles fármacos o alimentos en sangre, y pueden, además, estar inmunodeprimidos. Obviamente, los hospitales ingresan a enfermos infectados, algunos de los cuales lo son por estafilococo, lo que incrementa el riesgo de infecciones a los otros pacientes que se encuentran en una situación de mayor riesgo.

El estafilococo áureo posee dos características que lo hacen particularmente peligroso. La primera de ellas es que, a pesar de que puede ser vencido por el uso de nuevos antibióticos o de antibióticos para los que una cepa particular de esta bacteria no es aún resistente, muchas veces los enfermos aparentemente curados vuelven a recaer y son muy comunes las infecciones recurrentes que aparecen varios meses o incluso años más tarde.

La otra característica tiene que ver más con su capacidad de infectar a otras personas que de perdurar en una, y se ha observado recientemente que determinadas variantes de esta bacteria, las denominadas estirpes comunitarias resistentes a la meticilina, han aumentado su infectividad y ahora causan enfermedades también en individuos sanos, no solo en enfermos de los hospitales. Esto está causando cierta preocupación en los responsables de la salud pública.

Muy bien, pero formulemos la pregunta científica: ¿por qué? ¿Qué genes o moléculas hacen posible las capacidades de esta bacteria? Si lo averiguamos, quizá podamos impedir su contagio, o la aparición de infecciones recurrentes.

Investigando estas dos cuestiones, los científicos han desvelado asombrosas capacidades de este microorganismo que abren nuevas e interesantes posibilidades terapéuticas, y que, al mismo tiempo, nos siguen hablando de las maravillas de la Naturaleza en la lucha para la supervivencia. El primero de estos descubrimientos es el que explica el porqué de las repeticiones recurrentes de las infecciones con esta bacteria, incluso tras un tratamiento aparentemente exitoso con antibióticos. Los científicos han descubierto que el estafilococo áureo tiene la capacidad de refugiarse tanto del sistema inmune como de los antibióticos nada menos que en el interior de las células, donde ni unos ni otros consiguen llegar eficazmente. Esta capacidad explica por qué un excombatiente de la Segunda Guerra Mundial desarrolló en los años 80 infecciones de estafilococo áureo causadas por una variante idéntica a otra de hacía cuarenta años y que no era resistente ni siquiera a la penicilina, como es natural para una cepa tan antigua. La bacteria estuvo refugiada, dormida, en el interior de sus células hasta que, por razones aún desconocidas, se despertó y causó nuevas infecciones.

Los científicos han descubierto que los estafilococos áureos utilizan unas proteínas específicas de su superficie para fijarse a las células y permitir que estas las engloben. En presencia de antibióticos, son las bacterias que se introducen en las células las que más fácilmente sobreviven. Una vez dentro de la célula, la bacteria entra en una fase durmiente y permite que la célula protectora siga viviendo. Sin embargo, por razones no muy claras, pero sospecho que quizá relacionadas con la integridad y la salud de la célula que lo alberga, el estafilococo puede despertarse, matar a la célula, salir al exterior y recomenzar un nuevo ciclo de infección, cuando el antibiótico ha desaparecido ya de su entorno.

Respecto al incremento de su capacidad infecciosa, los descubrimientos no son menos extraordinarios, ni menos alarmantes. Resulta que una de las barreras contra la infección más importantes y fundamentales es nuestra inmunidad innata. Es esta un tipo de inmunidad que interviene inmediatamente que se detecta la amenaza de cualquier tipo de agente infeccioso que pretenda introducirse en nuestro cuerpo. Esta inmunidad la ejercen tipos especiales de células de nuestro sistema inmune que son capaces de detectar varias de las sustancias o moléculas comunes a muchos tipos de bacteria o microorganismos.

Pues bien, las estirpes de estafilococos áureos más infecciosas producen un tipo especial de toxinas que atacan a los neutrófilos, unas de las células más importantes de nuestra inmunidad innata. En solo cinco minutos, pequeñas cantidades de esas moléculas son capaces de matarlos. Esto significa que la inmunidad innata deja de ser operativa y, sin ella, la bacteria tiene muchas más posibilidades de establecer un foco infeccioso desde el que diseminarse a otras partes del organismo.

Como suele suceder, aunque preocupantes, estos nuevos conocimientos nos permiten ahora considerar posibles estrategias terapéuticas que intenten neutralizar estos mecanismos de supervivencia. No hace falta ser un genio para darse cuenta de que si somos capaces de impedir que el estafilococo se introduzca en las células, lo haremos más sensible a la acción de los antibióticos y del sistema inmune. Fármacos encaminados a bloquear las proteínas que lo fijan a la superficie de las células que lo engloban podrían ser eficaces para este fin.

Por otra parte, si impedimos el efecto de las toxinas que atacan a los neutrófilos, quizá mediante nuevas vacunas que produzcan anticuerpos contra ellas, o mediante fármacos que impidan su producción por la bacteria, evitaremos así que ataque nuestra inmunidad innata, la primera barrera, y una barrera además indispensable, contra su infección. Esperemos que, apoyados en estos conocimientos, los investigadores y las compañías farmacéuticas desarrollen nuevos medicamentos que estén listos cuando nosotros, o nuestros seres queridos, los podamos necesitar.

19 de noviembre de 2007

HIJOS E HIJAS DE LA REINA

EL MUNDO DE los insectos es fascinante, y no deja de seducirnos más y más a medida que se estudia y se averiguan nuevos hechos sobre la vida de los animales con mayor número de especies sobre nuestro planeta. Sin duda, entre las especies más sorprendentes de insectos, se encuentran los insectos sociales: abejas, hormigas y termitas, entre otros.

Algunos piensan que las sociedades de insectos son las sociedades perfectas. Es posible que tengan razón. Sin duda, son sociedades perfectas, o todo lo perfectas que pueden ser... para los insectos, pero considero que un ser humano, verdaderamente humano, curioso e intelectualmente inquieto, se sentiría difícilmente feliz y satisfecho en una sociedad como esa. La vida de cada uno de los individuos de las especies sociales de insectos se debe absolutamente a los demás; no tiene sentido fuera de la devoción ciega a su tarea en beneficio de toda su colonia. Trabajar, limpiar, cuidar de las larvas, recoger alimento... Incluso reinas de hormigas, abejas o termitas no tienen otra misión que la de poner huevos para repoblar su colonia, a lo cual dedican toda su vida. ¡Vaya real aburrimiento!

Quizá la especie social de insecto más apreciada y querida por todos sea la abeja, en concreto la abeja melífera, *Apis mellifera*, productora de miel y, en mi conocimiento, la única especie de insecto verdaderamente domesticada por el ser humano. Desde el punto de vista científico, la investigación del mundo de las abejas ha sido también muy fructífera y reconocida. Recordemos, si no, que en 1973 el científico austriaco Kart von

Frich, junto con Nikolaas Timbergen y Konrad Lorenz, recibía el premio Nobel de Fisiología y Medicina por sus estudios sobre los sentidos de las abejas y el descubrimiento de su famoso y sofisticado lenguaje, basado en una compleja "danza" que tiene en cuenta la dirección del Sol para indicar, a su vez, la dirección y la distancia a una fuente de alimento.

Este descubrimiento fue recibido con insecticismo, perdón, escepticismo. No era posible que un insecto "hablara", y menos aun que lo hiciera mientras bailaba, lo que ningún hombre que no fuera James Bond podía hacer. Sin embargo, el descubrimiento de von Frich fue confirmado por otros investigadores, quienes, tan recientemente como en el año 2005, han usado hasta tecnología de radar armónico para seguir los vuelos de las obreras y determinar la eficacia de este lenguaje en su capacidad de dirigir a las abejas hacia las fuentes de alimentos.

La investigación sobre la biología de la abeja continúa y sigue proporcionando asombrosos datos, que sugieren incluso que las simpáticas abejas poseen una especie de consciencia y capacidad de razonamiento aún rudimentarias. Las investigaciones más recientes indican, por ejemplo, que la reina lleva la cuenta de cuantos hijos e hijas va produciendo. Increíble, ¿verdad?

Quizá no sepa que la manera en que se selecciona el sexo de cada individuo de una colmena depende de que el huevo que pone la reina sea o no fecundado. La reina, desde el vuelo nupcial de su juventud, en el que se aparea con varios zánganos, guarda en su interior el esperma de estos, y lo va usando a lo largo de su vida para fecundar sus huevos... aunque puede también no fecundarlos.

Resulta que de un huevo fecundado se desarrollará una obrera hembra, pero de uno no fecundado, se desarrollará un macho, un zángano. De esta manera, controlando cuántos huevos fecunda y cuántos no, la abeja reina podría controlar el equilibrio de sexos de su colonia.

Sin embargo, no es esto lo que los entomólogos, esos científicos que estudian los insectos, vieron que sucedía. La reina debe poner sus huevos en el interior de una celdilla hexagonal, construida con cera por las obreras. Aunque pueda parecernos que todas las celdillas son iguales, en realidad no lo son. Existen celdillas de al menos dos tamaños: pequeño y grande. La reina no puede depositar un huevo no fecundado, que dará origen a un zángano, en una celdilla pequeña, ya que no posee el suficiente tamaño como para permitir el crecimiento de la larva de zángano. Por tanto, en las celdillas pequeñas la reina debe depositar exclusivamente huevos fecundados, es decir, los que darán origen a una obrera.

De esta manera, parece que son las obreras, las constructoras de las celdillas y las que determinan su tamaño, las que deciden cuántos individuos de cada sexo deben nacer en su colmena. La reina no es tan reina como parece, después de todo, y está sometida a la tiranía de las obreras constructoras de celdillas, las cuales dictan el sexo de sus mismos hijos. ¡Vaya esclavitud! ¿O no?

Y bien, no del todo. A pesar de que, en efecto, la talla de las celdillas es un factor importante en la determinación del sexo de los miembros de la colmena, la reina tiene aún cierto margen de maniobra. Al menos eso es lo que pensaban entomólogos de la universidad de Michigan, EE.UU., quienes, para probar su hipótesis, limitaron los movimientos de abejas reinas de varias colmenas, de manera que solo pudieran poner huevos en celdillas pequeñas, es decir, de las cuales nacerían exclusivamente obreras.

Tras cuatro días de puesta obligada de huevos de los que nacerían obreras, los investigadores liberaron las barreras impuestas a las soberanas, para que estas pusieran huevos donde bien les pareciera. Lo que los investigadores observaron fue que, en este caso, las reinas ponían unas tres veces más de huevos no fecundados que de huevos fecundados, forzando así un mayor nacimiento de zánganos. Era como si las reinas compensaran sus cuatro días de cautiverio, en los que debieron poner huevos de obrera, con una puesta superior de huevos de zángano.

Así pues, de alguna manera, la abeja reina lleva la cuenta de la clase de huevos que pone, fecundados o no fecundados y, por consiguiente, la cuenta del sexo de sus hijos. En el caso de ver su puesta desequilibrada en un determinado momento, es capaz de compensarla en otro. Como suelo decir a menudo en este punto de mis escritos, estos descubrimientos plantean ahora nuevas e interesantes preguntas, entre ellas: ¿Cómo sabe la reina la clase de huevos que pone? ¿Cómo puede llevar la cuenta durante cuatro días, cuando nosotros nos equivocamos a los cuatro minutos de cada cuenta que debamos llevar? Serán preguntas que quizá podamos responder en un futuro, esperemos que no muy lejano.

26 de noviembre de 2007

LONGEVIDAD, VINO Y DIABETES

UNO DE LOS aspectos que más me fascina de la ciencia es su unidad. La investigación científica, poco a poco, va consiguiendo que temas que parecen perfectamente alejados unos de otros, se encuentren. Esto solo es posible porque dos o más aspectos de la realidad, aparentemente alejados, son, en realidad, uno solo. Sabiendo y comprendiendo ahora la existencia de esa unidad, podemos entender mejor la misma realidad.

Una relación insospechada entre el vino, la longevidad y la diabetes ha sido recientemente desvelada. ¿Quién hubiera podido sospechar esta dulce posibilidad? Para entenderla, nos vemos obligados a realizar un pequeño viaje por la ciencia de la longevidad y la diabetes, y por la no menos divertida ciencia del vino. Estoy seguro de que, con una copita de este último si fuera necesario, te animarás a acompañarme. Allá vamos.

Desde hace unos años, los científicos han ido envejeciendo, como todos, mientras trabajaban para comprender por qué unos organismos viven más que otros y para entender los factores que afectan a la longevidad de los animales. Las investigaciones sobre este tema, de importancia capital para los que ya tenemos una cierta edad, han demostrado que una dieta baja en calorías aumenta la longevidad de varios organismos de laboratorio, tan alejados como la levadura y el ratón.

Desgraciadamente, pasar hambre no es una manera muy agradable de alargar la vida. Mejor sería inventar la "píldora de la juventud", un fármaco que nos permitiera comer lo que deseáramos, sin abusar, pero que actuara haciendo creer a nuestro cuerpo que estamos haciendo dieta, cuando en realidad no es así.

Para conseguir lo que sería sin duda la píldora más tragada del mundo, así fuera ella rueda de molino manchego, es necesario responder a la siguiente pregunta clave: ¿qué sucede en las células para que una dieta baja en calorías alargue la vida? Alegrémonos, porque la respuesta a esta importante pregunta se ha obtenido recientemente, gracias a estudios llevados a cabo en organismos simples, como las levaduras, primero, y más complejos, como gusanos y ratones, después.

Estudiando el efecto de la restricción de nutrientes en la levadura, se descubrió un hecho fundamental: la restricción calórica solo alarga la vida de este microorganismo si posee un gen correcto, es decir, sin mutaciones perniciosas, para producir el enzima llamado Sir2. Como sabe, un enzima es una proteína que acelera una determinada reacción química en el interior celular. El enzima Sir2 acelera una reacción química que influye en la actividad de varias proteínas moduladoras del funcionamiento de muchos genes, lo que les modifica su actividad y resulta en un aumento de la longevidad.

Los investigadores descubrieron también que para que Sir2 aumente la longevidad es necesario que se encuentre presente otra molécula particular, llamada NAD, que interviene en el metabolismo de los alimentos. Esta molécula puede encontrarse en dos estados, oxidada o no oxidada, y parece ser que es la molécula oxidada la que aumenta la actividad del enzima. Aparentemente, una dieta baja en calorías afecta al metabolismo, lo que resulta en una acumulación de moléculas NAD oxidadas y, en consecuencia, en un aumento del funcionamiento de Sir2.

Conociendo ahora que Sir2 es un enzima importante para aumentar la longevidad, y que la molécula NAD está implicada también en este efecto, los investigadores se propusieron entonces encontrar alguna molécula que pudiera aumentar el funcionamiento del enzima Sir2, lo que podría aumentar la longevidad sin tener que comer menos. Tras una búsqueda intensa, encontraron que la molécula resveratrol aumentaba el funcionamiento de Sir2 y aumentaba también la longevidad de levaduras y gusanos de laboratorio.

El resveratrol es una sustancia que se encuentra en el vino de todas clases, aunque en mayor cantidad en el vino tinto, y que ejerce efectos beneficiosos para la salud, ya que se ha visto que puede proteger contra el cáncer y la aterosclerosis. Las levaduras crecidas en presencia de resveratrol pueden vivir hasta un 70% más que las que se hacen crecer en ausencia de esa sustancia. Así, parece que el resveratrol es un buen candidato para fabricar píldoras de la juventud con él.

¿Y la especie humana? ¿Somos como una levadura y podemos vivir más si tenemos más enzima Sir2 funcionando? Bueno, las cosas con nuestra especie son más complicadas, ya que no solo tenemos un gen, sino siete diferentes para producir enzimas similares a Sir2. Estos genes se llaman Sirt (de 1 a 7), y estudios genéticos en nuestra especie indican que el gen Sirt3 afecta la longevidad de los humanos. Así que la respuesta es que, en efecto, podemos vivir más si tenemos más enzimas Sirt funcionando, al menos la Sirt3.

Estos conocimientos han espoleado la investigación sobre los efectos del resveratrol, y se ha comprobado que esta sustancia disminuye los daños causados por dietas excesivamente grasas. Sin embargo, haría falta beber mucho, pero mucho vino, para ingerir el resveratrol que nos protegiera suficientemente de las malas dietas. Y beber demasiado vino no es aconsejable.

Por esta razón, se ha investigado sobre la búsqueda de moléculas que estimulen el funcionamiento de los enzimas Sirt en menor dosis que lo hace el resveratrol. Se ha encontrado una sustancia muy prometedora, unas mil veces más potente que el resveratrol y que estimula el efecto del enzima Sirt1. Esta sustancia, llamada SRT1720, se ha probado en ratones y ratas de laboratorio. Los primeros datos indican, sorprendentemente, que posee potentes efectos... ¡antidiabéticos!

Esta sustancia prolongó la supervivencia de ratones de laboratorio alimentados con una insana dieta rica en grasas. Además, SRT1720 mejoró la sensibilidad a la insulina y disminuyó la concentración de glucosa en el plasma de estos animales, dos factores problemáticos en la llamada diabetes de tipo 2, la más común de las diabetes y la más asociada a factores de riesgo, como la obesidad.

Por otra parte, en una estirpe de ratas genéticamente obesas y diabéticas muy utilizada en investigación (las ratas llamadas Zucker fa/fa), SRT1720 ha mostrado también su potencial utilidad terapéutica. Estas ratas son obesas, diabéticas, y contienen altos niveles de lípidos y colesterol en el plasma. Pues bien, el tratamiento con SRT1720 mejoró sustancialmente sus niveles de glucosa y la sensibilidad a la insulina, lo que indica que SRT1720 no solo puede proteger de la diabetes inducida por la dieta, sino también de la causada por problemas genéticos.

Ante la importancia de estos resultados en animales, se van a comenzar ensayos clínicos con SRT1720 en pacientes diabéticos ya en el año 2008. De demostrarse su utilidad terapéutica, así como que es seguro su uso en pacientes, es posible que en unos cortos años dispongamos de uno o varios nuevos fármacos en el mercado que, además de permitir tratar la diabetes, permitirán también alargar la cantidad y la calidad de nuestras vidas. Un beneficio que solo la investigación científica, desde lo molecular a lo humano, puede conseguir.

3 de diciembre de 2007

PERSONALIDADES POLÍTICAS

¿DE DÓNDE SURGEN las ideas políticas? ¿Por qué son dispares? ¿Por qué no estamos todos los seres humanos más de acuerdo en el tipo de sociedad que deseamos para nosotros y las generaciones futuras?

Durante la educación que recibí en mi adolescencia, se me dio a entender, o al menos así lo entendí yo, que las ideas políticas surgen tras un análisis de la realidad, del empleo de la lógica y la mente analítica, y de la extracción de conclusiones sobre esa realidad que pueden permitir mejorarla. Ese era el objetivo de la política: mejorar la realidad social.

No obstante, ¿son las ideas políticas el resultado de un análisis intelectual y racional de la realidad? Si es así, ¿cómo es posible que prácticamente la mitad de España, y la mitad del mundo, se encuentren en el error político? Así que quizá existan otras razones que las meramente lógicas para sustentar las ideas políticas de cada cual.

Para estudiar estos aspectos de la naturaleza humana, cómo no, también se emplea el método científico. Y uno de los aspectos que ha sido científicamente estudiado es el de las diferencias en rasgos de personalidad entre conservadores y progresistas, derecha e izquierda políticas. En docenas de estos estudios, realizados en el mundo anglosajón, los conservadores han demostrado ser más estructurados y persistentes en sus ideas y estrategias de decisión. Los progresistas, por el contrario, han demostrado mayor tolerancia a la ambigüedad y a la complejidad, y ser más abiertos a nuevas experiencias.

Uno podría pensar que estos resultados no ofrecen nada realmente nuevo. Todos sabemos que progresistas y conservadores poseen, en general, personalidades diferentes. Sin embargo, la cuestión importante que debe responderse es: ¿cuál es el origen de esas diferencias? Podríamos pensar que la educación ejerce una influencia determinante. Sin embargo, varios estudios han demostrado que las diferencias en rasgos de personalidad entre progresistas y conservadores son heredables (por ejemplo, un hijo de padres progresistas adoptado y educado por una familia conservadora es más abierto a nuevas experiencias que sus padres adoptivos). Además, estos rasgos de personalidad son ya evidentes en la infancia temprana, aquella época feliz exenta de política, y se mantienen bastante estables a lo largo de la vida, lo que sugiere que no son blanco fácil de influencias ambientales, educativas, o ideológicas.

Por otra parte, otros estudios indican que las diferencias entre liberales y conservadores no se distribuyen en un amplio rango de rasgos de personalidad, sino que se concentran en unos pocos y, en particular, en el proceso de detección y solución de conflictos internos. Este proceso mental es un mecanismo que nos permite detectar cuándo nuestra conducta habitual no es adecuada para responder a las nuevas circunstancias del entorno, es decir, nos permite detectar cuándo debemos modificar nuestro comportamiento ante un cambio de situación.

Se ha descubierto que este mecanismo de resolución de conflictos depende sobre todo de la actividad de una zona cerebral, la llamada córtex del cíngulo anterior, una región situada en la parte central inferior de nuestros cerebros. Con estos conocimientos previos, investigadores de las Universidades de Nueva York y California decidieron estudiar si las tendencias políticas estaban asociadas a una mayor o menor actividad de esta región cerebral en respuesta a tareas en las que era necesario un cambio de nuestra respuesta habitual.

Para ello, reclutaron a 43 personas y les solicitaron que se definieran en una escala de -5 (extremadamente progresista) a +5 (extremadamente conservador). Entonces registraron sus encefalogramas mientras realizaban una tarea conflictiva simple. Esta tarea, que podemos definir como una tarea de sí/no, consistía en pulsar lo más rápidamente posible un botón cada vez que aparecía la letra "M" en la pantalla de un ordenador, pero abstenerse de pulsarlo cuando aparecía la letra "W".

Los sujetos eran primero habituados a presionar rápidamente el botón, presentándoles una larga serie de letras "M". Cuando ya se habían confiado en que todas las letras de la prueba iban a ser "M", ¡zas!, aparecía una "W". Si la persona no estaba lo suficientemente atenta, pulsaba el botón de nuevo, cuando esta vez no tenía que hacerlo. Los aciertos y equivocaciones se reflejaban en cambios en los encefalogramas, cambios que eran de diferente intensidad según las personas y según se equivocaran o no.

Los progresistas resultaron más eficaces en abstenerse de pulsar el botón cuando aparecía la "W" y su córtex del cíngulo anterior fue también más activo que el de los conservadores. Los progresistas se equivocaron el 34% de las veces, mientras que los conservadores lo hicieron el 44%, lo cual es significativo y sugiere que los conservadores tienen más dificultades en adaptarse a cambios rápidos (y por eso pueden ser, precisamente, conservadores).

Por otra parte, los resultados de los encefalogramas indicaron que los progresistas eran más sensibles al conflicto que los conservadores, es decir, era como si su sentido del conflicto y de la necesidad de resolverlo estuviera más desarrollado. Para entenderlo mejor, podemos compararlo al sentido musical que todos tenemos, pero que permite a quienes lo tienen más desarrollado distinguir un tono musical de otro con mayor facilidad.

La importancia de estos estudios, según su director, el Dr. Amodio, publicados en la revista *Nature Neuroscience*, radica en que diferencias básicas en la regulación de nuestro comportamiento, que dependen de diferencias en regiones cerebrales concretas, probablemente de causa genética, pueden ejercer una influencia importante sobre el tipo de ideas políticas que encontramos atractivas.

Otros estudios indican, además, que las emociones también ejercen una influencia muy importante en nuestras tendencias políticas. Se ha comprobado que entre los factores que condicionan más nuestro voto se encuentran, en primer lugar, nuestros sentimientos sobre un partido político en particular, y después sobre el candidato a la presidencia, sobre sus atributos personales, su competencia y preparación, y finalmente nuestros sentimientos sobre las posiciones del candidato sobre temas políticos particulares. En otras palabras, las ideas políticas concretas parecen ocupar la posición menos importante en nuestra tendencia al voto.

Así pues, parece que nuestras posiciones políticas, cualesquiera que estas sean, no son tan racionales como podríamos suponer, y dependen de nuestros rasgos de personalidad, del funcionamiento de determinados mecanismos cerebrales y de nuestras emociones. Quizás por eso sea tan difícil conseguir cambiar a alguien sus ideas políticas. Y es que fundamentalmente, y en primer lugar, se encuentra la personalidad de cada uno, y luego vienen las ideas que se adaptan mejor a ella. Como cambiar la personalidad es prácticamente imposible, así también resulta cambiar las ideas. Esto explica, quizás, la futilidad de algunos debates políticos, que no conducen a parte alguna, sino a la mayor crispación.

Estos conocimientos abren la esperanza de que quizá entender mejor nuestra propia naturaleza y por qué nos apegamos a nuestras ideas nos permita desarrollar una política más comprensiva y más universal, en la que, no ya las ideas, sino las personalidades de todos se vean representadas y respetadas. Sin embargo, creo que ese mundo está aún lejos. Mi esperanza es que la ciencia nos ayude también a conseguirlo un día.

10 de diciembre de 2007

IMPACTANTE DESCUBRIMIENTO

GRACIAS, ENTRE OTRAS, a películas americanas como Parque Jurásico y sus secuelas, todos hemos acabado por conocer que la clonación es posible, que la evolución es inevitable, y que en el pasado sucedieron colisiones catastróficas que, menos mal, acabaron con los dinosaurios. Sin embargo, la de los dinosaurios no fue la única extinción importante que ha sucedido en nuestro vivo planeta. Desde el origen de la vida hasta nuestros días han sucedido diez extinciones de importancia, alguna de las cuales, como la sucedida hace unos doscientos cincuenta millones de años, y que dio fin al periodo Pérmico, acabó con la existencia de nada menos que el 95% de las especies marinas y el 70% de las terrestres de aquel entonces.

La causa de esta enorme extinción sigue siendo desconocida, pero puesto que los dinosaurios se extinguieron debido al impacto de un meteorito con la Tierra, entre las hipótesis que se han considerado como una posible explicación se encuentra la de la colisión de un meteorito todavía mayor que el que acabó con los mayores reptiles que jamás vivieron sobre la superficie de nuestro planeta. En efecto, en el año 2006 un grupo de investigadores estadounidenses descubrió la existencia de un enorme cráter, de unos quinientos kilómetros de diámetro, en el continente antártico. Sin embargo, puesto que el cráter se encuentra bajo la capa de hielo de más de un kilómetro y medio de espesor que cubre la superficie de esa parte de la Antártida, no se ha podido determinar aún la época precisa en la que se produjo la colisión que lo causó. Así que la causa de esa enorme extinción sucedida hace doscientos cincuenta mil milenios todavía no está firmemente establecida. La colisión de un meteorito con la Tierra siempre es considerada como una posible causa de extinciones puntuales y menos importantes que la descrita antes.

La colisión de un meteorito se considera también la causa probable de la extinción de pueblos prehistóricos, como los clovis. El pueblo clovis, llamado así porque sus primeros restos se descubrieron cerca de la ciudad de Clovis, en Nuevo México, EE.UU., habitó sobre la mayor parte de lo que hoy son los Estados Unidos hasta hace unos 13.000 años, época en la que desapareció bruscamente. Si el impacto de un meteorito en un determinado lugar del planeta es siempre una hipótesis socorrida para explicar estas extinciones repentinas, se hace científicamente necesario encontrar alguna evidencia que la pruebe, o al menos añada algo en su favor.

MAMUTS REVELADORES

Esto es lo que intentaba conseguir el geofísico Allen West, quien tuvo la más extraña de las ideas mientras recordaba su visita a una exposición de gemas y minerales en Tucson, Arizona. A este científico se le ocurrió que si un meteorito entra en colisión con la Tierra, en su travesía de la atmósfera perderá pequeñas partículas que causarán una lluvia de micrometeoritos. El impacto de estos micrometeoritos, pensó Mr. West, quizá hubiera podido dejar huellas nada menos que en los colmillos de los mamuts, o en las cuernas de los ciervos de la época. El examen de fósiles de estos animales podría desvelar si un meteorito colisionó con nuestro planeta en los años en los que los Clovis se extinguieron. Así que en lugar de visitar exposiciones de gemas, Mr. West se fue a visitar exposiciones de fósiles de colmillos de mamuts, en algunas de las cuales los coleccionistas pueden incluso comprar algunos ejemplares. Mr. West se dedicó a examinar pacientemente los colmillos de mamuts en las exposiciones y tras horas de paciente búsqueda, encontró lo que parecía ser un agujero con los bordes quemados. Esta característica sería de esperar si el agujero hubiera causado por un objeto ardiente, como lo son los micrometeoritos que puedan llegar a la superficie de la Tierra tras su intenso rozamiento con la atmósfera, que los calienta a varios cientos, o incluso a miles de grados centígrados. ¿Cómo averiguar si ese agujero quemado había sido provocado por el improbable impacto de un micrometeorito ardiente sobre el colmillo de mamut?

MAGNÉTICA IDEA

Afortunadamente, Mr. West tuvo otra genial idea: pasar un pequeño imán sobre la superficie del colmillo, justo por encima del agujero. Muchos meteoritos, y sobre todo los que llegan a la superficie de la Tierra sin desintegrarse completamente en la atmósfera, poseen un elevado porcentaje de hierro, por lo que un imán se verá atraído por ellos. Fue lo que sucedió con el agujero del colmillo. Algo muy rico en hierro debía haberlo formado. Algo que quizá acabó de desintegrarse al colisionar con el duro colmillo, pero que dejó suficiente restos de hierro como para atraer un imán. Mr. West se puso entonces en contacto con la compañía comercial canadiense que distribuía fósiles de mamuts para su venta a coleccionistas. Tras examinar cerca de quince mil colmillos de mamuts, encontró varios con agujeros similares al encontrado antes. Curiosamente, esos agujeros siempre se encontraban en la parte del colmillo que se enfrentaba al cielo, y nunca en la parte del colmillo que se dirigía hacia el suelo, una indicación más de que el origen de esos agujeros debía ser algo procedente de arriba. Mr. West compró varios de estos colmillos y se puso en contacto con otros científicos para que realizaran los análisis encaminados a determinar la edad de dichos fósiles. Conocer dicha edad podría esclarecer si los agujeros causados por los micrometeoritos se habían producido en la misma época en la que había sucedido la desaparición de los clovis. En este caso, no hubo suerte, ya que la edad de esos colmillos y, por tanto, de sus agujeros, era anterior a ella en miles de años. Así pues, seguimos sin conocer la causa de la desaparición de ese primitivo pueblo. Sin embargo, este descubrimiento extraordinario, que pocos creían fuera posible, nos permite saber que se produjo una colisión de un meteorito con nuestro planeta hace de 30.000 a 34.000 años, la edad aproximada de esos colmillos. Casualmente, los científicos ya sabían que para aquella época se registró una disminución de las poblaciones de grandes mamíferos, incluidos el bisonte, el caballo y el propio mamut. Es posible, pues, que la disminución en las poblaciones de estas especies sea debida al impacto meteórico desvelado por los agujeros presentes en los colmillos fósiles de mamuts. La ciencia no dejará nunca de sorprender ni de estimular la imaginación humana.

17 de diciembre de 2007

DIETA ANTIDIABÉTICA

MIS LECTORES Y lectoras asiduos sin duda conocen que existen principalmente dos tipos de diabetes: la de tipo 1 y la de tipo 2. También saben que la diabetes de tipo 1 se caracteriza por la imposibilidad del páncreas para producir la hormona insulina, cuya acción es indispensable para que las células de nuestros órganos, particularmente el hígado y el músculo, puedan incorporar glucosa desde la sangre y utilizarla así para la generación de energía. Incluso podrán recordar que la diabetes de tipo 1 se produce por un ataque indebido de nuestro sistema inmune a las células del páncreas productoras de insulina. Las células del sistema inmune de algunas personas identifican a esas células como extrañas, y las eliminan. Curiosamente, esto solo sucede en ciertas personas, y solo con las células productoras de insulina y no con otras células del páncreas. El resultado es que las únicas células de nuestro cuerpo capaces de producir insulina son eliminadas y no podemos continuar fabricando esta hormona esencial.

Ante este panorama, los científicos se han preguntado cuál es la causa de que unas personas desarrollen la diabetes de tipo 1 y otras, no. La respuesta no se conoce aún en sus últimos detalles, pero sí se conoce lo suficiente como para poder decir que determinados genes del sistema inmune participan en el desarrollo de esta enfermedad.

En particular, se conoce que determinadas variantes de los genes que permiten discriminar entre lo propio y lo extraño influyen en el desarrollo de la diabetes. Estos genes son también los responsables del rechazo a los trasplantes de órganos. En este caso, los genes funcionan normalmente, ya que reconocen como extraño a un órgano que realmente lo es y que nos han implantado artificialmente. La cuestión es por qué en algunas ocasiones esos genes reconocen como extrañas a nuestras propias células.

Afortunadamente, los avances que se producen en un campo de la Medicina pueden ser útiles en otro. Las investigaciones que se han llevado a cabo para comprender el mecanismo de rechazo a los trasplantes, y cómo impedirlo para que un determinado trasplante sea tolerado, pueden ser también útiles para ayudar a las personas susceptibles de desarrollar diabetes de tipo 1 a que toleren a sus propias células pancreáticas y no las eliminen.

Uno de los descubrimientos más curiosos efectuados sobre el funcionamiento del sistema inmune es que este puede literalmente aprender a tolerar las sustancias extrañas que entran en nuestro organismo por la boca, en particular los alimentos. Esto, que parece algo banal, en realidad no lo es. Al comernos, por ejemplo, un buen filete de ternera, desde luego estamos introduciendo entre pecho y espalda un montón de células y proteínas extrañas. Lo mismo sucede con un filete de cerdo, con el pescado, con las frutas e incluso con las verduras, los cereales… con todo lo que no sea humano, e incluso si lo fuera, también podría ser rechazado como extraño, pero no lo es.

En el laboratorio, podemos conseguir que los ratones se conviertan en tolerantes a determinadas proteínas extrañas jamás antes encontradas. Si a ratones de laboratorio les inyectamos una "vacuna" de ovoalbúmina, la proteína más abundante de la clara de huevo, los ratones activan su sistema inmune para eliminar o neutralizar a esta proteína extraña. De hecho, nuestro sistema inmune reacciona de manera muy similar al de los ratones cuando nos inyectan vacunas reales para diferentes enfermedades infecciosas, las cuales contienen proteínas de microorganismos extraños, nunca antes encontradas por nosotros, y que en este caso van a protegernos de una posible infección.

Sin embargo, la activación del sistema inmune de los ratones ante la inyección de ovoalbúmina puede inhibirse por completo si antes de inyectarles esta proteína se la damos a comer. Al entrar la proteína extraña por vía oral, el sistema inmune "aprende" que no debe reaccionar contra ella, ya que se trata de un alimento. De hecho, ratones a los que se ha dado a comer ovoalbúmina no reaccionan contra ella al inyectársela como si se tratara de una vacuna.

Este conocimiento puede ahora utilizarse para intentar evitar el desarrollo de la diabetes en personas con riesgo de que esto suceda. ¿Cómo? Evidentemente dándoles de comer la sustancia que sus sistemas inmunes reconozcan como extraña en las células del páncreas. Algunas investigaciones indican que esta sustancia es, precisamente, la propia insulina. Comer insulina, por tanto, podría proteger de la diabetes a quienes todavía su sistema inmune no haya destruido sus células pancreáticas, pero estén quizá a punto de hacerlo.

¿Cómo identificamos las personas que puedan tener riesgo de desarrollar la diabetes de tipo 1? Pues muy fácilmente. Estas son familiares sanos de quienes, para su desgracia, han desarrollado la enfermedad. Por ejemplo, el hermano sano de un diabético, o el hijo sano de un padre o madre diabéticos. Ya hemos dicho antes que la susceptibilidad de desarrollar diabetes es en parte debida a los genes que heredamos, y padres y hermanos comparten gran parte de los mismos. Por esta razón, el hermano o el hijo de un diabético de tipo 1 tiene muchas más probabilidades de desarrollar diabetes que una persona que no sufre la desgracia de tener un familiar diabético.

Con la idea, por tanto, de convertir en tolerantes a la insulina a personas que podrían reaccionar contra ella y matar a las células que la producen, se está efectuando un ensayo clínico en hospitales de varios países del mundo. En él se pretende comparar la probabilidad de desarrollar diabetes en familiares de diabéticos de tipo 1, a quienes se les hace tomar una píldora con insulina, o bien un placebo, es decir, la misma píldora, pero sin insulina. De esta manera podremos comprobar si la ingesta oral de insulina posee o no un efecto protector sobre el desarrollo de la diabetes. Por otra parte, quizá no sea solo la insulina la proteína reconocida como extraña por el sistema inmune en todos los casos. Investigaciones futuras podrán decirnos también si, además de insulina, no hay que dar a comer alguna otra proteína del páncreas para evitar el desarrollo de la diabetes.

Tendremos que esperar unos años para analizar los resultados, pero de tener algún éxito, una estrategia tan simple como esta podría impedir quizá que miles de personas se conviertan en diabéticos, con el consiguiente incremento de su salud y calidad de vida y el consiguiente ahorro para los sistemas de salud de nuestras hiperglucémicas sociedades.

24 de diciembre de 2007

INVESTIGACIONES MONOCÍCLICAS DE LA NATURALEZA HUMANA

MANTENGO QUE SER científico no es solo una profesión, sino un modo de vida. Uno puede ser científico incluso si jamás ha investigado y, desgraciadamente, puede no serlo incluso si es un científico profesional. Esto quizá sea difícil de comprender, pero es que para ser un verdadero científico hay que mantenerse coherente con los principios de la ciencia y aplicarlos a todas las facetas de la vida, lo que algunos científicos no hacen, o no se atreven a hacer.

Me he encontrado con un ejemplo de lo que digo que voy a relatarle. Se trata de la extraordinaria investigación llevada a cabo por un dermatólogo británico retirado, el Dr. Sam Shuster (no creo que sea familia del actual entrenador del Real Madrid, quien tiene poco de científico a juzgar por las declaraciones que en ocasiones realiza).

Tras su jubilación, el Dr. Shuster decidió dedicar su tiempo a actividades que su exigente profesión le había impedido practicar. Una de las más apasionantes para él era montar en monociclo, lo que de joven no había podido conseguir debido a sus obligaciones. A pesar de su edad, y de su mujer, el Dr. Shuster decidió comprarse un monociclo, y aprender a montarlo. Con salud, nunca es tarde para casi nada.

Tras meses de entrenamiento en su casa, que condujeron a un aceptable dominio de la técnica monocíclica, el buen doctor decidió salir un día a dar un paseo por su barrio. Más adelante, incluso se atrevió a recorrer los caminos y las carreteras locales cercanas a su domicilio y otros barrios residenciales donde no era conocido.

Como pueden imaginarse, es difícil no notar la presencia de un jubilado montado en monociclo cuando pasa a nuestro lado. La circunstancia resulta fuera de lo común, y ante este tipo de circunstancias, la reacción resulta más espontánea de lo normal, hasta para un británico.

Conforme el Dr. Shuster se iba encontrando más y más personas en sus paseos sobre el monociclo, se dio cuenta que las reacciones ante su encuentro eran relativamente predecibles, y que no solía ser la misma la reacción de un niño, de un muchacho adolescente, de un hombre o de una mujer. El Dr. Shuster, fiel a su personalidad científica, decidió estudiar de manera sistemática si las diferentes reacciones eran, en verdad, predecibles y clasificables en categorías y si esto no revelaría algún tipo de fenómeno subyacente de la naturaleza humana.

Para evitar estímulos extraños que podrían falsear la reacción natural ante la visión de un hombre maduro conduciendo un monociclo, el Dr. Shuster decidió salir vistiendo siempre la misma gabardina gris, mostrar siempre la misma expresión neutral en su rostro, y rodar en su monociclo de forma monótona y en trayectoria recta, sin demostración habilidosa alguna para entretener o atraer la atención en exceso. Por cerca de un año y durante miles de kilómetros en monociclo, el Dr. Shuster tomó notas de las reacciones de las personas con las que se iba encontrando, así como de su edad, clase social aparente, habla y comportamiento. Anotó estos detalles para más de cuatrocientas personas.

El Dr. Shuster pronto se dio cuenta de que las reacciones de la gente con que se encontraba caían dentro de determinadas categorías de acuerdo a la edad y al sexo. Solo menos del 5% de las personas con las que se encontró no mostraron reacción alguna ante su encuentro. Sin embargo, más del 95% de las personas que lo vieron mostraron una reacción física, es decir, un movimiento, una larga mirada, un saludo, una sonrisa...

Además, más del 50% de las personas reaccionaron también verbalmente, sobre todo los hombres. En este caso, las diferencias en la manifestación verbal realizada por hombres y mujeres fueron muy sustanciales. Alrededor del 95% de las respuestas verbales realizadas por las mujeres transmitían ánimo, admiración o preocupación por la integridad física del monociclista. En cambio, solo el 25% de los hombres manifestaron similares emociones, mientras que el 75% de los comentarios masculinos fueron de tipo humorístico, con intención de despreciar o ridiculizar lo que veían.

Entre este último tipo de comentarios, también fue sorprendente su naturaleza repetitiva. Aunque la mayoría de los hombres pensaban ser originales en sus chistes, no lo eran. Casi el 66% de las respuestas "cómicas" hicieron mención a la pérdida o robo de una rueda o del manillar de su bicicleta, que ahora había quedado en un estado patético, a la vez que cómico. Menos del 25% hicieron comentarios algo más originales, aunque también mostraron un estilo repetitivo. Resultaba obvio que muchos hombres se esforzaban en idear un comentario de este tipo nada más ver en la distancia al Dr. Shuster aproximándose en su monociclo, para tenerlo listo cuando este pasara a su lado. En algunos casos, los comentarios masculinos mostraban hostilidad o envidia, como "yo lo podría hacer mejor". Esta actitud contrastó con la espontaneidad de los comentarios, sobre todo realizados por mujeres, en los que se mostraba admiración, o preocupación por la integridad física.

También fue interesante la evolución de las respuestas con la edad. Los niños pequeños mostraban curiosidad, pero a partir de los once años se observaron ya respuestas agresivas en muchachos. Algunos intentaron hacer caer al Dr. Shuster incluso empujándole. Los adolescentes de más edad, a pie, se mostraron menos agresivos físicamente, aunque sus comentarios para ridiculizar fueron de una gran acidez. Finalmente esto evolucionó a la respuesta masculina adulta, a base de chistes malos.

Los más agresivos fueron, no obstante, los adolescentes varones conduciendo viejos coches heredados de sus padres. Estos bajaban la ventanilla y gritaban para asustar al Dr. Shuster, haciendo grandes aspavientos y tocando agresivamente la bocina. Fue evidente el contraste con la respuesta de las adolescentes de edad similar, quienes mostraron indiferencia o respondieron con una tímida sonrisa.

Ya ve usted, sin financiación pública, con solo un monociclo como todo equipamiento de "laboratorio", y durante su jubilación, el Dr. Shuster ha sido capaz de realizar un interesante estudio sobre la naturaleza humana, publicado en la prestigiosa revista *British Medical Journal*. Lo que le decía, ser científico es una actitud ante la vida.

Saque usted sus propias conclusiones, pero, en mi opinión, aunque faltaría por estudiar las respuestas dadas a una mujer en monociclo, madura o joven, las conclusiones no son muy halagüeñas para el sexo masculino. La naturaleza más agresiva de los hombres, manifestada de nuevo aquí, y resultado de millones de años de evolución de nuestra especie, resulta hoy inadecuada en nuestras civilizadas sociedades. Una naturaleza que tenemos que comprender, pero sobre todo, aprender a dominar.

31 de diciembre de 2007

EL AVANCE CIENTÍFICO MÁS SIGNIFICATIVO DE 2007

EN ESTA ÉPOCA del año, las revistas científicas más importantes se esfuerzan en identificar lo que, a su juicio, ha supuesto el avance científico más relevante de los últimos 365 días. La revista estadounidense *Science*, por ejemplo, identifica como avance más importante del año el sustancial progreso realizado en 2007 sobre las diferencias genómicas que convierten a cada uno de nosotros en individuos únicos.

Tras la secuenciación del genoma humano, al principio de esta década, poco se podía decir sobre los genes que están implicados en la herencia de determinadas características, sean estas el color del pelo o de los ojos, la propensión a ser pecoso, o el riesgo de contraer determinadas enfermedades. Con la perspicacia que les caracteriza, los científicos pronto se dieron cuenta de que para averiguar qué genes están involucrados en una determinada tendencia o propensión, era necesario no estudiar solo un genoma humano por separado, sino estudiar las diferencias entre los genomas de varias personas.

Era también evidente que, para ello, se hacía necesario la secuenciación y posterior análisis de las diferencias de los genomas de, al menos, varios cientos de personas. Solo así podríamos estar seguros de que determinadas diferencias en genes precisos estaban implicadas en la herencia de rasgos concretos.

Uno de estos proyectos, iniciado solo hace dos años, y que explicaba también en esta página, se denomina el proyecto HapMap. Este proyecto pretendía conseguir un mapa de las regiones del genoma humano que difieren entre las personas de la misma raza o de razas diferentes. Igualmente el proyecto pretende también identificar aquellas regiones del genoma que no difieren entre las personas, y que se han conservado perfectamente inmutadas a lo largo de nuestra evolución.

De ambos tipos de regiones genómicas puede extraerse información valiosa. Por ejemplo, una región genómica que no difiera entre personas de distintas poblaciones del mundo, en primer lugar, no estará asociada a las diferencias que pueden observarse entre esas poblaciones, relativas al color de pelo, altura, color de la piel, etc. En segundo lugar, esa región genómica tampoco estará involucrada en la propensión a determinadas enfermedades genéticas que presentan distintas poblaciones o personas. En tercer lugar, esa región podrá tal vez ejercer influencia sobre lo que nos hace humanos, genéticamente hablando, ya que es idéntica en todos nosotros.

Se estima que de las más de tres mil millones de letras de nuestro genoma, los seres humanos solo mostramos diferencias en unos quince millones. En junio del año pasado se habían identificado tres millones de esas diferencias, es decir, más de cien mil diferencias identificadas y catalogadas cada mes desde que se inició este proyecto internacional.

Sin embargo, desde el punto de vista práctico y médico, las diferencias más interesantes son aquellas que podamos identificar como asociadas a la tendencia a desarrollar una determinada enfermedad. El catálogo HapMap de las diferencias genómicas humanas, aunque todavía parcial, ha sido de gran ayuda para el desarrollo de estudios encaminados a este fin, llamados de asociación genómica completa. ¿Qué son estos estudios? Simplemente, estudios enfocados a identificar diferencias en los genomas completos de personas sanas y de personas aquejadas de una determinada enfermedad de la que se sospecha su origen genético. Se supone que estas diferencias podrán ser en parte la causa de la enfermedad.

En el año 2007 se ha producido una verdadera explosión científica de estos estudios, con más de doce publicados, es decir, uno por mes. Considerando que se analizan las diferencias en cerca de tres mil millones de letras, no está nada mal. Y es que la tecnología actual permite explorar las diferencias en más de quinientas mil letras del genoma de un golpe, y esto para cientos, o incluso miles de personas sanas o enfermas. Los números son astronómicos y marean hasta a los mismos científicos. Yo mismo estoy ahora mismo algo mareado.

La determinación del número de diferencias asociadas a una enfermedad concreta, por ejemplo la diabetes, permite identificar cuáles de esas diferencias son más importantes en la susceptibilidad a desarrollarla. El año 2007, los científicos identificaron más de cincuenta variantes génicas asociadas con un mayor o menor aumento del riesgo a contraer una docena de enfermedades, entre las que se encuentran la artritis reumatoide, que ataca a las articulaciones, la enfermedad de Crohn (una enfermedad inflamatoria del intestino), el desorden bipolar, o maniaco-depresivo, la diabetes de tipo 1, la enfermedad de las arterias coronarias del corazón, cáncer de mama, cáncer de colon, síndrome de las piernas inquietas, fibrilación atrial, glaucoma, esclerosis lateral amiotrófica, esclerosis múltiple y algunas enfermedades autoinmunes. Un estudio identificó incluso dos genes de los cuales variantes particulares ralentizaban el desarrollo del SIDA, lo que demuestra el potencial de estos estudios para comprender por qué diferentes personas son diferentemente susceptibles a determinadas enfermedades. Y esto es solo el principio.

Además de las diferencias puntuales en letras determinadas del genoma, los investigadores también están revelando que los genomas entre las personas pueden diferir también de otras maneras como, por ejemplo, la duplicación de una serie de letras, o de un gen o, al contrario, la pérdida de fragmentos de genoma. En un estudio, los investigadores descubrieron tres mil seiscientas regiones con variantes de copia, es decir con copias por exceso o por defecto, en noventa y cinco individuos estudiados.

Estos avances prometen mejorar la comprensión de la causa de enfermedades tan importantes como las mencionadas arriba, al mismo tiempo que abren la puerta a nuevas investigaciones para mejorar su tratamiento, mediante el desarrollo de fármacos que puedan facilitar el funcionamiento de los genes afectados, ahora por fin conocidos gracias a estos estudios. No obstante, abren también inquietantes posibilidades. En el futuro, el conocimiento de nuestras susceptibilidades particulares a determinadas enfermedades, desde nuestro nacimiento, puede acarrear sentimientos de ansiedad o inseguridad desagradables. Además, esta información podría utilizarse en nuestra contra y amenazar nuestra intimidad. Por último, se incrementarán las presiones para seleccionar embriones que estén lo más exentos posible de variantes génicas potencialmente perjudiciales. ¡Quién sabe lo que de aquí a quinientos años, bueno o malo, deparará a la Humanidad todo este conocimiento y tecnología!

7 de enero de 2008

NUEVOS GENES CONTRA EL SIDA

A PESAR DE todos los avances de la ciencia y de la biomedicina, la mayoría de las enfermedades causadas por virus siguen sin curarse y las que se curan, lo hacen solas. La gripe, por ejemplo, que sigue haciendo de las suyas entre nosotros, bien lo sé yo este invierno, se cura sola, y si no se cura, mata al desafortunado cuyo sistema inmune no pueda controlarla adecuadamente. Excepto medicamentos paliativos de los síntomas, no contamos con fármacos baratos y eficaces que permitan controlar esta enfermedad fácilmente.

No obstante, la gripe, incluso con la amenaza de la gripe aviar, no es una enfermedad demasiado peligrosa, ya que la mayoría de los afectados la superan sin problemas. Además, contamos con vacunas protectoras para la misma, aunque deban ser preparadas cada temporada para hacer frente a la cepa de virus de cada año. Harina de otro costal es, por ejemplo, el SIDA, una enfermedad mortal si no se trata, a la que se han dedicado mucho más recursos y esfuerzos que a la gripe, a pesar de lo cual sigue sin poder ser curada, y sin contar con una vacuna protectora.

No obstante, se han conseguido importantes avances contra esta enfermedad. De hecho, gracias al desarrollo de nuevos fármacos, ha pasado de ser una enfermedad casi invariablemente mortal a ser una enfermedad crónica, aunque siga siendo incurable. Por supuesto, estos fármacos se han podido conseguir gracias a los avances sobre el conocimiento del funcionamiento del virus, en suma, de la maquinaria de reproducción vírica, conocimiento que permite actuar contra ella.

Recordemos que el virus del SIDA infecta principalmente a los denominados linfocitos T CD4, unas células del sistema inmune absolutamente necesarias para que dicho sistema funcione y nos defienda de las infecciones. Desgraciadamente, al reproducirse en el interior de estos linfocitos, el virus los destruye o los marca para su destrucción por otras células del sistema inmune. Cuando la mayoría de ellos ha muerto, el sistema inmune deja de funcionar y el paciente se convierte en presa fácil de microorganismos y es susceptible de desarrollar algunos cánceres. Es esto lo que termina por matar al enfermo, y no el virus propiamente dicho.

Para reproducirse, el virus necesita de todos sus genes, con los que fabrica tan solo quince proteínas diferentes. Algunos de ellos son particularmente importantes para su reproducción. Es el caso del gen llamado "transcriptasa inversa", necesario para que la información genética del virus pueda expresarse y ponga en marcha la maquinaria reproductiva dentro de la célula. Es igualmente el caso del gen de la "proteasa", un enzima necesario para cortar, en sitios muy precisos, las proteínas víricas producidas por la célula infectada, que sin ser cortadas no pueden participar en la reproducción del virus.

Son, precisamente, fármacos inhibidores de la actividad de la transcriptasa inversa y de la proteasa los que han resultado eficaces, de momento, para tratar el SIDA. El tratamiento con estos fármacos ralentiza, aunque no impide por completo la reproducción del virus y alarga, por tanto, el proceso de la enfermedad. Sin embargo, el virus, en su rápida reproducción, acaba por generar mutantes resistentes a la acción de estos fármacos, por lo que la enfermedad no se cura con estos tratamientos.

Sin embargo, los genes del virus no son suficientes para garantizar su reproducción en el interior de los linfocitos T CD4. El virus necesita también de la ayuda de genes humanos, de genes del propio linfocito. ¿Cuáles son esos genes? Averiguarlo proporcionaría valiosa información para intentar desarrollar nuevos fármacos dirigidos, no solo a impedir el funcionamiento de los genes del virus, sino el funcionamiento de los genes de las células a las que infecta y que son necesarios para la reproducción de este microorganismo. Además, una ventaja adicional importante sería que el virus no podría mutar fácilmente sus genes para hacerse resistente al fármaco, ya que este no va dirigido contra sus propios genes, sino contra los de la célula que lo hospeda.

Hasta la fecha, los investigadores solo habían identificado algo más de treinta genes del linfocito T CD4 necesarios para la reproducción del virus. No era suficiente para avanzar contra la enfermedad, se dijo el biólogo molecular Stephen Elledge, de la Universidad de Harvard, quien se propuso encontrar muchos más.

Para ello él y su grupo de investigación hicieron uso de recientes y poderosas herramientas moleculares, como la denominada ARN de interferencia, capaces de eliminar, uno por uno, la práctica totalidad de los genes celulares. Eliminaron así uno por uno los genes de linfocitos T CD4 en el laboratorio y analizaron si el virus del SIDA era capaz aún de crecer en estas células. La idea era, claro está, que si uno de los genes eliminados impedía el crecimiento del virus, eso querría decir que ese gen era necesario para que el virus siguiera reproduciéndose en el interior de los linfocitos, causando la enfermedad.

Mediante esta metódica y potente tecnología, los investigadores encontraron nada menos que doscientos setenta y tres genes humanos implicados en el crecimiento del virus del SIDA, lo que han publicado en la prestigiosa revista *Science*. Esta nueva información abre interesantes caminos de investigación para el desarrollo de nuevos fármacos que impidan el funcionamiento de los genes humanos que el virus del SIDA necesita y consigan así frenar su reproducción.

No obstante estos avances, algunos investigadores son escépticos. Muchos fármacos dirigidos contra genes humanos son tóxicos, ya que atacan el buen funcionamiento celular, por lo que no creen que fármacos diseñados con este fin sean seguros de administrar.

Sin embargo, otros investigadores creen que el conocimiento de todos estos genes puede permitir fabricar combinaciones de fármacos que sin impedir completamente el funcionamiento de los genes contra los que actúen, ralentice el funcionamiento de unos cuantos a la vez. Esto podría ser suficiente para impedir la reproducción del virus, y en combinación con otros fármacos antivíricos, quizá ser suficiente para curar la enfermedad.

¿Qué nos deparará el futuro de la terapia anti SIDA? Nadie lo sabe con certeza, pero lo que es cierto es que se sigue trabajando con intensidad para curar esta y otras terribles enfermedades, como la malaria, por ejemplo. En vista de los avances de la ciencia y de lo que esta ha ayudado a la Humanidad, por mi parte soy optimista y aunque no me atrevo a predecir una fecha en la que el SIDA será erradicado, sí confío en que tarde o temprano, lo conseguiremos.

14 de enero de 2008

CONTAMINACIÓN Y MUTACIÓN

LAS REITERADAS NOTICIAS sobre el calentamiento global y las amenazas que acarrea nos han hecho dejar de lado otro problema asociado con él, pero no debemos olvidar que el calentamiento global, causado por la emisión de gases de efecto invernadero, sobre todo el dióxido de carbono, va siempre asociado a lo que acompaña la emisión de dichos gases: partículas de humo y sustancias contaminantes. El humo nunca es bueno, ni siquiera el del tabaco, que muchos se empeñan en hacernos tragar a todos, a pesar de las leyes que protegen a los que pretendemos llevar una vida sana y que ahorre recursos al sistema sanitario. Por esta razón, además de los efectos globales de las emisiones de gases de efecto invernadero, tenemos que estudiar el efecto sobre nuestra salud de la contaminación ambiental propiamente dicha. Como no me canso de repetir en estas páginas, la respuesta a este tipo de preguntas solo puede obtenerse con estudios experimentales que determinen los efectos de la contaminación.

Este problema se ha estudiado en el pasado, aunque es cierto que los estudios distan de estar completos y de proporcionar conclusiones definitivas en el caso humano. Por esta razón, los investigadores realizan estudios con animales, como los interesantísimos estudios que relataré a continuación. Sin embargo, antes no me queda más remedio que abrir un pequeño paréntesis para explicar un asunto que creo importante para comprender los resultados de estos estudios.

Puesto que la contaminación ambiental está causada, en parte, por micro y nanopartículas de sustancias químicas, los investigadores, conocedores de los posibles efectos de estas sustancias, han partido de la hipótesis de que la contaminación ambiental causa enfermedades genéticas, es decir, afecta a los genes. En este sentido, es importante tener claro que existen dos tipos de enfermedades genéticas: las heredables y las no heredables. Esto puede sonarle raro, pero le aseguro que no todas las enfermedades genéticas son heredables, es decir, se transmiten de generación en generación. Un ejemplo lo tenemos en algunos cánceres.

Supongamos que el humo ambiental, incluido el del tabaco, acaba por causar una mutación en un gen importante de una célula de pulmón de un desgraciado no fumador. Esta célula puede entonces transformarse en cancerosa. Sin embargo, afortunadamente, la mutación genética que ha causado este cáncer no será transmitida a la siguiente generación, puesto que no se ha producido en los genes de los espermatozoides o de los óvulos, las únicas células de nuestro cuerpo capaces de llevar a cabo esta transmisión.

Más preocupante, por tanto, sería la situación en la que el humo ambiental, incluido, insisto, el del tabaco, causara una mutación en un gen de los espermatozoides o de los óvulos. En ese caso, la mutación podría ser transmitida a la generación siguiente y, de no ser demasiado perniciosa, a la siguiente, y a la otra, y a la otra... Si la mutación causa una enfermedad, tendríamos en este caso una enfermedad genética heredable. Esta situación es, me parece a mí, más preocupante aun que la anterior.

Evidentemente, ante este estado de cosas, no es éticamente posible efectuar estudios con seres humanos. Es verdad que siempre sería posible comparar los genomas de personas que viven en una contaminada ciudad con los que viven en el campo, pero en el caso de encontrar mutaciones, no podríamos saber si se deben a la contaminación, o a otras causas, como a realizar menos ejercicio físico, comer más comida rápida o, incluso, a escuchar con más frecuencia ciertas incendiarias emisoras de radio.

Los estudios con animales son más fáciles de llevar a cabo, ya que podemos exponer a ratones de laboratorio a un ambiente contaminado y comparar más tarde sus genomas con los genomas de ratones no expuestos a ese ambiente, para comprobar si la contaminación ha causado mutaciones en sus genes. Este tipo de estudios han sido realizados por un grupo de investigadores canadienses, los cuales han publicado sus preocupantes resultados en la revista *Proceedings of the National Academy of Sciences*, de los EE.UU.

Los investigadores expusieron a un grupo de ratones al aire de los alrededores de unos altos hornos situados cerca de una autopista muy transitada, y expusieron a otro grupo de ratones (el grupo control) a aire filtrado y purificado. Tras varias semanas de exposición a los dos tipos de atmósferas, analizaron las posibles mutaciones genéticas en los espermatozoides producidos por los ratones macho. Los resultados son acongojantes.

El ADN de los espermatozoides de los ratones expuestos al ambiente contaminado contenía nada menos que un 60% más mutaciones que los espermatozoides de los ratones macho que respiraron aire puro. No contento con esto, el ADN de los ratones que respiraron aire contaminado se mostraba también más fraccionado, es decir, roto, partido en trozos, que el ADN de los afortunados respiradores de aire filtrado. No acaba aquí la historia: el ADN de los ratones que respiraron aire contaminado se encontraba también químicamente modificado. En particular, dicho ADN había incorporado más grupos metilo ($-CH_3$) que el ADN de los ratones del grupo control. Es conocido que la metilación del ADN -que así se llama la incorporación de grupos metilo- modifica el funcionamiento de los genes, lo cual afecta a la biología y comportamiento de las células incluso si no se produjeran mutaciones.

El siguiente paso de estos estudios es, evidentemente, estudiar si algo similar se produce también en seres humanos, aunque, como decía, los investigadores tendrán que emplear otros métodos de estudio que respeten la ética. De confirmarse las peores sospechas, de lo que lamentablemente yo no tengo muchas dudas, el efecto mutante de la contaminación se unirá a otros ya demostrados en nuestra especie, incluidos los problemas cardiovasculares y el cáncer de pulmón.

Lamentablemente, pues, estos estudios añaden más preocupación a los ya preocupantes efectos del calentamiento global. La actividad humana podría no solo estar afectando el clima y la ecología del planeta, lo que está demostrado que ha hecho y sigue haciendo, sino deteriorando nuestro propio genoma; deteriorando y modificando uno de los patrimonios más valiosos de la Humanidad, sin el cual la Humanidad propiamente dicha, no existiría. Es, por tanto, imperativo que aprendamos a modificar nuestra conducta y elevemos el nivel de nuestra conciencia ante comportamientos que, día a día, maltratan el planeta y nos maltratan también a nosotros.

21 de enero de 2008

ALUMILINA

RECUERDO QUE UNA de las cosas que más me impresionaron durante mi formación universitaria fue ver un trozo de metal desplazándose a toda velocidad sobre la superficie de un recipiente con agua, desprendiendo una seseante nube de gas. Me encontraba en la clase de prácticas de Química. El metal era sodio. Sí, sodio puro, el mismo metal que, ya oxidado, se encuentra en la sal común de cocina, el conocido cloruro de sodio.

Obviamente, el sodio puro no está oxidado, pero al contacto con el agua, se oxida, es decir, arrebata el oxígeno a su compañero acuoso, el hidrógeno, y deja a este sibilante, "solo y sin novia". No es demasiado problema para este tenue gas, que, liberado así al aire, no desaprovechará la menor oportunidad para encontrar una nueva novia, que no será otra que los átomos de oxígeno de la atmósfera. La oportunidad puede proveerla cualquier chispa de electricidad estática, por ejemplo, o simplemente, el aumento de la temperatura causado por la propia oxidación del sodio, que es, en realidad, una reacción de combustión. Tras la chispa del amor químico, sigue la explosión amorosa entre hidrógeno y oxígeno, que fue lo que sucedió en nuestra práctica de química.

En este caso, la explosión fue de ligeras proporciones, menor en todo caso que la causada por algunos petardos de venta en nuestro país, pero fue muy educativa. Aprendimos que el agua se podía separar en sus constituyentes simplemente poniéndola en contacto con un metal que se oxida rápidamente. Esto, además, permite obtener hidrógeno fácilmente. El problema, si queremos conservar ese hidrógeno puro, es evitar que se vuelva a combinar con el oxígeno para formar agua de nuevo y, sobre todo, evitar que esta combinación resulte en una peligrosa explosión.

El calentamiento global causado por la emisión de gases de efecto invernadero ha espoleado el interés en obtener y almacenar hidrógeno para utilizarlo como combustible al combinarlo de nuevo con el oxígeno. Los motores que funcionaran con hidrógeno, en lugar de hacerlo con gasolina o gasoil, serían motores limpios, ya que solo liberarían vapor de agua a la atmósfera, y no el odioso dióxido de carbono que recalienta nuestro planeta, amenaza con fundir los hielos polares y hacer desaparecer buena parte de los apartamentos de nuestras costas, ¡con lo que nos ha costado, o nos cuesta aún, pagarlos! No debemos tolerarlo.

Si obtener hidrógeno no es demasiado difícil, el problema es su almacenamiento y su distribución. La seguridad se impone, en estos terroríficos tiempos de terrorismo, y almacenar grandes cantidades de sustancias explosivas, como el hidrógeno, es un serio problema. Y no digamos ya la posibilidad de que el hidrógeno del depósito de nuestro automóvil limpio explote (eso sí, limpiamente) con nosotros dentro.

Estos problemas dificultan el desarrollo de una "economía del hidrógeno", que a la postre podría salirnos más cara que la del petróleo. Por esta razón, se imponen soluciones que los químicos e ingenieros se esfuerzan por idear y realizar.

Hace casi dos años escribía en estas páginas que se estaba investigando la posibilidad de usar metales como combustibles, en particular el hierro. La idea era producir nanopartículas de este metal que, al ser finísimas, pueden combinarse rápidamente con el oxígeno en una reacción de combustión que libera más energía por gramo de combustible que la combustión de gasolina o gasoil. Llamaba a este combustible "metalina" y decía que naves espaciales con destino a Marte estarán equipadas en el futuro con este tipo de motores. Las interesantes investigaciones en este campo siguen su curso, pero afortunadamente no son las únicas, y se exploran otras avenidas.

Una de ellas tiene que ver con la oxidación del sodio de la que hablaba al principio. Este metal, puede, como decía, liberar hidrógeno del agua oxidándose rápidamente, pero no es el único que posee esta propiedad. Otros metales, como el aluminio, también la poseen.

Entonces, nos preguntararemos, ¿por qué el aluminio en contacto con el agua, o la humedad de la atmósfera, no se oxida? Todos sabemos que el aluminio es inoxidable, ¿no? Y bien, en absoluto. El aluminio, de hecho, se oxida más fácilmente que el hierro. Lo que sucede es que al contacto con el aire o el agua el aluminio, al oxidarse, por razones en las que no vamos a entrar, forma una capa de óxido protectora que impide que las capas inferiores de metal se continúen oxidando, es decir, en condiciones normales, nunca podemos tocar aluminio puro, sino simplemente la capa de óxido exterior que lo protege del aire.

Los químicos, que son gente muy imaginativa y creativa, se han dado rápidamente cuenta de que si se evita la formación de la capa protectora en la superficie del aluminio, entonces este metal se oxidará completamente en contacto con el agua y liberará hidrógeno. Podríamos entonces utilizar aluminio y agua como fuente generadora de hidrogeno a medida que este gas se necesitara, eliminando así el problema de almacenar y distribuir el hidrógeno.

Muy bien, pero ¿cómo eliminamos la capa protectora de óxido de aluminio? Dos grupos de investigación, uno canadiense y otro estadounidense, han dado con la solución. Esta consiste no en utilizar aluminio puro, sino una aleación de 80% de aluminio y 20% de galio, el metal situado justo debajo del aluminio en la tabla periódica de los elementos, y que comparte propiedades químicas con él. Podemos llamar a esta aleación alumilina o aluminoil, por similitud con el nombre de los más conocidos combustibles de automoción.

Los investigadores han calculado que para conducir un automóvil a 100 km/h durante 560 km se necesitarían unos 80 kg de alumilina, lo que corresponde, más o menos, al peso de la gasolina necesaria para realizar lo mismo. La ventaja es que costaría tres veces menos y, además, sería más ecológico.

El aluminio es un metal abundante, del que podría fabricarse la cantidad necesaria para estos menesteres. Por si fuera poco, el óxido de aluminio generado en la combustión podría reciclarse de nuevo fácilmente, utilizando el mismo proceso de la fabricación de aluminio y a precios competitivos con los de la gasolina o gasoil.

De un plumazo, parece posible solucionar los problemas de la economía del hidrógeno, usando como intermediarios el aluminio y el galio. Habrá que esperar un tiempo para ver en qué acaba todo esto, pero no podemos esperar demasiado, o el planeta se calentará, los hielos se fundirán, y nuestras costas tal y como las conocemos, desaparecerán.

28 de enero de 2008

MÁS CARAS DE IDENTIDAD

POCOS SOMOS NORMALMENTE conscientes de la importancia que para nuestra vida reviste el correcto reconocimiento de los rostros de nuestros congéneres. Cada día examinamos decenas de rostros y los clasificamos como conocidos o desconocidos. No cabe duda de que nuestra vida quedaría muy seriamente afectada si perdiéramos la capacidad de reconocer a los demás.

Pensará usted que no parece posible, en buena lógica, que algo así pueda sucederle a nadie. Es imposible que, de repente, uno pierda la capacidad de reconocer los rostros de sus familiares y amigos y, horror de los horrores, los rostros de sus enemigos. No, esta historia está, seguramente, inspirada de alguna mala novela de terror psicológico.

Y bien, desgraciadamente, no es así. La historia se relata en numerosos libros de neurología. La incapacidad de reconocer los rostros tiene hasta un nombre: prosopagnosia, y esta condición puede sobrevenirnos como resultado de un daño cerebral causado, por ejemplo, por un tumor o por un accidente de circulación, bien sanguínea, bien de tráfico.

Los pacientes de prosopagnosia han resultado de ayuda a los científicos para identificar las zonas de nuestros cerebros involucradas en la importante tarea de reconocer los rostros. Estudiando las lesiones de los cerebros de estos pacientes, y comparando su actividad con la de los cerebros normales, se ha descubierto que el reconocimiento de los rostros es una actividad cognitiva que implica a numerosas áreas cerebrales.

Necesitamos, por tanto, de gran parte de nuestro cerebro para realizar un proceso que a la mayoría nos parece facilísimo, natural, y automático. Quizá sea precisamente por la participación de numerosas regiones de nuestro cerebro por lo que la tarea nos resulta tan fácil y vamos tan "sobrados" al realizarla. Somos así capaces de realizar proezas como identificar en fracciones de segundo rostros en fotografías o pinturas, lo que es muy reciente en nuestra historia evolutiva. Nuestro cerebro no solo identifica rápidamente rostros tridimensionales, lo que es natural, sino también rostros en dos dimensiones, lo que no lo es tanto.

Quizá por la importancia que supone el correcto reconocimiento de los rostros, y la identificación de quien es amigo o enemigo, hombre o mujer, joven o viejo, sano o enfermo..., la identificación, en suma, de quien pertenece a nuestra tribu y su posición en ella, nuestros cerebros han evolucionado para realizar fácilmente esta tarea. En esto somos inmensamente superiores a los ordenadores, los cuales están aún muy lejos de nuestras capacidades cognitivas en esta área, aunque nos ganen al ajedrez y a otros juegos de inteligencia.

Sin embargo, esto puede cambiar en breve, gracias, claro, a la imaginación de los científicos e informáticos, quienes, al fin y al cabo, son quienes fabrican y programan los ordenadores, que creemos tan listos. Un nuevo y sencillo avance, realizado por un grupo de investigadores de la Universidad de Glasgow, en el Reino Unido, y publicado en la revista *Science*, puede ayudar a los ordenadores más sencillos a reconocer los rostros humanos con casi la misma exactitud que lo harían sus dueños. Vamos a intentar explicar aquí en qué consiste este avance, que puede tener un enorme impacto en la seguridad ciudadana, en general, y en la rapidez de facturación y control de pasaportes en los aeropuertos, en particular.

Algunos investigadores han desarrollado ya programas capaces de reconocer rostros a partir de fotografías. Los programas intentan reproducir la manera en que se cree que los humanos llevamos a cabo el reconocimiento de los rostros. Este implica el análisis de las características más importantes de los mismos, como la forma de las orejas, de la frente, o la distancia entre los ojos, por ejemplo, y el almacenamiento de estas características en una "base de datos" de nuestra memoria. Estas características son comparadas con las extraídas del análisis de los rostros de quienes nos encontramos cotidianamente y, si coinciden, identificamos ese rostro particular con el que tenemos en la memoria.

Un sistema que intenta emular este proceso es utilizado por una página Web en Internet que contiene una base de datos de fotografías de personajes famosos. Todos podemos enviar nuestra foto a este sitio de Internet para averiguar a qué famoso de la base de datos nos parecemos más. Yo no me he atrevido a hacerlo aún, pero usted verá si decide correr el riesgo. En todo caso, si enviamos una foto cualquiera de un personaje ya incluido en la base de datos, el sistema, que contiene nueve fotos distintas de 3,628 famosos y famosas, solo reconoce correctamente la foto un 54% de las veces. Esto es un resultado muy mediocre, con escasa utilidad práctica.

Y aquí es donde entra la inteligencia e ingeniosidad de los investigadores. Estos se dijeron que una foto particular de una persona es difícil de identificar por el sistema porque es una foto única, particular, que no contiene todas las características del rostro al que corresponde. Para eliminar esta dificultad, bastaría con mezclar varias fotos de ese personaje, tomadas en distintos días, incluso en distintos años, y en distintas condiciones.

Los investigadores utilizaron otro programa de ordenador para llevar a cabo el mezclado de varias fotos particulares de un famoso y generar una foto general, una foto que resulta así la "media" de las fotos individuales. Esta "foto-mezcla" no corresponde a ninguna foto real, pero resalta las características comunes del rostro que se encuentran en las fotos individuales utilizadas para obtener la mezcla. Por el contrario, los detalles individuales que aparecen pocas veces en cada foto son "diluidos" al hacer esta mezcla.

Y bien, enviando estas fotos-mezcla a esa página Web, sobre la que los investigadores no ejercieron influencia adicional alguna, los científicos consiguieron que fueran reconocidas el 100% de las veces. En otras palabras, el sistema no era muy bueno en reconocer fotos individuales, pero excelente en reconocer una foto resultado de la mezcla de unas cuantas.

Es todavía prematuro afirmar que este simple mezclado de fotos individuales proporciona siempre un 100% de fiabilidad en el reconocimiento de los rostros por un ordenador, pero, de confirmarse estos estudios, y cuando se determine qué características deben poseer las fotos individuales para conseguir una mezcla perfecta, es posible que nuestros pasaportes o carnés ya no incluyan una foto particular, sino una foto-mezcla de diez, veinte o treinta de nuestras fotos. Bastará entonces con introducir el pasaporte o carné de identidad por una ranura o un escáner para que un ordenador nos identifique de manera automática e infalible, lo que sin duda acelerará algunos procedimientos penosos, al menos en los aeropuertos. Confiemos en que esta nueva tecnología sea eficaz y se implante pronto.

4 de febrero de 2008

CÉLULAS MADRE NEURONALES

LAS PEORES LESIONES son las que se producen por dentro. Son difíciles de curar. Me refiero a las lesiones causadas no por accidentes o traumatismos sino por problemas vasculares, o por problemas derivados de la degeneración y muerte celular. Y de entre las lesiones interiores, las peores son las que afectan a nuestro cerebro y, por tanto, a nuestra mente.

Las neuronas, mis células favoritas tras los linfocitos, a los que conozco mejor (aunque gracias siempre a mis neuronas), son unas células particularmente difíciles de reponer si se pierden las siempre demasiado pocas que poseemos. La pérdida de neuronas por diversas causas está generalmente asociada a enfermedades graves y todavía incurables: Alzheimer, Parkinson, Esclerosis Lateral Amiotrófica y la enfermedad de Hungtington son solo unas pocas de entre las más conocidas.

Desgraciadamente, la enfermedad cerebral que conduce a la disolución mental no puede sanarse mediante un trasplante. El cerebro es un órgano absolutamente no trasplantable. Si se pudiera trasplantar un cerebro, en realidad lo que habríamos hecho sería trasplantarle un cuerpo al cerebro, es decir, colocar al dueño del cerebro dentro del cuerpo de otra persona. Algunas películas cómicas tratan de este tema desde este u otros puntos de vista más inmateriales.

Todos sabemos que si nos cortamos o nos quemamos un dedo, la herida acaba por sanar. Esto es así porque las células muertas en la lesión son sustituidas por otras, que se reproducen para cerrar la herida. El proceso de cicatrización es un proceso aún no del todo bien comprendido, pero del que se conoce necesita a numerosas células que colaboran para llevarlo a cabo. Es cierto que tras la cicatrización pueden quedar secuelas, pero nunca son estas mayores que las que quedarían de no poder cerrarse la herida.

Sin embargo, el proceso de división celular y regeneración de los tejidos dañados no sucede en el cerebro, o así se creía hasta no hace mucho tiempo. Recientemente, se ha descubierto que el cerebro cuenta con células madre neuronales, es decir, con células que pueden dividirse y luego convertirse en neuronas.

En realidad, no hace falta una lesión para que las células madre neuronales del cerebro repueblen las neuronas perdidas, al menos en dos zonas específicas del cerebro: el bulbo olfativo, implicado en la percepción de los olores, y el hipocampo, implicado en la memoria. ¿Por qué nacen aquí neuronas y no en otras partes del cerebro? ¿Sustituyen las nuevas neuronas a las que han muerto? ¿Cuál es su verdadera función? Nadie lo sabe todavía. Lo que sí parece claro es que las células madre neuronales no permiten repoblar las neuronas perdidas en el córtex, que es la zona normalmente afectada en un ataque cerebrovascular.

Por consiguiente, los investigadores están muy interesados en descubrir alguna manera en que las células madre puedan dividirse y convertirse en neuronas que reemplacen a las que pueden haberse perdido en el córtex. Hace unos meses, un grupo de investigadores de los Institutos Nacionales de la Salud estadounidenses descubrió una posible manera.

Era conocido que ciertos tipos de moléculas receptoras en la membrana de las células madre, y también de muchas otras células, participan en la comunicación entre las células, y en el envío de señales químicas entre ellas que les indican si reproducirse, morir, o convertirse en una célula adulta. Una de las moléculas receptoras más importantes es el receptor llamado Notch.

Experimentos con células madre en embriones animales habían demostrado que la estimulación del receptor Notch aumentaba el número de estas células durante la generación del cerebro en desarrollo. Por tanto, los investigadores supusieron que quizá la estimulación de este receptor en las células madre cerebrales adultas podría causar el mismo efecto.

Y así fue. En experimentos con animales de laboratorio a los que se infligía lesiones cerebrales leves en zonas del córtex cerebral que controlan el movimiento voluntario, la estimulación del receptor Notch aumentaba hasta cinco veces la reproducción de las células madre neuronales adultas con respecto a la de los animales no estimulados. Esto resulta en una mejora significativa de la movilidad en dichos animales.

Mejor aun, estos resultados, publicados en la revista *Nature*, indican que las células madre neuronales cuyo receptor Notch ha sido estimulado son capaces de migrar desde sus sitios de origen hasta la lesión y ayudar a regenerarla. Sin embargo, nadie sabe aún qué moléculas y señales químicas guían a las células madre hacia allí, y este conocimiento es importante para potenciar el guiado de las células madre neuronales a los lugares donde sean necesarias, según las enfermedades degenerativas que se pretenda tratar, o según el lugar donde se haya producido una lesión cerebrovascular.

No hay duda de que estos estudios son importantes y esperanzadores para acabar con la lacra de las enfermedades neurodegenerativas, y quizá también con las lesiones motoras causadas por los accidentes de tráfico u otros traumatismos. Sin embargo, como todos los tratamientos, puede tener sus efectos secundarios. El receptor Notch no se encuentra solo en el cerebro, sino en muchas otras células de otros tejidos, y también en mis queridos linfocitos. No se conocen los problemas que la estimulación de este receptor en estas células puede causar.

No obstante estos problemas, estas nuevas estrategias terapéuticas son probablemente mejores que las que pretenden utilizar células madre embrionarias, no solo porque plantean menos problemas éticos, sino porque las células madre adultas son propias, y no extrañas. Esto tiene la ventaja de que se evitará el rechazo, siempre posible cuando se intentan implantar células extrañas a nuestros cuerpos, aunque sean embrionarias.

11 de febrero de 2008

UNA MIRADA AL COLOR DE LOS OJOS

HACE UNOS MESES, explicaba en esta página por qué los humanos teníamos el blanco del ojo, llamado esclerótica, de color, precisamente, blanco. Decía que el color blanco del blanco del ojo se había seleccionado durante nuestra evolución para facilitar la comunicación de la dirección de nuestra mirada a otros congéneres. Saber dónde mira el otro, y sobre todo a quién mira la otra, ha tenido y quizá sigue teniendo, un valor de supervivencia que facilita la socialización y la transmisión de nuestros genes a la siguiente generación. Por esta razón, aquellos individuos de nuestra especie con escleróticas cada vez más blancas sobrevivieron mejor que los que las tenían más oscuras, y hoy todos los seres humanos, incluso los de color, tenemos el blanco del ojo blanco.

He decidido echar otro ojo a este asunto y hablar de por qué el iris, la parte más central del ojo que rodea a la pupila, es, en cambio, de diversos colores. Estos colores, aunque pueden tener muchos más matices de lo que normalmente creemos posible, se han catalogado en los siguientes: marrón, avellana, ámbar, verde, gris, azul, violeta y rojo. Sí, un muy pequeño porcentaje de personas tiene los ojos rojos. En este caso es en realidad la ausencia completa de color la que deja ver la irrigación sanguínea, la cual, si es elevada, es la que proporciona el color rojo.

¿De qué depende que los ojos humanos posean esta amplia variedad de colores y sus matices? Está en lo cierto, esta característica debe depender de algunos genes, ya que no se ha observado que el ambiente, la educación, o incluso el videojuego compulsivo, puedan modificar el color del iris, aunque pueden hacer que la esclerótica se enrojezca.

Hace unos quince años un grupo de investigadores estadounidenses descubría un gen cuyas mutaciones eran responsables de una enfermedad llamada albinismo oculocutáneo. Esta enfermedad se caracteriza, entre otras cosas, por una falta de pigmentación en la piel, el pelo y los ojos. Este gen fue denominado OCA2.

Investigaciones subsiguientes demostraron que este gen estaba involucrado en la fabricación del pigmento melanina, el mismo que genera el color moreno de la piel cuando nos exponemos al sol. No era extraño pues que si este gen dejaba de funcionar se produjera una despigmentación, ya que la melanina es el pigmento principalmente responsable de la coloración de la piel, el pelo y también del iris de los ojos.

Estudios adicionales han encontrado que mutaciones en el gen OCA2 son responsables de las distintas coloraciones de los ojos humanos. Cuando el gen no está mutado genera ojos marrones, pero se han encontrado mutaciones en este gen que son responsables de los ojos verdes y de los de color avellana. Las mutaciones parecen causar la producción de menores cantidades de melanina, lo que junto con la diferente densidad de células de iris que cada uno podemos tener, y que también afecta a la intensidad o tono del color, produce estas variedades y sus matices.

Sin embargo, a pesar de años de estudio tras el descubrimiento del gen OCA2, no se ha detectado ninguna mutación en este gen que sea la causa de los ojos azules. ¿Es este color debido a la acción de otro gen diferente? Para averiguarlo, lo mejor es estudiar los genes de familias que posean muchos miembros con ojos azules, ya que el gen mutado debe pasar de generación en generación entre ellos, y compararlos con los de familias de ojos marrones, que no deben tener dicho gen mutado.

Con excelente ojo clínico o, en este caso, genético, un grupo de investigadores de la Universidad de Copenhague, en Dinamarca, decidieron comparar los genes de una familia danesa de ojos azules con los de familias turcas o jordanas, que lo más azul que poseen en sus ojos es el reflejo del mar o del cielo de sus países en ellos. El trabajo dio sus frutos, porque los investigadores descubrieron el gen responsable de los ojos azules, que, en efecto, no es el gen OCA2, sino otro gen cercano a este, llamado HERC2.

¿Cómo causa este nuevo gen el color azul de los ojos? Resulta que el funcionamiento del gen HERC2 afecta a la intensidad de funcionamiento del gen OCA2, es decir, si el gen HERC2 está mutado, el gen OCA2 funciona con mucha menor intensidad. Esto causa menor producción de melanina, menor aun que la producción de melanina causada por las mutaciones en el propio gen OCA2 que causan el color verde, gris o avellana, y genera el color azul de los ojos.

Estos hallazgos no están exentos de utilidad práctica, por ejemplo en medicina forense. Cuando se conozca la base genética exacta del color de los ojos humanos, podrá determinase, entre otras cosas, el color de los ojos de un sospechoso del que se pueda obtener una muestra de ADN (a partir de uno de sus pelos, o de un rastro de semen o de sangre dejada por el criminal). Igualmente, el color de los ojos de un individuo podría ser suficiente para descartar su implicación en un crimen, si este no coincide con la huella genética obtenida en la escena de dicho crimen.

Curiosamente, puesto que los ojos azules solo aparecen en personas de origen europeo o que descienden de europeos, se estima que esta mutación en el gen HERC2 apareció en el continente europeo hace solo de 6.000 a 10.000 años. Así que ya ves (cualquiera que sea el color de tus ojos) hace unos 10.000 años no había nadie sobre el planeta con ojos azules. Claro que eso no era importante, porque Hollywood tampoco existía en esa época.

18 de febrero de 2008

UN PAR DE NUEVOS PLANETAS

SIN DUDA, EXISTEN cuestiones científicas de la máxima importancia que aún no han sido resueltas. Una de ellas, a mi juicio, es si estamos o no solos en el universo.

Cada cual podrá creer lo que más le guste, pero, en ciencia, no se trata de creer, sino de conocer. Por el momento, no conocemos que exista vida en otras regiones del universo, pero sí conocemos que difícilmente existe vida en otros planetas y satélites de nuestro propio sistema solar. En todo caso, sabemos que, si existiera vida, no se trataría de vida inteligente, ni mucho menos de otra civilización capaz de comunicarse con la nuestra.

Y, claro está, si no conocemos si existe vida en otras regiones del universo, menos aun sabemos si puede existir una civilización similar a la nuestra, si es que la nuestra puede llamarse civilización. Faltos de evidencia directa, que es muy difícil de adquirir, lo único que podemos hacer es intentar acumular evidencia indirecta, es decir, datos que apoyen que la vida, e incluso la vida inteligente, son posibles fuera de nuestro propio sistema solar.

Existe un consenso cada vez más generalizado entre los científicos sobre que la vida en el universo debe necesariamente estar basada en la química del carbono, y también sobre la necesidad de agua en estado líquido para el desarrollo de los procesos vitales. Si esto es cierto, evidentemente la vida solo podrá desarrollarse sobre un planeta que se encuentre a una distancia de su estrella a la cual la temperatura permita la existencia de agua líquida.

De lo anterior se deduce que sin la existencia de otros planetas orbitando otras estrellas la vida es imposible en otras regiones del universo. Así pues, la cuestión de si existe vida o no fuera de nuestro sistema solar solo puede ser respondida con un "quizás", en lugar de con un rotundo "no", solo si existen otros sistemas solares similares al nuestro.

Por esta razón, nada menos que desde mediados del siglo XIX los astrónomos se plantearon la cuestión científica de la existencia de planetas extrasolares. Sin embargo, la tecnología no estuvo lista para poder responder a esta pregunta hasta casi el final del siglo XX. En los años 90 se descubrieron, en efecto, los primeros planetas extrasolares. Hasta hoy se han descubierto, ahí es nada, doscientos setenta y un planetas extrasolares y se estima que al menos el 10% de las estrellas similares a nuestro Sol poseen planetas orbitando a su alrededor.

No obstante, los planetas descubiertos hasta la fecha no son como nuestro querido planeta Tierra; son, al contrario, muy diferentes. Se trata de planetas gigantes, de tamaños superiores aun al del propio Júpiter, que posee ya dos mil veces la masa de la Tierra. Además, como Júpiter, estos planetas son grandes bolas de gas y orbitan, en general, muy lejos de su estrella, en una zona donde el agua líquida y, por consiguiente muy probablemente la vida, es imposible.

Así pues, a pesar del descubrimiento de planetas externos a nuestro sistema solar, carecemos aún de evidencia sobre la existencia de sistemas solares similares al nuestro. O debería decir carecíamos, ya que un reciente descubrimiento ha venido en ayuda de quienes creen que no estamos solos en el universo.

Se trata, nada menos, que del descubrimiento de dos nuevos planetas orbitando una estrella similar a nuestro Sol. Los dos planetas no son planetas cualesquiera, sino muy similares en tamaño a nuestro Júpiter y a nuestro Saturno. Por si fuera poco, los planetas orbitan a su estrella a distancias similares a las que también orbitan al Sol Júpiter y Saturno. En suma, podría tratarse de planetas pertenecientes a un sistema solar muy similar al nuestro.

Este interesante descubrimiento sugiere, pues, que dada la dificultad para descubrir planetas extrasolares (a fin de cuentas hay miles de millones de estrellas y solo conocemos menos de trescientos planetas), el hecho de que se hayan descubierto dos de tamaños similares a los dos mayores de nuestro sistema solar y orbitando su estrella a distancias también comparables indica que la existencia de sistemas solares parecidos al nuestro podría ser más común de lo que se pensaba hasta ahora.

Esto, a su vez, sugiere que, aunque no se han detectado, podrían existir también planetas similares a la Tierra orbitando estrellas similares al Sol a una distancia también similar a lo que lo hace la Tierra, y quizá conteniendo sobre su superficie vida similar a la nuestra. Las teorías clásicas de formación de nuestro sistema solar igualmente así lo indican. Estas teorías mantienen que los planetas grandes y gaseosos, como Júpiter o Saturno, solo pueden formarse relativamente lejos de la estrella central, mientras que los planetas más pequeños y rocosos se forman cerca de ella. Este descubrimiento apoya estas teorías y sugiere, por tanto, que, en efecto, planetas similares a Venus o a la Tierra cercanos a esa estrella son posibles.

De todas formas, a pesar de este descubrimiento, seguimos sin conocer si existe o no vida en otros planetas. Sin embargo, ahora tenemos una razón más para creer, y creer con razones es siempre mucho mejor que creer sin ellas, o por lo que alguna autoridad nos diga, o por lo que la emoción y la conveniencia nos dicten.

Sin embargo, no puedo sustraerme a la maravillosa poesía del universo, y pensar que ¡quién sabe!, quizá hoy mismo, en el otro sistema solar hermano al nuestro que hemos descubierto, alguien como yo esté escribiendo sobre el descubrimiento efectuado allí de dos nuevos planetas similares a los suyos alrededor de nuestro Sol. Esperemos que, de ser así, sobre su planeta no exista tanta miseria, tanta desigualdad, tanta injustita y tantos prejuicios irracionales como sobre el nuestro. Esperemos que no sea, por tanto, un planeta similar a nuestra Tierra, sino algo mucho, mucho mejor. Algo que nosotros también podemos un día llegar a conseguir.

25 de febrero de 2008

MÁS CERCA DE VENCER A LA DIABETES

LA INVESTIGACIÓN EN células madre es un tema candente y sobre el que se producen avances casi cada día en uno u otro laboratorio del mundo. Si hace unas semanas hablaba aquí de que se había conseguido estimular el crecimiento de células madre neuronales y regenerar las neuronas muertas tras una lesión cerebral, un nuevo avance nos acerca un poco más al sueño de poder curar la diabetes causada por la muerte de las células productoras de insulina en el páncreas.

Es bien conocido que la diabetes insulinodependiente (llamada de tipo 1) está causada por un ataque erróneo del propio sistema inmune a las células del páncreas, denominadas células beta, las únicas capaces de producir insulina. El ataque del sistema inmune destruye a estas células como si se tratara de un microorganismo o de células infectadas por un virus, y deja al organismo desprovisto de esta hormona.

En ausencia de insulina, las células son incapaces de incorporar la glucosa proveniente de los alimentos, que tras la digestión, pasa al torrente circulatorio. Este simple efecto causa las numerosas complicaciones de la diabetes, que debe ser tratada mediante la administración externa de insulina. De todas formas, es prácticamente imposible mantener los niveles de glucosa tan bien controlados mediante la administración de insulina externa como lo están de manera natural, y a largo plazo la diabetes acaba por causar complicaciones cardiovasculares o fallo renal, entre otros problemas.

Uno de los objetivos más deseados de la investigación con células madre es la generación, a partir de ellas, de nuevas células capaces de producir insulina. Tras la estimulación con las señales químicas y moleculares adecuadas, las células madre poseen la propiedad de poderse convertir en cualquier célula del organismo. Sin embargo, si esto sucede de forma natural durante el desarrollo de los animales, es mucho más complicado de conseguir en el laboratorio. Lo que sí sabemos es que parece más fácil conseguirlo con células madre embrionarias que con células madre adultas. Sin embargo, hasta la fecha, nadie ha conseguido producir células beta del páncreas con uno u otro tipo de células madre.

Investigadores de la compañía Novocell, localizada en San Diego, California, sí han conseguido producir células productoras de insulina en el laboratorio. No obstante, estas células no son como las células beta, ya que son incapaces de reaccionar a los niveles de glucosa externa y producir insulina en consecuencia.

Y esta última propiedad es fundamental si pretendemos curar la diabetes, porque, para lograrlo, no se trata solo de producir insulina, sino de producirla de acuerdo a la concentración de glucosa en sangre que tengamos en cada momento. Por ejemplo, las células beta no producen insulina en la misma cantidad tras una comida, cuando la concentración de glucosa en sangre sube, que en medio de la noche, cuando hemos acabado la digestión de la cena. Por tanto, es fundamental que las células productoras de insulina regulen la producción de esta hormona de acuerdo a la cantidad de glucosa externa, que estas células deben ser capaces de detectar. Esta hazaña científica nadie había podido conseguirla, hasta la fecha.

Sí, hasta la fecha, porque la revista *Nature Biotecnology* publica esta semana que el mismo grupo de investigadores de la compañía Novocel ha conseguido generar células beta humanas a partir de células madre embrionarias y comprobar que estas son funcionales y protegen de la diabetes a ratones manipulados para evitar su rechazo. ¿Cómo han conseguido esta hazaña los investigadores? Y bien, debo decir que utilizando el conocimiento de la Naturaleza, además del conocimiento humano. Hasta el momento, los investigadores se esforzaban en estimular a las células madre, mantenidas en frascos de cultivo en el laboratorio, con las señales moleculares que las podían inducir a avanzar por el camino de convertirse en células beta maduras. La conversión de una célula madre en una célula beta, o en cualquier otra, no sucede de golpe, sino que es un proceso que consta de diversas fases. Alguna de estas fases podían completarse en el frasco de cultivo, pero otras –las definitivas–, no. Posiblemente, en el frasco de cultivo, las células no podían ser adecuadamente estimuladas para su maduración final.

Así que lo que los investigadores pensaron fue que quizá esa maduración final sí ocurriría en un ser vivo, que proveería las señales adecuadas. En otras palabras, los investigadores estimularon inicialmente a las células en frascos de cultivo para inducirlas hacia el camino de convertirse en células beta y una vez inducidas de este modo, trasplantaron las células a ratones de laboratorio con la esperanza de que en su interior recibirían las señales adecuadas para acabar de madurar.

Tuvieron suerte, o debo decir tuvimos suerte, porque así fue. Los análisis realizados en esos ratones treinta días después de haber efectuado el implante celular indicaron que presentaban insulina humana en su sangre. Dos meses tras el implante, los ratones demostraron que el nivel en sangre de insulina humana subía al administrarles una inyección de glucosa, es decir, las células humanas productoras de insulina eran sensibles a los niveles de glucosa, lo cual eran excelentes noticias porque indicaban que esas células eran muy similares a las células beta maduras.

En un experimento definitivo, los investigadores eliminaron a las células beta de ratón con una toxina, dejando no obstante vivas a las humanas que tras el implante se habían convertido en células productoras de insulina. En estas condiciones, los ratones deberían convertirse en diabéticos, a menos que las células humanas pudieran suplir la función de las propias células beta eliminadas. Esto último fue lo que sucedió.

Estos resultados son enormemente esperanzadores porque abren la posibilidad de que las mismas células de laboratorio que se han convertido en células beta en el ratón, puedan hacerlo también, y con más razón, cuando se implanten en pacientes diabéticos. Van a iniciarse ensayos clínicos en breves meses. Esperemos que sus resultados estén a la altura de las expectativas.

3 de marzo de 2008

EL COLOR Y LA LENGUA

RECUERDO QUE CUANDO comencé a tener uso de razón, –si es que alguna vez eso me ha sucedido– mis compañeros de colegio y yo filosofábamos con preguntas como si la percepción de los colores que veía Mengano era la misma que la que veía Zutano. Esto tenía su importancia, porque ¿cómo, si no, íbamos a saber que todos veíamos la misma bandera de España, la única que se exhibía por aquella época?

Los filósofos, y ahora los científicos, se hacen estas y otras preguntas aun más interesantes, como, por un poner, si percibimos los colores siempre igual o si esa percepción cambia a lo largo de nuestra vida. Recuerdo percibir el rojo mucho más vivo cuando era niño que ahora que ya tengo una cierta edad. Si mis recuerdos no son incorrectos, ¿es esto debido a mis ojos, o es mi cerebro el que ha cambiado?

Otras interesantes preguntas son, por ejemplo, si el uso del lenguaje y el hecho de que los humanos podamos dar nombre a los colores influyen en su percepción y, si es así, si las personas bilingües los perciben de manera diferente a las que no lo son, aunque ellas no lo sepan. No me canso de repetir que si hay alguna esperanza de responder a este tipo de preguntas, esta proviene de la realización de experimentos científicos bien diseñados y controlados. Tampoco me canso de repetir que, aunque parezcan baladíes, las respuestas a estas preguntas siempre nos enseñarán algo más sobre nosotros mismos y ese conocimiento siempre puede ser de utilidad, aunque no sea sino para diseñar una bandera que nos guste a todos, lo cual ya sería bastante importante.

Y bien, como decía, los científicos se dedican a estudiar estas cuestiones diseñando experimentos adecuados. Han descubierto que, sorprendentemente, la percepción del color puede cambiar a lo largo de la vida y que el lenguaje que hablamos puede influir en dicha percepción.

¿Cómo han conseguido los científicos averiguar esto, que parece imposible?

Y bien, como siempre, no se trata de un solo estudio, sino de una cadena de los mismos que se apoyan unos en otros. Algunos estudios ya habían demostrado que tanto los adultos como los niños diferencian más rápidamente dos colores de distinta categoría (rojo y verde, por ejemplo) que dos colores de categoría similar (como azul marino y azul claro).

Otros estudios han demostrado que esta capacidad se encuentra lateralizada en el cerebro, es decir, involucra más al funcionamiento de un hemisferio cerebral que al del otro. Así, la discriminación entre dos colores es más rápida en los adultos si se presentan los colores solo al ojo derecho que si se presentan solo al ojo izquierdo. La percepción a través de cada ojo es procesada por el hemisferio cerebral opuesto, es decir, lo que percibimos por el ojo derecho se procesa por el hemisferio izquierdo y viceversa. Esta diferencia en la capacidad de discriminación de los colores percibidos por cada ojo indica, por consiguiente, que los dos hemisferios no procesan la información sobre los colores de igual forma.

Los dos hemisferios cerebrales difieren también en otras propiedades. Por ejemplo, es conocido que el lenguaje implica preferentemente la actividad neuronal en el hemisferio izquierdo. Por esta razón, los investigadores decidieron estudiar si el desarrollo de las capacidades lingüísticas que adquirimos en la infancia podría condicionar nuestra percepción de los colores, que parece ser más rápida cuando esta involucra también al hemisferio izquierdo, como hemos dicho. Para averiguarlo, los científicos estudiaron la percepción de los colores en niños que todavía no habían desarrollado la capacidad de hablar.

Lo que encontraron es sorprendente, y ha sido publicado en un reciente número de la prestigiosa revista científica *Proceedings of the National Academy of Sciences* de los Estados Unidos. Si los adultos procesamos más rápidamente la información de los colores con el hemisferio cerebral izquierdo, los niños que aún no hablan (de solo cuatro a seis meses de edad) procesan más rápidamente esta información con el hemisferio cerebral derecho. En otras palabras, en algún momento de nuestra vida se produce un cambio de los hemisferios cerebrales que procesan la información de los colores. Este cambio puede ser debido al desarrollo del lenguaje y a la capacidad que con él adquirimos de nombrarlos. Esta capacidad de nombrar lo que vemos puede, pues, cambiar la manera en que lo percibimos, y, por supuesto, quizá no se limite solo a los colores.

De hecho, otro estudio reciente indica que el lenguaje que hablamos puede afectar incluso a nuestra capacidad para imaginar y prever lo que otros piensan, es decir, nuestra capacidad de empatía con los demás, por ejemplo al leer un relato e intentar imaginar lo que los personajes piensan o sienten. Imaginemos una historia en la que un billete de 500 euros se introduce en un bote cuando María está presente, pero alguien roba el billete cuando María ha salido de la habitación. ¿Qué suponemos dirán otros personajes de la historia sobre lo que opina María de lo ocurrido?

Y bien, cuando individuos bilingües en japonés e inglés realizaron este ejercicio en un instrumento que determina las zonas del cerebro que están activas, se comprobó que estas eran diferentes si se les indicaba que "pensaran" en inglés o que "pensaran" en japonés. En general, y como no causa sorpresa alguna, la actividad era mayor si "pensaban" en japonés, es decir, los sujetos no parecían pensar exactamente lo mismo dependiendo del idioma en qué pensaban.

Así pues, ahora contamos con algunos datos que indican que nuestra percepción del mundo y de lo que creemos que piensan los demás puede ser ligeramente diferente según el idioma que hablemos. No es de extrañar, por tanto, que a veces, sea tan difícil ponerse de acuerdo con un chino, con un americano, o incluso con un francés. En todo caso, una diferencia más a tener en cuenta para mejorar la tolerancia de las diferencias entre todos nosotros.

10 de marzo de 2008

GOMA ELÁSTICA AUTOADHESIVA

TARDE O TEMPRANO, las cosas se acaban rompiendo. Pegarlas y volver a darles uso ha sido uno de los mejores inventos de la humanidad. Investigaciones paleontológicas nos han enseñado que, hace 50.000 años, los hombres de Neandertal ya usaban pegamentos elaborados a partir de la corteza de abedules. Las civilizaciones antiguas han usado diversos tipos de adhesivos. Los babilonios los usaban para pegar estatuas y los egipcios, para pegar muebles, marfil y papiros.

Sin embargo, hay cosas que, una vez rotas, no se pueden volver a pegar. Una de ellas es la goma elástica. Estiremos una goma hasta su punto de ruptura y se acabó: no podemos pegar la goma rota con pegamento y conseguir que mantenga sus propiedades elásticas; tenemos que tirarla a la basura.

Aunque los pegamentos nos permiten recuperar ciertos objetos rotos, lo ideal sería contar con materiales que, si se rompen, se peguen solos. Esta idea, que parece inspirada de las novelas de Harry Potter, ha sido, sin embargo, hecha realidad por la ciencia, en el caso –qué casualidad– de un tipo de goma elástica.

Investigadores franceses de la Escuela Superior de Física y Química Industriales de París son los responsables de este sorprendente invento. La goma que han inventado es capaz de estirarse hasta seis veces su longitud inicial, lo cual es realmente enorme. Por si esto fuera poco, si la rompemos en dos pedazos, basta con volver juntarlos por un momento, y a temperatura ambiente, para que se unan de nuevo. La goma así recuperada puede volver a estirarse como si nunca se hubiera roto.

La información que he dado hasta aquí la podrán encontrar probablemente en los medios de comunicación e Internet. Sin embargo, mis lectores saben que me gusta ir más allá y explicar algo más la brujería de la ciencia. ¿Cómo demonios funciona esta mágica goma que se pega sola? ¿Cuáles son los principios científicos que la hacen posible?

Y bien, uno de los principios que todos debemos tener claro es que los materiales, sean cuales sean, se mantienen unidos gracias a los enlaces químicos entre los átomos o las moléculas que los forman. Por ejemplo, el papel de este diario, o la pantalla del ordenador en la que quizá lee estas palabras, mantienen su integridad material gracias a los enlaces químicos entre las moléculas o átomos que los forman.

De lo anterior se deduce que cuando rompemos un material, por ejemplo si, al leer una gran noticia, decidimos recortar la página del diario para guardarla, rompemos enlaces químicos. Así son las cosas. La energía necesaria para romper o cortar algo se emplea en romper los enlaces que lo mantienen unido.

Por consiguiente, si deseamos que el objeto roto vuelva a reconstituirse, deberemos formar de nuevo los enlaces químicos que se han destruido cuando se rompió. El problema, claro, es que normalmente esto no es posible, porque esos enlaces se formaron en condiciones muy diferentes a las que disfrutamos en condiciones normales de humedad, presión y temperatura. Pudieron formarse, por ejemplo, a elevadas temperaturas, o en presencia de disolventes.

De lo anterior deducimos que para poder conseguir la reconstitución de un objeto roto, este debe estar mantenido por enlaces que puedan romperse y volverse a formar a temperatura ambiente y que, al mismo tiempo, tengan suficiente consistencia como para permitir cierta solidez y, en el caso de la goma, elasticidad. ¿Existen esos enlaces? No lo dude. Son, además, enlaces muy comunes, sin los cuales la vida sería imposible, porque son los enlaces que mantienen unidas las moléculas de agua y también unidas a las dos hebras de nuestro ADN. Son los llamados enlaces de hidrógeno.

Los enlaces de hidrógeno se forman por fuerzas electrostáticas de atracción de cargas de signo opuesto. Todos sabemos que la molécula de agua está formada por un átomo de oxígeno unido a dos de hidrógeno. En esta unión, los átomos comparten los electrones, lo que conduce a una mayor estabilidad que la que consiguen los átomos por separado. Lo que es menos conocido es que el oxígeno posee una avidez por los electrones más elevada que la del hidrógeno, por lo que consigue que los electrones que comparte con los átomos de hidrógeno se encuentren más cerca de él. Esto implica que el oxígeno posee a su alrededor una ligera carga negativa en exceso, mientras que el hidrógeno la posee positiva.

Así pues cada molécula de agua cuenta con una parte ligeramente negativa (cerca del oxígeno) y con otra ligeramente positiva (cerca de los átomos de hidrógeno). Esto conlleva que las moléculas de agua se atraigan entre sí por sus partes de carga opuesta. Como esta atracción involucra siempre al hidrógeno, se ha llamado puente de hidrógeno.

El puente de hidrógeno es un enlace reversible a temperatura ambiente, es decir, puede romperse y volverse a formar. Una gota de agua puede escindirse en dos, pero dos gotas de agua pueden reunirse en una. En el primer caso se rompen puentes de hidrogeno; en el segundo, se forman. Si pudiéramos fabricar una sustancia que se mantuviera unida por puentes de hidrógeno, pero no fuera líquida como el agua, esta sustancia una vez rota, podría volverse a unir, igual que dos gotas de agua.

Y bien, esto es lo que han conseguido los científicos. Han fabricado moléculas a base de grasa y de urea que son largas como espaguetis, y están unidas por puentes de hidrógeno. Estas moléculas forman la goma elástica. Cuando las moléculas-espagueti se tensionan, la goma se estira, y al soltarla, se encoge, pero si la rompemos en dos, lo único que hemos roto son los puentes de hidrógeno, por lo que, al juntarlas de nuevo, se unirán como si de dos gotas de agua se tratara, aunque tardarán algo más de tiempo en unirse que estas.

Las aplicaciones de este material pueden ser numerosas como, por ejemplo, recubrimientos resistentes a arañazos y roturas, o bolsas de goma que pueden perforarse miles de veces y a cada vez la perforación vuelve a cerrarse. La magia de la ciencia no dejará nunca de sorprendernos.

17 de marzo de 2008

LA EXPANSIÓN DE LA IGNORANCIA

HE COMENTADO EN varias ocasiones que el incremento de nuestro conocimiento científico resulta, en realidad, en un incremento de nuestra ignorancia, ya que cada nuevo descubrimiento nos plantea más nuevas preguntas de las que nos responde. Quizá llegue un día en que el ser humano lo sepa todo o, al menos, un día en que cada nuevo descubrimiento no suscite más misterios de los que resuelve, pero esto solo será posible en algún distante momento del futuro, y solo si somos capaces de mantener guardado a buen recaudo el conocimiento adquirido en el pasado, ya que si este conocimiento se pierde puede que no lo podamos volver a recuperar.

No quiero decir con esto que dude de la capacidad de las generaciones futuras para, en caso de una catástrofe mundial que acabara con nuestra civilización, volver a desarrollar una nueva civilización tecnológica. Me refiero a algo más fundamental que la ciencia nos revela, que es, nada menos, que la incapacidad del propio universo para mantener la información sobre su origen y evolución.

Lo que sabemos acerca del universo lo hemos conocido aplicando la observación y la deducción y lógica científicas. Sabemos hoy que el universo nació hace unos catorce mil millones de años en lo que se ha llamado el *Big Bang* (la Gran Explosión). Y si sabemos esto es por dos razones. La primera, porque la Humanidad ha sido capaz de observar el universo con aparatos y robots espaciales sofisticados y extraer así información. La segunda, porque el propio universo, en el momento actual de su evolución, contiene esa información; no se ha perdido o desfigurado significativamente a lo largo de sus catorce mil millones de años de vida.

Tres son los pilares sobre los que se asienta nuestro conocimiento científico sobre el origen de universo. El primero es que, en efecto, observaciones telescópicas y espectroscópicas, indican que el universo se expande, y que esta expansión se acelera con el tiempo, es decir, es más rápida hoy de lo que lo fue en el pasado. El universo se está "evaporando".

El segundo pilar de nuestro conocimiento lo constituye la radiación de microondas del universo que nos llega de todos lados por igual y que corresponde a la que fue en su momento emitida en el *Big Bang*. Esta radiación es la que miden cada vez con mayor precisión ciertos satélites, como los llamados COBE y WMAP, y nos demuestra que el universo fue mucho más caliente en el pasado, como es de esperar que suceda en una explosión.

El tercer pilar lo constituye la proporción de elementos químicos ligeros en el universo, es decir, la proporción de hidrógeno, deuterio, y helio. Estos elementos se formaron durante los tres primeros minutos tras el *Big Bang*. Si hoy conocemos esto es precisamente por las proporciones en las que se encuentran en el universo, que podemos medir. El universo consta de un 70% de hidrógeno, de un 28% de helio y de sólo un 2% de otros elementos. Teniendo en cuenta su edad, estas proporciones son posibles hoy si inicialmente el universo contenía un 76% de hidrógeno y un 24% de helio, justamente las proporciones predichas por la teoría del *Big Bang*.

Como he dicho antes, si conocemos todo esto es porque hemos sido capaces de descubrirlo, pero también porque el universo contiene esa información. ¿Seguirá conteniendo el universo en su evolución esta información para las civilizaciones futuras, donde quiera que puedan surgir en su interior? Y bien, lo que podemos prever sobre el futuro del universo nos dice que no.

Los tres pilares de nuestro conocimiento sobre el universo desaparecerán en el futuro. El primero de ellos: la expansión. Cuando el universo tenga unos cien mil millones de años, es decir, unas siete veces la edad actual, se habrá expandido tanto que no será posible observar galaxias diferentes a la propia, al encontrarse el resto más allá del horizonte de observación. Los seres inteligentes que puedan observar las estrellas concluirán que su galaxia es todo lo que existe. Solo podrán especular sobre la existencia de otras galaxias similares a la suya en otros lugares remotos del universo, o en otros universos, pero nunca sabrán de su existencia.

El segundo pilar, la radiación de microondas, también desaparecerá. Cuando el universo tenga unas veinticinco veces la edad actual, la radiación habrá disminuido tanto que será indetectable. La huella del *Big Bang* se habrá borrado para siempre.

En cuanto a la proporción de los elementos químicos ligeros, esta también cambia con la edad del universo. Los elementos ligeros son consumidos por las estrellas y convertidos en elementos más pesados. Con el tiempo, el universo contendrá más helio que hidrógeno, y la información proveniente del *Big Bang* y que nos habla de su origen también se habrá perdido.

Así pues, no solo el universo en el que vivimos es extraordinario porque posee las propiedades adecuadas para permitir la vida y, al menos, cierto nivel de inteligencia en su interior. Es también extraordinario porque permite la existencia de seres inteligentes en un tiempo de su historia en el que es aún posible descubrir su origen y su evolución.

Sin embargo, esta situación nos induce también a pensar que quizá hayamos perdido ya para siempre la posibilidad de conocer ciertas cosas sobre el universo, que se han podido perder desde su nacimiento. ¿Qué hemos perdido? No lo sabemos. Lo que es cierto es que no podremos nunca estar completamente seguros de que conocemos todo sobre el universo. Con toda nuestra capacidad científica y tecnológica debemos siempre ser humildes. Sin embargo, esta humildad y nuestra incertidumbre no deben conducirnos a creer que es lícito aceptar, en términos de igualdad, cualquier teoría. Al fin y al cabo, por lo que sabemos, no parecen igualmente probables el *Big Bang* y un universo eterno que reposa sobre el lomo de un gran elefante, el cual reposa sobre una tortuga, la cual reposa sobre... ¡nuestra ignorancia! La ignorancia nunca es un buen soporte para nada, ni siquiera para el misticismo o la espiritualidad.

24 de marzo de 2008

DÍA MUNDIAL DEL AGUA

COMO SUCEDE CON casi todos los problemas mundiales, el agua también tiene, desde el año 1992, su Día Mundial, declarado por Naciones Unidas. Este año cayó el pasado día 20 de marzo, Jueves Santo, para más señas. Confieso que en medio de las santas vacaciones, no tuve tiempo de dedicar atención a lo significativo de este día y hablar de un asunto que cada vez preocupa más en este país y sus regiones: el agua. No obstante, de ello hablaremos hoy.

Con motivo del Día Mundial del Agua, la revista científica *Nature* publica numerosos artículos para explicar e informarnos, no sin cierta sequedad, del problema al que nos enfrentamos. Leyendo la información contenida en sus páginas nos enteramos, por ejemplo, de que si el planeta Tierra, cada vez menos inadecuadamente llamado así, fuera plano, el agua lo cubriría con una capa homogénea de 2,7 kilómetros de espesor.

Parece un montón de agua, y lo es, pero de esta enorme cantidad que posee el planeta, solo el 3% es agua dulce. De esta, el 70% se localiza en glaciares, en los casquetes polares y en las nieves permanentes, y no se encuentra disponible para el consumo animal o humano. De hecho, los ríos, las nubes y los lagos solo contienen alrededor del 1% del agua dulce del planeta, es decir, un 0,03% del total.

Con estas cifras, uno tiene todo el derecho de preguntarse si tenemos suficiente agua dulce en el planeta para seguir adelante con nuestras actividades vitales y económicas. Si hace unas pocas décadas el problema más importante era el hambre, no estamos quizá lejos de que el principal problema mundial sea la sed. Y la sed nos conduce, a su vez, de nuevo al hambre, porque para cada caloría de alimento que producimos necesitamos un litro de agua, es decir, para una dieta media diaria por persona de dos mil calorías, necesitamos dos mil litros de agua. Así pues, para los alrededor de siete mil millones de personas que habitamos este planeta, necesitaríamos... haga usted el cálculo si se atreve.

Y esto es sin contar el agua que cada persona necesita para lavarse, beber y limpiar la ropa, el suelo, etc. Junto con la necesaria para producir alimentos, se estima que el gasto medio por persona es de un millón de litros de agua al año. Si en una bañera media caben, estimo, alrededor de doscientos litros de agua, eso supone cinco mil bañeras llenas de agua al año por cada persona de su hogar. Ni se lo imagina.

Con este panorama, parece que no tenemos suficiente agua ni para ahogarnos en la desesperanza. Además, más de mil millones de personas carecen de acceso al agua potable y dos mil seiscientos millones carecen de adecuadas instalaciones de alcantarillado y evacuación de aguas residuales. Esta situación acarrea serios riesgos para la salud, ya que el uso de aguas sucias o inadecuadas aumenta la probabilidad de infecciones y diarreas y de enfermedades como la disentería y el cólera, con el consiguiente peligro de epidemias. Además, si en muchas regiones del globo ya no se dispone de agua en condiciones adecuadas, se espera que estas regiones aumenten en el futuro, debido a la presión demográfica, al necesario incremento de la agricultura para suplir las necesidades alimenticias, y al indispensable incremento de la producción energética, que requiere también un aporte de agua en muchas ocasiones.

Para acabar de agravar las cosas, el cambio climático que el planeta ya está experimentando no mejora la situación. Uno de sus efectos, entre otros, será la reducción de la nieve en las montañas, que es fuente de agua potable, tras el deshielo, en numerosas regiones. Además, el calentamiento global afectará las lluvias y su distribución. El aumento de la proporción de precipitaciones de lluvia frente a las de nieve modificará la disponibilidad de agua a lo largo de las distintas estaciones del año. Los expertos esperan mayor cantidad de lluvias, en término medio, debido al calentamiento global, pero estas caerán con menor frecuencia, incrementado el riesgo de inundaciones y la consiguiente destrucción de cosechas e incluso vidas humanas.

¿Qué podemos hacer para aliviar estos problemas y mejorar el aporte de agua limpia y potable a todas las poblaciones del mundo? Afortunadamente, la tecnología y la ciencia también nos ayudan en este caso. Se están poniendo en marcha nuevos materiales de filtración que pueden atrapar los virus y las bacterias del agua y matarlos mediante sustancias activadas por la luz. Estos materiales serán de gran ayuda para potabilizar el agua.

También se está aumentando la construcción de plantas desalinizadoras en las costas. Existen alrededor de 75 proyectos de construcción de nuevas grandes plantas desalinizadoras en el mundo, que ya cuenta con cerca de 15.000 de estas planta, las cuales producen cuarenta mil millones de litros de agua al día. Esta producción no es, sin embargo, suficiente, y es necesario incrementarla de manera muy importante en los próximos años.

Sin embargo, la desalinización consume mucha energía, además de ejercer también un impacto ecológico debido a los residuos salinos generados. Por esta razón, se está explorando el empleo de tecnologías que utilicen energías renovables, como la eólica y la solar. El empleo de nuevas estrategias de prefiltrado y tratamiento también ayudan a una mayor facilidad de desalinización, al generarse menos residuos. Por último, nuevas estrategias de desalinización basadas en la tecnología de la ósmosis también están siendo investigadas.

Todas estas nuevas tecnologías, y otras de las que sería largo hablar aquí, supondrán, se espera, un enorme incremento de la producción de agua dulce en los próximos años en todo el mundo. Es obvio que España no puede quedarse atrás y debe poner en marcha políticas eficientes tanto de producción como de ahorro del agua y de su reciclaje. De esta manera nos acercaremos cada día más a producir el agua que necesitamos, sin encontrarnos a merced de los avatares del clima, ni de los dioses de la lluvia.

31 de marzo de 2008

CAUSAS DE LA ESQUIZOFRENIA

HACE UNOS DÍAS, tuve el privilegio de participar en unas Jornadas Científicas sobre la investigación del Cerebro y la Salud Mental, organizadas por la Fundación Familia de Albacete. En ellas, contamos con la participación del prestigioso científico Carlos Belmonte, Presidente de la Organización Internacional para la Investigación del Cerebro, y con Óscar Marín, investigador del Consejo Superior de Investigaciones Científicas.

Creo que los asistentes tuvieron la ocasión de echar un vistazo al panorama actual sobre la investigación del cerebro y a los problemas sociales y de salud relacionados con el mal funcionamiento de este órgano, que siempre funciona peor de lo que creemos, y por eso creemos que nos funciona bien. En particular, me interesó la conferencia del profesor Marín, que versó sobre la esquizofrenia. Esta enfermedad (cuyo nombre proviene del griego y significa "mente dividida") se caracteriza por problemas en la percepción o expresión de la realidad, normalmente manifestados por alucinaciones auditivas (voces fantasmas) o visuales, por creencias irreales y por razonamientos y habla desorganizados. Además, la enfermedad se presenta en distintos individuos con una gran variedad de combinaciones de síntomas, lo cual motivó al primer médico que la estudió (el doctor suizo Paul Eugen Bleuer, 1857-1939) a llamarla esquizofrenias, en plural.

El doctor Marín mencionó el sorprendente dato de que esta enfermedad mental sucede en un 1% de la población del planeta, independientemente de su condición socioeconómica, sexo o raza, es decir, da igual en qué país nazcas o en qué condiciones sociales o económicas vivas. Todos tenemos un riesgo de un 1% de convertirnos en esquizofrénicos.

¿Por qué podría suceder esto? –pensé–. Deduje que si existiera un "gen de la esquizofrenia" esto no sucedería, ya que habría diferencias entre distintas poblaciones que presentarían mayor o menor prevalencia de dicho gen, lo que causaría una distinta incidencia de la enfermedad, no siempre la constante 1%. Sin embargo, la independencia de esta enfermedad mental de las condiciones del entorno indica a las claras que la causa es genética. De nuevo, si no fuera así habría diferencias, por ejemplo, entre las poblaciones más y menos desarrolladas, o más o menos ricas o educadas.

El doctor Marín indicó que nadie había podido, hasta el momento, resolver esta paradoja. Afortunadamente hay veces en que la solución de un problema aparece justo momentos después de que uno sea consciente de que dicho problema existe, y esto es lo que ha sucedido con las causas de la esquizofrenia. Un estudio, publicado la semana pasada en la revista *Science*, resuelve muy posiblemente la paradoja de las causas de la esquizofrenia. Voy a intentar explicar aquí cómo lo logra.

Los autores de este estudio, un grupo de nada menos que treinta y seis científicos de varias universidades y centros de investigación estadounidenses, no estaban muy de acuerdo con lo que se creía hasta hoy cierto sobre el origen genético de la esquizofrenia. Según esta idea, la causa de la esquizofrenia era la herencia de variaciones genéticas, pero no en un solo gen sino en una combinación de genes al mismo tiempo. De acuerdo a esta hipótesis, los individuos esquizofrénicos serían aquellos que habrían tenido la mala suerte de heredar una mala combinación de genes de sus padres, los cuales, al no poseer en su genoma la misma combinación genética, que solo se genera en el momento de la concepción, no sufren la enfermedad. Por esta razón, la esquizofrenia sería una enfermedad genética, pero no necesariamente heredable, ni transmisible.

Aunque esta hipótesis tiene su mérito, sigue sin explicar bien por qué esa incidencia constante del 1%. Las variantes génicas no están siempre homogéneamente distribuidas por el mundo y, por consiguiente, sería de esperar que la incidencia de esta enfermedad variara entre países y regiones.

Por esta razón, los científicos decidieron estudiar si la esquizofrenia no tendría un origen distinto, similar, por ejemplo, al que posee el mongolismo. Es esta una enfermedad genética que tampoco se hereda normalmente de los padres, ya que se produce por una duplicación anómala del cromosoma 21 –o de un fragmento del mismo– en el momento de la generación de los óvulos o espermatozoides. Los genes contenidos en ese cromosoma afectan probablemente al desarrollo cerebral. Curiosamente, la incidencia de esta enfermedad es también bastante constante entre distintas poblaciones.

Por esta razón, los científicos decidieron estudiar si los esquizofrénicos no poseían anormalidades cromosómicas por encima de la media y si estas anormalidades no afectarían a genes que pudieran tener que ver con el desarrollo del cerebro. Lo han adivinado, esto es precisamente lo que encontraron.

Utilizando modernas técnicas moleculares, los científicos identificaron duplicaciones o ausencias de muy pequeños fragmentos en distintos cromosomas de los individuos esquizofrénicos. Estas anormalidades no pueden detectarse al microscopio. Los esquizofrénicos mostraron estas anomalías tres veces más frecuentemente que los individuos sanos, que también las poseen. Sin embargo, en todos los casos de enfermedad, la anomalía afectaba a genes que desempeñaban un papel importante en el desarrollo cerebral. Esto no siempre sucedía en los individuos sanos con anomalías genéticas, que involucraban solo genes que no afectaban al cerebro.

Lo más interesante era que estas anomalías no las presentaban los padres de los enfermos, es decir, se habían producido por fallos al azar en la maquinaria de replicación de los genes de generación en generación. Como es de esperar que estos fallos al azar se produzcan con una frecuencia similar en todos los individuos de una especie, esto podría explicar por qué la esquizofrenia es una enfermedad genética con incidencia constante que, no obstante, no depende de la mutación en un determinado gen.

Así pues, sabemos ahora que el Dr. Bleuer, descubridor de esta enfermedad, estaba muy en lo cierto al creer en la existencia de esquizofrenias, y no de una sola esquizofrenia. Dada la variación en los genes causa de estas enfermedades, este descubrimiento nos aleja de la posibilidad de encontrar una única cura para las mismas. Sin embargo, el descubrimiento posee la virtud de permitirnos explicar la variabilidad en los síntomas y condiciones que presentan los esquizofrénicos. Por alguna razón, el poder explicativo siempre nos tranquiliza y elimina nuestros sentimientos de culpabilidad. Algo es algo.

7 de abril de 2007

ATASCOS EXPLICADOS

SI EL COMÚN de los mortales se encoge ante los misterios de la ciencia profunda, como el origen de la vida y del universo, normalmente se envalentona para dar explicaciones a los fenómenos cotidianos. Incluso yo mismo, mortal común para casi todas las ramas de la ciencia, excepto mi especialidad, no me inhibo a la hora de aventurar explicaciones para todo, explicaciones que luego la ciencia revela, muchas veces, incorrectas.

Es el caso de los atascos de tráfico. ¿Quién no se ha encontrado atrapado en uno, preguntándose, entre improperios y juramentos, cuál es el origen del maldito atasco? Poco a poco vamos avanzando por la autopista y el atasco va disolviéndose, para aparecer unos kilómetros más adelante. Cuando de nuevo vuelve a disolverse, quizá podamos ver un coche de policía que ha detenido a un imprudente, o un accidente mayor o menor, pero, muchas veces, normalmente en tiempo de intensa movilidad vacacional, no vemos ni policía ni accidente que puedan explicar el siempre inoportuno atasco.

No importa. Estamos seguros de que el atasco se ha producido por alguna causa que ha impedido el flujo normal de vehículos. Quizá la causa haya desaparecido ya cuando llegamos al fin del atasco: la policía se ha ido o el vehículo accidentado o averiado ha sido retirado. Sin embargo, no albergamos dudas de que algo así debió causar el atasco. ¿Qué otra cosa, si no, podría explicarlo?

Esta pregunta también se la han formulado científicos que investigan el flujo del tráfico rodado por las autopistas, que, aunque parezca raro, también los hay. Normalmente, estos profesionales son físicos o ingenieros que intentan conseguir lo que la ciencia persigue: conocer las causas de un fenómeno para influir sobre él, si es posible, y mejorarlo. En otras palabras, estos investigadores pretenden, como todos los investigadores de buena voluntad, que afortunadamente son mayoría, hacer más fácil la vida a sus semejantes.

Y las discusiones sobre las causas de los atascos eran causa de atasco para el avance de sus explicaciones. Vamos a ver. Es evidente, claro, que si ha ocurrido un accidente, o una avería, en medio de la autopista, se produce un atasco. Sin embargo, este solo se produce, evidentemente también, si el tráfico rueda por encima de un determinado nivel de vehículos. Si se avería un coche a las tres de la mañana en una autopista por donde no pasa casi nadie a esa hora, el atasco no se producirá.

Estas finas observaciones de Perogrullo condujeron a algunos físicos japoneses a pensar, gracias a que los atascos de Tokio les proporcionaban mucho tiempo para hacerlo, que los atascos no se producen por causas externas al tráfico de vehículos, sino, en realidad, por causas internas, es decir, por la propia dinámica del tráfico. Esta dinámica se ve influida por factores externos, claro, como averías o accidentes, pero no son estos las verdaderas causas de los atascos. En otras palabras, es posible que, por encima de una determinada intensidad del tráfico, los atascos se desarrollen espontáneamente, aunque no haya accidentes, averías, o estúpidos que cambien de carril sin cesar.

Excitados por la idea, tras salir del atasco, los investigadores abandonaron su vehículo y se dirigieron a sus ordenadores, donde intentaron desarrollar modelos de tráfico para comprobar si sus hipótesis eran ciertas. Los modelos de ordenador que desarrollaron, en efecto, indicaron que si el tráfico de vehículos superaba un nivel crítico, que dependía de la anchura de la autopista, número de carriles, etc., los atascos se producían espontáneamente.

Sin embargo, los modelos de ordenador tienen el inconveniente de no ser reales del todo. Como siempre, para probar que una hipótesis es cierta hay que comprobarla con experimentos. Y esto es lo que hicieron a continuación los investigadores. El Dr. Sugiyama (que así se llama el director del trabajo) y sus colegas reclutaron conductores voluntarios para conducir vehículos a lo largo de un circuito circular de doscientos treinta metros de circunferencia.

Inicialmente, los vehículos se colocaron uniformemente espaciados y se instruyó a los conductores a que condujeran a una velocidad constante de 30 km/h y a mantener una distancia dada con el vehículo de delante. El tráfico fluyó con suavidad cuando el número de vehículos en el circuito era pequeño, pero si se incluía un número de vehículos por encima de un valor crítico, que en ese circuito era de veintidós automóviles, los atascos se desarrollaban espontáneamente.

La razón de esto también quedó patente al analizar el comportamiento del tráfico en el circuito. Como es de esperar, los conductores humanos no son robots, y son incapaces de mantener siempre la misma velocidad y la misma distancia con el vehículo que les precede. Así, pronto se desarrollan pequeñas variaciones en el espaciamiento de los vehículos. Si hay pocos vehículos, estas variaciones se corrigen y no impiden el flujo normal, pero si hay demasiados vehículos, en menos de un minuto estas variaciones crecen y los vehículos se acumulan en un punto del circuito, mientras que están excesivamente espaciados en otro. En el punto de acumulación, los conductores tienen que reducir la velocidad o incluso parar, y luego acelerar a medida que los vehículos salen del atasco, una situación que seguramente resulta familiar. Curiosamente, este punto de acumulación va desplazándose por el circuito "hacia atrás", en sentido contrario al del tráfico. Si lo piensa, seguro que descubre por qué.

Estos estudios demuestran que la propia dinámica de los conductores en un entorno de alto número de vehículos conduce irremisiblemente al atasco, y al avance de los vehículos en forma de "acordeón" por las autopistas. Al menos, tenemos ahora una explicación demostrada experimentalmente que debe facilitar que no nos impacientemos tanto al volante cuando nos encontremos en un atasco, al que nosotros también estamos contribuyendo precisamente por estar también allí, aumentando el número de vehículos por encima de ese crítico umbral. Hagamos como esos investigadores japoneses y aprovechemos el tiempo para pensar, o simplemente para oír música o hablar con nuestra pareja. Los atascos proporcionan momentos de tranquilidad en nuestra vida y están más allá de nuestro control. Intentemos, pues, en lo posible, disfrutar de ellos.

14 de abril de 2008

ILUSORIA LIBERTAD

UNO DE LOS asuntos más debatidos en la historia intelectual de la Humanidad es el del libre albedrío. La impresión de que somos libres y tomamos decisiones es fundamental para nuestra vida mental, si acaso tenemos una. Esta convicción es igualmente fundamental para nuestro orden social, que se basa en gran medida en otorgar libertad a los ciudadanos y conferir, en consecuencia, responsabilidad por nuestros actos. Sin libertad no puede haber responsabilidad, y cada cual es libre y responsable de comprender esta máxima básica del comportamiento humano. Los robots no pueden ser nunca responsables de lo que hacen. Solo los seres libres son responsables de sus acciones u omisiones.

Nuestros sentidos, sentimientos y sensaciones nos indican que somos libres, que podemos tomar las decisiones que consideremos más adecuadas. Desgraciadamente, los sentidos y sensaciones también nos indican que la Tierra es plana. Sabemos que es solo una ilusión, por tozuda que nos parezca, y comprendemos y vivimos hoy con la realidad de que es esférica.

Algo similar puede suceder con la idea de nuestra libertad individual. De hecho, experimentos científicos de hace ya más de dos décadas indican que nuestras acciones se inician por procesos mentales inconscientes, que suceden antes de que seamos conscientes de nuestra intención de actuar. Por ejemplo, en un experimento, se midió la actividad eléctrica cerebral cuando los sujetos decidían o no presionar un botón. En todos los casos, su decisión consciente se vio precedida por un potencial eléctrico en un área cerebral motora que sucedía medio segundo antes de que fueran conscientes de su decisión de apretar el botón.

Estos resultados sugieren que el cerebro ha tomado ya la decisión antes de que nuestro "yo" sea consciente de ello. En otras palabras, el "yo" tiene la ilusión de ser libre y tener el control, pero es falso. El control lo tiene una especie de "pre-yo" –lo que quiera que sea eso–, que toma las decisiones por nosotros.

Sin embargo, los científicos no estaban dispuestos a prescindir de su libre albedrío así como así. Es algo demasiado querido como para suponer que es una ilusión solo porque un experimento científico, por más libre y racionalmente planificado que haya sido, así lo indique. Y es que hay muchas veces que no nos gusta lo que la ciencia nos dice, ni siquiera a quienes la practicamos.

Por esta razón, los investigadores fueron quizá más críticos de lo normal con estos estudios. Algunos indicaron que la diferencia de tiempo medida era demasiado pequeña como para ser exacta. Otros indicaron que la actividad cerebral no predice el resultado de la decisión, sea esta apretar o no el botón, sino simplemente que se está tomando una decisión.

Para seguir estudiando estas interesantes e importantes cuestiones, investigadores del Instituto Max Planck de ciencias cognitivas decidieron utilizar las modernas técnicas de imagen cerebral con voluntarios mientras realizaban una tarea de toma de decisiones similar a la mencionada más arriba. La tecnología utilizada fue la resonancia magnética funcional, que permite examinar la actividad cerebral por mucho más tiempo que los experimentos anteriores. Los investigadores estudiaron si el patrón de activación cerebral les permitía predecir la decisión, apretar el botón derecho o el izquierdo, que los sujetos iban a tomar.

El patrón de actividad cerebral más temprano que los investigadores detectaron ocurría en el córtex frontal, justo tras la frente. Este patrón permitía predecir la decisión del sujeto con una exactitud del 60%. Puede no parecer mucho, pero ya me gustaría a mí predecir las decisiones de mi mujer con ese grado de precisión.

Lo más impactante es que ese patrón de actividad cerebral sucede nada menos que diez segundos antes de que el sujeto sea consciente de que toma una decisión, es decir, permite al investigador averiguar que el sujeto toma una decisión diez segundos antes de que él crea que libremente la toma. Estos resultados han sido publicados recientemente en la revista *Nature Neuroscience* y han asombrado a propios y a extraños. Los propios autores se vieron sorprendidos por la cantidad de tiempo que transcurre desde la activación de la zona prefrontal y la sensación consciente de que se toma una decisión. Igualmente, se han sorprendido por la capacidad que este estudio demuestra para predecir una determinada decisión que se está tomando antes incluso de que el individuo sepa que la va a tomar.

No parece, pues, que el libre albedrío exista como tal. Es, aunque nos cueste creerlo, una ilusión. Al menos esta es la conclusión que, no sin cierta tristeza, los científicos extraen de su estudio. Pensemos libremente en ella antes de juzgar a los demás, pero no antes de juzgarnos a nosotros mismos, y seguro que el mundo mejorará mucho.

21 de abril de 2008

SEXO Y DIETA

BIEN SEA POR razones económicas, culturales, o simplemente emocionales, muchas parejas desearían poder elegir el sexo de sus bebés. De hecho, en países como China, en los que es mucho más rentable tener un hijo que una hija, nacen unos 117 niños por cada 100 niñas. Puesto que la proporción natural de nacimientos es de unos 105 niños por cada 100 niñas, resulta evidente que algo están haciendo los chinos para favorecer el nacimiento preferente de niños.

Y lo que parece están haciendo es provocar el aborto selectivo de niñas utilizando para ello el análisis fetal con ultrasonidos, a pesar de que es ilegal incluso en China utilizarlo para este fin. Si la sonografía revela que el embarazo es de una niña, muchas mujeres abortan voluntariamente, mientras que continúan el embarazo si se trata de un niño.

Estos métodos son muy reprobables y, además, peligrosos para la madre. Sería mucho mejor, si hemos de permitir seleccionar el sexo de los bebés, hacerlo antes de que sean concebidos. Para ello existen hoy, al menos, dos técnicas que, bien es cierto, no están al alcance de cualquier mujer en China. La primera es la fecundación *in vitro* y el análisis genético de los embriones resultantes. Es la misma técnica que se emplea para seleccionar un embrión sano que, tras su nacimiento, posibilitará la curación de un hermano genéticamente enfermo, nacido con anterioridad por métodos tradicionales. Este análisis permite identificar el sexo averiguando si el embrión posee dos cromosomas X (hembra) o uno X y otro Y (macho).

De este modo, se implantará en el útero materno un embrión de sexo conocido: el deseado por los padres.

La segunda técnica es la selección de espermatozoides. Como sabemos, existen dos clases de espermatozoides: los que poseen un cromosoma X y los que lo poseen Y, los cuales se producen en cantidades equivalentes. Pues bien, es hoy posible, mediante técnicas de selección celular, conseguir un enriquecimiento del esperma en espermatozoides de una sola clase, haciendo así mucho más probable concebir embriones del sexo deseado.

Por supuesto, el empleo de una u otra técnica es controvertido, y no se encuentra al alcance de casi nadie. Y es que las cuestiones éticas, e incluso legales, que plantea la selección del sexo de la descendencia distan de estar clarificadas.

Sin embargo, la sabia Naturaleza se nos ha adelantado en posibilitar la elección del sexo de nuestra descendencia, y algunos estudios indican que la relación numérica entre los sexos de los recién nacidos puede variar de acuerdo a las condiciones del entorno, de las que una de las más importantes es el aporte energético en la dieta. Se ha comprobado que en muchos mamíferos la abundancia de recursos alimenticios se ve asociada con un mayor nacimiento de machos a expensas de las hembras.

¿Por qué sucede esto? ¿Qué sentido biológico tiene favorecer el nacimiento de un sexo frente al otro en ciertas circunstancias? Como todo en biología, la explicación se encuentra en la evolución de las especies y en la ley biológica de que para sobrevivir en el tiempo, los organismos deben maximizar las probabilidades de transmisión de genes a la siguiente generación.

Resulta que, en general, la crianza de un macho es más costosa que la de una hembra. Sin embargo, como contrapartida, un macho bien criado, fuerte y que pueda competir con ventaja frente a otros, tiene más probabilidades de transmitir sus genes a la siguiente generación. Ahora bien, será más difícil que un macho débil, mal alimentado durante su crecimiento, tenga éxito en esta empresa, mientras que sí lo tendrá una hembra aunque no haya sido suficientemente bien alimentada. Por estas razones, resulta evolutivamente ventajoso tener hijos en épocas de bonanza, e hijas en épocas de vacas flacas, y esto es lo que sucede en varias especies animales, como he indicado.

¿Sucede lo mismo en la especie humana? Al menos, existen razones para que pueda suceder. En nuestra especie es también más costosa la crianza de un hijo que la de una hija, aun solo en términos alimenticios. Igualmente, los hombres más altos, fuertes e inteligentes suelen tener más éxito reproductivo con las mujeres. Y no se puede ser ni alto, ni fuerte, ni inteligente si no se ha recibido una alimentación adecuada durante la infancia.

De todos modos, como siempre, para averiguar si lo mismo sucede o no en nuestra especie, hay que llevar a cabo estudios científicos. Es lo que han realizado la doctora Fiona Mathews y sus colaboradores de la Universidad de Exeter, en el Reino Unido. Analizando la dieta de 740 madres británicas en la época de la concepción de sus bebés, y analizando el sexo de los nacimientos, estos investigadores encontraron que las madres que habían consumido dietas más calóricas tenían un 55% de probabilidades (en lugar del 50%) de dar nacimiento a un hijo. Lo contrario sucedía con las madres que habían ingerido dietas menos calóricas. La diferencia de calorías no era elevada: solo 180 calorías diarias de diferencia (el equivalente de comerse un plátano más al día) ya producían este efecto.

El mayor efecto de la dieta lo encontraron, sin embargo, en aquellas mujeres que tomaban diariamente cereales en el desayuno. Estas tenían una probabilidad de 59% de dar nacimiento a un hijo, y solo un 41% de dar nacimiento a una hija.

Si eres una mujer en edad de procrear, antes de dejar de comer cereales, o por el contrario, de atiborrarte de los mismos en desayuno, comida y cena, debo decirte que este estudio no es definitivo y que muchos expertos albergan serias dudas de que sea correcto. Otros factores diferentes de la dieta pueden haber influido en estos resultados, que incluso pueden ser fruto de la pura casualidad.

En todo caso, creo que no conviene hacer experimentos con la dieta en el momento de la procreación, y nunca sin el control de un especialista. Lo más prudente para dar nacimiento a un bebé sano es disfrutar siempre de una dieta equilibrada, no fumar, no beber alcohol, y dormir adecuadamente. Al fin y al cabo, ¿qué importa el sexo de nuestro bebé si no nace sano?

28 de abril de 2008

GEMELOS SIEMPRE DIFERENTES

QUIZÁ UNA DE las particularidades más interesantes de nuestra especie sea el hecho de que las mujeres suelen tener un solo bebé por gestación. Y menos mal, porque no me puedo imaginar lo que sería intentar educar y alimentar a cuatro o cinco hermanos o hermanas nacidos tras cada embarazo.

Si los embarazos de tres o cuatro embriones son una curiosidad, no lo son tanto los embarazos en los que se desarrollan dos embriones, y que dan lugar al nacimiento de gemelos. Unos 125 millones de gemelos viven hoy en el mundo, es decir, alrededor del 1,9 % de la población.

Como sabemos, existen dos tipos de gemelos: los genéticamente idénticos y los que no lo son. Estos últimos provienen de la fecundación de dos óvulos diferentes por dos espermatozoides también diferentes. En este caso, los gemelos están genéticamente relacionados de manera idéntica a la de los hermanos nacidos de embarazos diferentes. La suerte ha querido que se conciban y nazcan prácticamente al mismo tiempo, pero eso es todo. De hecho, como los hermanos de distintos partos, estos gemelos pueden ser de sexos opuestos.

Más interesantes son los gemelos idénticos. Estos provienen de la fecundación de un solo óvulo por un solo espermatozoide. Por alguna razón, de este óvulo fecundado van a desarrollarse no uno, sino dos embriones. Tras la primera división del óvulo fecundado, que origina dos células idénticas, cada una de ellas va a desarrollarse en un individuo completo, en lugar de participar en el desarrollo de uno solo, como es lo más frecuente.

En la actualidad viven en el mundo alrededor de diez millones de gemelos idénticos, menos del 0,2% de la población. De estos, las gemelas son algo más frecuentes que los gemelos, no sé por qué. Quizás el crecimiento al mismo tiempo de dos varones en el útero materno sea más difícil que el de dos mujeres.

Por si esta rareza fuera poca, contamos con esta otra: el 25% de los gemelos genéticamente idénticos son imágenes especulares. Esto quiere decir que un gemelo es como la mano derecha, y el otro, como la mano izquierda. En este caso, los órganos internos se encuentran también colocados como si se hubieran reflejado en un espejo: el corazón y el bazo se encuentran a la derecha; el hígado y el apéndice, a la izquierda. Estos individuos son un problema al menos para el diagnóstico de la apendicitis, ya que en caso de sufrirla les duele el otro lado y el médico, si desconoce su condición de imagen especular, se encuentra tan confundió como Alicia a través del espejo.

Al margen de estas curiosidades, la existencia de gemelos constituye una excepción a la regla de que cada ser humano es diferente, único e irrepetible. Otra excepción más reciente puede constituirla la posibilidad de clonación; en realidad, los gemelos son clones naturales, puesto que poseen el mismo genoma. Sin embargo, los hermanos gemelos no son clones absolutamente idénticos. Sutiles diferencias permiten diferenciarlos entre sí, al menos a sus padres y familiares cercanos. ¿De dónde provienen estas diferencias?

Normalmente se ha supuesto que las disimilitudes entre los hermanos gemelos eran debidas a pequeñas diferencias en el desarrollo intrauterino, en la alimentación, la educación, o el entorno en el que se desarrollan. Por más gemelos que sean, los dos hermanos no viven la misma vida: no comen exactamente lo mismo, no duermen exactamente el mismo tiempo, y, sobre todo, no ven todos los días exactamente los mismos programas de televisión. La combinación de estas diferencias puede ejercer un efecto acumulativo, que incluso puede afectar al funcionamiento de sus genes. De hecho, los hermanos gemelos suelen ser más difíciles de diferenciar cuando niños que cuando adultos.

Sin embargo, estas explicaciones no eran satisfactorias para todos. En la era en la que nos encontramos, que puede llamarse de muchas formas, pero una de las cuales es la era de la biología molecular y la genómica, se hacía necesario estudiar si los gemelos genéticamente idénticos no serían menos idénticos de lo que se creía.

No obstante, ¿qué razón puede existir para pensar que los gemelos no son genéticamente idénticos por completo? Y bien, resulta que el ADN de las células debe copiarse en cada división celular. Como desde el óvulo fecundado al nacimiento se realizan millones de copias celulares y cada copia no es infalible, es posible que ligeros, y diferentes, fallos acaecidos durante el desarrollo de cada gemelo conduzca a diferenciarlos. Pensemos, además, que si un fallo de copia produce una célula diferente en un momento del desarrollo embrionario, la diferencia se reproduce después en todas las células que deriven de la que inicialmente la ha adquirido. De este modo, las células de los dos cuerpos gemelos no serían todas absolutamente idénticas.

Para confirmar o refutar esta posibilidad, un grupo de investigadores de la Universidad de Alabama, en EEUU, ha comparado los genomas de diversas células de tejidos u órganos de diecinueve parejas de gemelos idénticos. Lo que ha encontrado indica que, en efecto, cada individuo posee células genéticamente diferentes, debido a ligeras variaciones producidas en la copia del ADN durante las divisiones celulares. Estas diferencias conducen con frecuencia a que los individuos posean un número distinto de copias de determinadas regiones de su ADN, e incluso de determinados genes.

Además de ayudar a explicar por qué los gemelos idénticos no lo son tanto, lo más interesante de este descubrimiento es que puede sernos útil para identificar las causas de enfermedades genéticas, o de la predisposición genética a ciertas enfermedades. Algunas veces, uno de los gemelos desarrolla una enfermedad, por ejemplo, la diabetes, pero el otro, no. Hasta hoy se había supuesto que esto podía deberse al azar, o a diferencias en el ambiente, como he dicho, pero este descubrimiento nos permite estudiar ahora si las diferencias genéticas adquiridas durante las divisiones celulares en el desarrollo pueden ser la causa de la distinta suerte corrida por los dos gemelos. En caso de que así fuera, podremos entonces identificar los genes responsables, que más tarde pueden convertirse en blancos de nuevas terapias o estrategias preventivas. Como suelo decir, no hay conocimiento baladí para la mejora de la salud de todos y todas.

5 de mayo de 2008

EDUCACIÓN, LIBERTAD Y LAICISMO

LOS ENCONTRONAZOS SUCEDIDOS los últimos meses entre la Iglesia y el Gobierno, que posiblemente van a prolongarse tras el anuncio de las intenciones de modificar la ley de libertad religiosa y convertir a España en un país más laico, me han hecho reflexionar. Tras meditarlo un tiempo, he decidido salir en defensa de la Iglesia y nada mejor para lograrlo que intentar explicar las razones de su comportamiento.

Como científico creo que la religión y su atractivo para los seres humanos puede ser explicada por la ciencia, y el comportamiento humano inducido por la religión, también. Es igualmente la convicción de muchos otros científicos, algunos de renombre, como el Dr. Richard Dawkins, autor de "El espejismo de dios". En todo caso, le ruego que lea lo que sigue sin tomárselo personalmente, ni ofenderse.

Veamos, para encauzarnos por el buen camino hacia el entendimiento de lo que sucede entre Gobierno e Iglesia es necesario comprender que cualquier persona, creyente o no, pero especialmente si es creyente, educada en una sociedad marcada por la religión, ha tenido, o aún tiene, su mente racional secuestrada por la manipulación y el adoctrinamiento emocional que, con la mejor de las intenciones, la religión inflige. Este adoctrinamiento es efectuado normalmente en la infancia; en ese momento de la vida en que confiamos ciegamente en la veracidad de lo que los mayores nos dicen; en ese momento en el que carecemos de las herramientas intelectuales críticas para analizar la coherencia de lo que nos prometen.

¿Cómo puede saber que está usted adoctrinado, aunque no lo crea? Muy sencillo. ¿Siente usted malestar si pone en duda y pretende analizar de forma lógica las ideas y valores religiosos en los que cree? ¿Siente usted angustia existencial si teme que lo que cree pueda ser falso? ¿Cree usted que se convierte en peor persona si deja de creer en la religión en la que cree? Si es así, se debe a la manipulación emocional a la que le han sometido, que le impide el análisis racional de las ideas religiosas inculcadas en su infancia. ¿Guía usted sus acciones en lugar de por un análisis razonado, por miedo a un castigo eterno, o motivado por un premio de amor y bondad de igual duración? Esto es signo serio de adoctrinamiento. El miedo que le han enseñado a usted a sentir desde su infancia es una herramienta de manipulación emocional particularmente poderosa. El miedo no le permite analizar si lo que cree tiene o no sentido, es coherente, lógico y, sobre todo, si es creído en plena libertad. Jamás hay libertad si se siente miedo. En cuanto a la promesa de amor y bienestar eternos, están utilizando sus naturales deseos de felicidad y necesidad de afecto para manipularle. Sorprendentemente esto funciona una y otra vez con todos nosotros y en todas las religiones y confesiones.

Por esta razón, me molesta considerablemente la idea de "libertad religiosa", tal y como se manifiesta normalmente en este y otros países. No me malinterprete. Por supuesto que creo y defiendo el artículo 18 de la Declaración Universal de los Derechos Humanos, que establece: "Toda persona tiene derecho a la libertad de pensamiento, de conciencia y de religión [...]". Evidentemente, pero siempre que las creencias sean fruto de una educación en el pensamiento crítico, fruto de una educación en la que no se utilicen las emociones primarias de los niños para adoctrinarlos. Siempre que esas creencias sean resultado de un análisis individual en la intimidad y la libertad de cada uno, y como resultado de la madurez personal. Sin embargo, la "libertad de religión" resulta ser la libertad para seguir adoctrinando las indefensas mentes de los niños. Este tipo de "libertad" constituye un ataque frontal a los derechos humanos. No debería enseñarse religión a los niños antes de que estos alcanzasen una edad mental compatible con el espíritu crítico y el análisis lógico. Lo contrario es, precisamente, no respetar la libertad, y adoctrinar.

No manifiesto lo anterior como resultado de un odio irracional a la religión ni porque me haya convertido en instrumento del "mal", lo que algunos pueden sugerir, o hasta creer seriamente. Lo manifiesto desde la experiencia personal de quien estuvo muy seriamente adoctrinado, pero, gracias a la ciencia, a la lógica y a la valentía personal, ha sabido escapar del adoctrinamiento y del síndrome de Estocolmo emocional al que nos someten los adoctrinadores, quienes, a su vez, son pobres víctimas del mismo adoctrinamiento que infligen a sus semejantes. Afortunadamente, cada vez son más quienes han sabido vencer el adoctrinamiento sufrido en su infancia, y más los afortunados educados en una verdadera libertad religiosa carente de adoctrinamiento, que han alcanzado sus propias conclusiones sobre el sentido de la vida y la muerte, sobre dios, o sobre el pecado.

En todo caso, es el adoctrinamiento que también sufren los adoctrinadores lo que motiva muchas, sino todas, sus acciones, incluidas las manifestaciones contra quienes, como el PSOE y el Gobierno Socialista, defienden mejor o peor el progreso hacia el laicismo, el cual creo debe consistir principalmente en limitar o evitar el adoctrinamiento público en las escuelas del Estado. Como mal menor, que al menos el adoctrinamiento de los niños se limite a una actividad privada realizada en el seno de cada familia y de la que sean responsables los padres. No es que esté bien, pero habrá que aceptarlo ya que no es democrático prohibir la actividad o las creencias religiosas. Si la religión organizada ha de desaparecer en el futuro solo será posible mediante la educación en el pensamiento crítico, mediante la educación en la dignidad de la infancia y de los seres humanos, la educación en la libertad y en la integridad de la identidad intelectual de cada cual. Solo una persona educada en estos valores puede libremente decidir ser ateo. Mientras esto no sea posible, no respetaremos una verdadera educación en libertad. Y no hablamos ya de libertad religiosa sino de libertad y capacidad objetiva para creer o no.

En mi opinión, pues, la mayoría de los seguidores de una religión no son libres. Están adoctrinados y, además, sufren del síndrome de Estocolmo y aman a sus adoctrinadores. Si esto no justifica sus acciones contrarias a la libertad e integridad intelectual, al menos las explica. Viven esclavos de ideas imposibles que controlan sus mentes. Tengamos piedad de ellos, porque realmente la necesitan.

12 de mayo de 2008

DE PARTÍCULAS, MIEDOS Y MITOS

EL AVANCE DEL conocimiento es cada vez más costoso, difícil y quizá arriesgado. Además, a medida que el conocimiento de la Humanidad avanza, son cada vez menos los individuos capaces de comprender lo que ese conocimiento significa. Siempre que alguien desvela un misterio, y eso sucede casi todos los días en nuestro planeta, solo son unos pocos quienes avanzan en sabiduría, y muchos quienes avanzamos en ignorancia.

La ignorancia y el miedo van muchas veces de la mano; miedo que no es solo a lo desconocido, sino a lo que podemos conocer, o a las posibles consecuencias negativas de lo que pretendemos conocer. El miedo, alimentado a la vez por la ignorancia y el avance de las ciencias, ha generado algunos de los mitos más conocidos de la Humanidad. Tal vez el mito primigenio que nos advierte de los peligros del conocimiento sea el de Prometeo, el titán que robó el fuego al dios Zeus para dárnoslo a nosotros, los humanos. Como castigo, Prometeo sigue encadenado a una roca y cada día de la eternidad su hígado regenerado es devorado de nuevo por un buitre.

Este mito alude con claridad sobre los peligros de la tecnología y del conocimiento, porque el fuego es tal vez el primer y más importante avance tecnológico de la Humanidad. De hecho, mucha de nuestra tecnología reposa todavía en la domesticación del fuego.

Otros mitos más modernos nos advierten asimismo de los peligros de la ciencia y del conocimiento. Probablemente el más conocido sea el mito de

Frankenstein: la creación de un científico demasiado ambicioso se vuelve contra él, y acaba destruyéndole. No es este, en realidad, sino otra versión del mito de Prometeo.

Versiones más modernas de este mito pueblan la literatura y el cine. Pensemos si no en la novela y película "Parque Jurásico". De nuevo, las criaturas creadas por medio de la ciencia acaban por volverse contra sus creadores. Virus que escapan de laboratorios, o que suponen terribles riesgos no previstos por los científicos, y que acaban destruyendo a la Humanidad, es también otro de los temas favoritos de la mitología científica catastrofista. La reciente película "Soy Legenda", protagonizada por Will Smith y basada en una novela del autor Richard Matheson, así lo vuelve a confirmar.

Si la mitología catastrofista puebla la investigación biotecnológica, también puebla la investigación en física fundamental y, en algunos casos, el mito es alimentado por las dudas de los propios científicos, quienes son ante todo humanos y también tienen miedo. Durante el proyecto Manhattan, que generó la bomba atómica, algunos científicos estaban preocupados por si la desintegradora explosión no causaría la combustión completa de la atmósfera terrestre y con ella el fin de la vida, humana e inhumana. Desgraciada, o afortunadamente, eso no sucedió (aunque poco importó a los pobres japoneses a quienes cayó la bomba encima, para los que sí acabo toda vida humana).

Miedos similares han acompañado el desarrollo de los aceleradores de partículas. Son estos instrumentos gigantescos en los que se hace colisionar, a velocidades próximas a la de la luz, a partículas o núcleos atómicos. La colisión se produce, pues, a energías elevadísimas, con lo que se generan partículas fundamentales que los físicos suponen solo existieron inmediatamente tras el Big Bang que dio origen al universo.

El empleo de estos instrumentos ha resultado ser fundamental para la comprensión de la estructura íntima de la materia, pero no ha estado exento de temores. Como nos informa la revista *Nature*, uno de los temores más extendidos, desde los años 70 del pasado siglo, ha sido el de crear formas de materia súper densas que, debido a los intensos efectos gravitatorios que causarían, acabarían por engullir al acelerador, a los científicos, y al mismísimo planeta Tierra. Sería el experimento definitivo, no por lo indiscutible de sus resultados, sino porque no quedaría nadie para discutirlos.

Los aceleradores de partículas se han ido convirtiendo en máquinas cada vez más potentes, capaces de conseguir colisiones a energías inimaginables. La última generación de estos aceleradores ha producido el llamado Large Hadron Collider, o LHC, que va a ponerse en funcionamiento el próximo verano. Por si no lo sabe, un hadrón es una partícula elemental formada por la combinación de otras más elementales aun, llamadas quarks. Entre los hadrones más conocidos se encuentran los protones y los neutrones, que seguro le suenan.

Se espera que con los experimentos realizados en el LHC se acabe por detectar la llamada "partícula de dios", que no es otra que la conocida por todos con el nombre de bosón de Higgs. Se espera que la confirmación de la existencia de esta partícula y el análisis de sus propiedades permitirán explicar, por fin, por qué las partículas elementales poseen masa, en lugar de ser entes etéreos sin sustancia alguna. No le explico más, porque la física fundamental es demasiado extraña como para que un cerebro tan inteligente como el suyo la entienda.

No obstante, como en otras ocasiones, el miedo empaña el desarrollo de estos experimentos. En esta ocasión se teme que las enormes energías implicadas en las colisiones no acaben por crear un... ¡micro agujero negro! El micro agujero negro, que engulliría todo a su alrededor, incluida la misma luz, acabaría por engullir la Tierra y convertirla en otro agujero negro algo más grande, quizá de algunos milímetros de diámetro. El resto del sistema solar probablemente no se enteraría de nada.

Ante esta perspectiva, un residente de Hawái ha depositado una demanda en un juzgado para evitar la puesta en marcha del LHC, si antes no se evalúan los riesgos de "Apocalipsis cuántica" por una comisión debidamente cualificada, formada, previsiblemente, por científicos entendidos en la materia, nunca mejor dicho. Si no fuera tan trágico, sería para morirse de risa.

No creo que esta demanda tenga éxito y, por supuesto, todos esperamos fervientemente que esté infundada. El miedo y su hermana más sensata, la prudencia, siempre nos han acompañado en la aventura de la ciencia, pero, afortunadamente, nunca la han detenido. Esperemos que sea así también en esta ocasión.

19 de mayo de 2008

LA INVASIÓN DE LOS MOSQUITOS TIGRE

LA TECNOLOGÍA Y el comercio global están siendo, sin duda, motores importantes de desarrollo económico y progreso; sin embargo, no están exentos de daños colaterales imprevistos e indeseados que causan serios problemas. No me refiero aquí a problemas de la talla del calentamiento global, o del daño a la biodiversidad, sino a un problema tan pequeño como un mosquito que, no obstante, puede convertirse en un enorme problema de salud mundial.

El mosquito en cuestión no es otro que el bello *Aedes albopictus* que, como su nombre indica, es un mosquito "pintado de blanco" (albo pictus). Las manchas blancas de este mosquito parecen pequeñas rayas sobre su cuerpo, razón por la que se le conoce con el nombre más popular de mosquito tigre.

Además de por sus rayas, el mosquito es atigrado en al menos un aspecto más: su agresividad a la hora de la picadura. Como es sabido, las hembras necesitan sangre para el desarrollo de los huevos, en suma para la reproducción. El mosquito tigre, mejor dicho, la mosquita tigresa, no espera a que su víctima esté dormida para picarle: pica en pleno día. Y lo hace tan rápido que la víctima no se da cuenta de nada hasta que su sangre ha sido sustraída.

El mosquito tigre es originario del sudeste de Asia, de donde no había salido hasta el tercer cuarto del siglo XX. Hoy, el mosquito tigre ha invadido todos los continentes, menos el Antártico, y se extiende prácticamente sin freno por el mundo. En Europa, este mosquito ha invadido Italia entera, ha comenzado la conquista de España, donde ya se ha detectado en Cataluña y la Región Valenciana, y ha llegado a latitudes tan norteñas como Holanda o Alemania.

¿Cómo ha conseguido el mosquito salir del sudeste de Asia e invadir el mundo? Aquí es donde el comercio global y la tecnología moderna, en particular la tecnología de la automoción, tienen su parte de culpa. La mosquita tigresa debe poner los huevos cerca de agua estancada. Es suficiente una pequeña cantidad de agua para que las larvas puedan desarrollarse, por ejemplo, el agua que puede quedar dentro de un neumático usado. Y ha sido el comercio global de neumáticos usados el que ha proporcionado estos pequeños charcos de agua donde el mosquito se ha desarrollado y viajado de un continente y de un país a otro.

Además de las molestias que causan sus picaduras, que ya están causando pérdidas económicas en la industria turística italiana, el mosquito tigre plantea un problema más serio, ya que puede ser vector de contagio de enfermedades víricas tan graves como la Dengue y la Chikungunya. Estas enfermedades causan fiebres hemorrágicas graves que pueden incluso originar la muerte. Recientemente, se ha comprobado que el virus de la Chikungunya ha sufrido una mutación génica que lo hace más adecuado para ser transmitido por este mosquito. Parece que la expansión del mosquito tigre está favoreciendo la adaptación de los virus a su anfitrión, también para su mejor expansión.

Ante este estado de cosas, se hace necesario desarrollar estrategias que limiten la expansión de este mosquito y, con ella, la posible expansión de las terribles enfermedades que puede transmitir. Evidentemente, evitar la acumulación de agua estancada en los neumáticos u otros recipientes de origen humano será de cierta ayuda, pero los expertos consideran que estas medidas no lograrán detener la expansión de este mosquito, ni erradicarlo de los lugares que ha invadido. El uso de insecticidas puede también limitar la expansión de este insecto, pero su modo de vida, normalmente escondido durante la noche en la vegetación, le protege del alcance de los aerosoles.

Por estas razones se han desarrollado estrategias basadas en la biotecnología y en la lucha biológica. Una de las que se están utilizando es la producción de cantidades masivas de mosquitos macho estériles, que se liberan al medio ambiente en las regiones donde el mosquito se ha establecido. La idea es que estos machos estériles compitan con los mosquitos macho presentes en la Naturaleza por la fecundación de las hembras. Evidentemente, una hembra "fecundada" por un mosquito macho estéril no va a tener descendencia por lo que si se liberan suficientes mosquitos macho estériles, es de esperar una dramática caída de la población de mosquitos.

Hasta la fecha, se han utilizado mosquitos esterilizados por medio de su tratamiento con rayos gamma, ondas electromagnéticas de mayor energía aun que los rayos X. Sin embargo, los mosquitos esterilizados de este modo están muy debilitados, posiblemente por causa de la radiación, y no pueden competir por las hembras con éxito.

Por esta razón, se están desarrollado otras estrategias, en particular, se pretende utilizar la generación de mosquitos transgénicos que se han diseñado para ser asesinos genéticos de su descendencia. El mecanismo de su actividad asesina de control es muy sencillo. Los mosquitos transgénicos poseen un gen, introducido artificialmente en su genoma, que produce una proteína tóxica para las larvas de mosquito. Además, este gen artificial se ha diseñado de tal manera que no funciona si se administra a los mosquitos el antibiótico tetraciclina. La tetraciclina se une a una parte del gen y evita su funcionamiento, con lo que tratados con esta sustancia, la proteína tóxica no se produce y las larvas de mosquito pueden crecer y llegar al estado adulto.

En el laboratorio, tratados con tetraciclina, estos mosquitos transgénicos se reproducen con normalidad y podemos generar así millones de mosquitos macho. Si estos se liberan a la Naturaleza, competirán con los normales para la fecundación de las hembras y su descendencia heredará el gen artificial que poseen. Sin embargo, en la Naturaleza no tenemos tetraciclina. Trágicamente, en ausencia de esta sustancia, el gen artificial se pondrá a funcionar, producirá la proteína tóxica y matará a las larvas de mosquito. Los genes del padre matan así a sus propios hijos.

Este tipo de mosquitos está listo para ser liberado en Malasia, que sufre de un serio problema de infestación con el mosquito de la fiebre amarilla, un pariente cercano del mosquito tigre. La liberación de estos mosquitos transgénicos al medio ambiente no está exenta de polémica, pero esperemos que la experiencia salga bien, la población de mosquitos sea controlada y podamos así utilizar esta estrategia para controlar también al mosquito tigre en estas latitudes.

26 de mayo de 2008

VIRUS DESPIERTOS, CÁNCER MUERTO

EN MÁS DE una ocasión hemos hablado en estas páginas de los virus, y en más de una ocasión hemos hablado también de cáncer. Hoy vamos a hablar de ambas cosas, porque ciertos virus nos ofrecen ahora la posibilidad de curar algunos cánceres.

Los virus son organismos fascinantes. Son, en realidad, nanorrobots, formados principalmente por proteínas y ácidos nucleicos, que para su reproducción siguen sistemáticamente un programa establecido. En el seguimiento de su programa son tan ciegos como cualquier maquina programada, por ejemplo, tan ciegos como una lavadora automática, o un lavavajillas.

Sin embargo, a lo largo de la evolución, los virus han tenido que superar las barreras y defensas erigidas contra ellos por los sistemas inmunes de los organismos a los cuales atacan para reproducirse. Esta batalla entre virus y otros organismos ha conseguido que los virus desarrollen programas muy sofisticados, encaminados a la supervivencia mediante la evasión del sistema inmune.

Como es sabido, los virus necesitan penetrar en el interior de las células para secuestrar la maquinaria de la vida que estas poseen y conseguir así reproducirse. Las células cuentan, sin embargo, con mecanismos para indicar al sistema inmune que se encuentran infectadas por un virus. Estos mecanismos consiguen, básicamente, que algunas de las moléculas producidas por el virus se muestren en la superficie de las células infectadas, donde las células inmunes pueden verlas, y así acabar con ellas antes de que el virus complete su programa reproductivo en su interior.

El problema de esta estrategia es que las células inmunes solo pueden matar a las células infectadas por un virus si estas muestran moléculas víricas en su superficie. Precisamente por esta razón, ciertos virus, a lo largo de la larga evolución, han "aprendido" a ocultarse en el interior de las células, y evitar que estas muestren en su superficie sus moléculas. Estos virus, tras una infección inicial, que coge normalmente por sorpresa al sistema inmune, entran en un periodo de latencia, en el que se encuentran en el interior de las células, pero en un estado "durmiente", y no muestran sus moléculas al sistema inmune.

Los virus en estado de latencia se "despiertan" de vez en cuando, si detectan que se ha producido una situación propicia para su reproducción. Por ejemplo, en una situación de bajas defensas, los virus pueden iniciar su programa reproductor porque aunque durante su reproducción se mostrarán sus moléculas al sistema inmune, como este se encuentra debilitado, no podrá eliminar a todas las células infectadas. Quienes sufran de herpes labial, causado por un virus latente, sabrán a lo que me refiero, ya que es común el brote de herpes precisamente cuando nos encontramos enfermos o débiles.

No solo el virus del herpes labial es capaz de entrar en latencia. Otros virus de su misma familia también poseen esta propiedad. Es el caso del virus de Epstein-Barr, que causa la mononucleosis infecciosa aguda, más conocida como la enfermedad del beso, ya que no es infrecuente su contagio en la adolescencia al recibir el primer beso en la boca. Se estima que el 95% de los adultos se encuentran infectados por este virus, que de este modo puede considerarse casi como un añadido a nuestro genoma.

Otro de los virus con la propiedad de la latencia es el llamado citomegalovirus, que infecta también a entre el 50% y el 80% de la población adulta. Es este virus el que ha sido utilizado para intentar curar un cáncer cerebral muy maligno: el glioblastoma. ¿Cómo se ha conseguido convertir un pernicioso virus en una herramienta terapéutica anticancerosa?

Pues, por supuesto, con el trabajo y el ingenio de muchos investigadores, quienes con su dedicación a lo largo de los años han ido aumentando el conocimiento de los mecanismos de reproducción de los virus, del crecimiento del cáncer y del sistema inmune. Estos trabajos han revelado que los citomegalovirus abandonan su estado de latencia en células que se reproducen rápidamente, como es el caso de las células cancerosas malignas. Este abandono de la latencia implica que moléculas del virus serán mostradas en la superficie de las células cancerosas y podrán indicar al sistema inmune que esas células están infectadas.

Esta situación es ventajosa para el paciente de cáncer ya que, si está infectado por el citomegalovirus, su cáncer podrá ser eliminado por el sistema inmune. Sin embargo, esto en muchos casos no sucede. La razón es que el propio cáncer es capaz de disminuir las defensas a su alrededor, de causar lo que se llama una inmunodepresión, y evitar el ataque del sistema inmune.

Es ahora cuando interviene la ingeniosidad de los investigadores. En este caso, la ingeniosidad de investigadores de la universidad de Duke, localizada en el estado de Carolina del Norte, EEUU. Estos investigadores supusieron que si conseguían activar el sistema inmune de pacientes de glioblastoma infectados con citomegalovirus, quizá pudieran así eliminar el cáncer.

Para activar el sistema inmune de los pacientes, los investigadores extrajeron células inmunes de su sangre y, en el laboratorio, las pusieron en contacto con células infectadas por citomegalovirus. Tras un periodo de incubación, que condujo a la activación de las células inmunes, los investigadores las reintrodujeron en los pacientes. Activadas de este modo las células inmunes detectaron a las células cancerosas infectadas por el citomegalovirus y las eliminaron. Algunos pacientes tratados de este modo han sido curados de su terrible enfermedad y no han sufrido recaída alguna durante los dos últimos años, lo que es un signo muy prometedor.

Afortunadamente, poco a poco, nuevas estrategias como la explicada aquí se suman a las ya existentes para luchar contra el cáncer cada vez con mayor garantía de éxito. Sin embargo, no hay tampoco duda de que para vencer al cáncer, lo mejor es impedir que aparezca y, para ello, aprovechando que hace unos días fue el día mundial sin tabaco, nada mejor que dejar de fumar, si lo hace, y en todo caso no fumar jamás en presencia de niños, ni siquiera si son los suyos.

2 de junio de 2008

LOGARITMOS MUNDURUCÚ

HACE ALGÚN TIEMPO que no visitamos la tribu de los Mundurucú, y es hora de hacerlo de nuevo. Un reciente estudio con miembros de esta tribu nos desvela hasta hoy ocultos misterios de las capacidades matemáticas del intelecto humano.

Recordemos que los Mundurucú son una tribu amazónica que cuenta con unos siete mil miembros que solo cuentan hasta cuatro. Por increíble que pueda parecernos, el lenguaje materno de los Mundurucú no posee palabras para números mayores de cuatro. Para nombrar cantidades mayores utilizan palabras como "un puñado" o "un montón". Quizá porque solo saben contar hasta cuatro, su nombre contiene cuatro "ues", que de todas formas son un buen puñado.

Esta tribu, tan despreocupada por el porcentaje de aumento de las hipotecas, ha permitido estudiar las capacidades matemáticas innatas que posiblemente compartimos todos los seres humanos. A diferencia de lo que sucede en la mayoría de los países del mundo, estas capacidades no se ven modificadas por la educación académica, que la inmensa mayoría de los Mundurucú jamás ha recibido. Por esa razón, las investigaciones que se están llevando a cabo con ellos nos permiten comprender con qué capacidades matemáticas nacemos los humanos.

Estudios anteriores al que relatamos aquí han demostrado que los Mundurucú poseen una buena capacidad de estimar cantidades sin necesidad de contarlas. Pueden, por ejemplo, estimar si dos montones de semillas separados contienen más, o menos, que otro montón distinto que se les presenta. Esto quiere decir que pueden sumar cantidades "a ojo" con una buena precisión. No obstante, cuando es necesario sumar o restar cantidades concretas para estimar la cantidad final, el fracaso de los Mundurucú es matemático.

Los investigadores que se encuentran estudiando esta tribu, los doctores franceses Pierre Pica y Stanislas Dehaene, han realizado ahora estudios encaminados a explorar si los Mundurucú, y por extensión todos nosotros, poseen una capacidad innata para estimar los logaritmos.

Incluso si los ha olvidado, todos estamos familiarizados con los logaritmos. Todos sabemos que podemos disponer números o magnitudes en una escala lineal, por ejemplo 1, 2, 3..., pero también podemos disponerlos en una escala exponencial, por ejemplo duplicando, triplicando, o decuplicando el número anterior: 10, 100, 1.000, 10.000... Esta última manera de disponer los números es logarítmica, siendo en este caso el logaritmo el número de ceros, es decir, de nuevo 1, 2, 3..., aunque en este caso los números representan magnitudes diez veces mayores que la anterior.

La escala logarítmica es importante porque se encuentra muy presente en la Naturaleza. Son numerosos los procesos y magnitudes que siguen esta escala. Por ejemplo, la intensidad sonora, medida en decibelios, la sigue, como la sigue la escala en la que se mide la magnitud de un terremoto: cada punto de dicha escala supone una energía diez veces mayor que la anterior (un terremoto de magnitud 6 es diez veces menos potente que uno de magnitud 7, el cual, a su vez, es diez veces menos potente que uno de magnitud 8). Por otra parte, además de la escala decimal de logaritmos, la Naturaleza presenta otras en las que las magnitudes no aumentan o disminuyen de diez en diez, sino en base a otras cantidades.

Puesto que la escala logarítmica se encuentra tan presente en la Naturaleza, los investigadores de las capacidades matemáticas de los Mundurucú se hicieron la pregunta de qué escala numérica nos es más natural a los humanos en ausencia de educación matemática, si la escala lineal, 1,2,3..., o si la escala logarítmica, 1, 10, 100, 1.000... Para averiguarlo, sometieron a los Mundurucú a pruebas consistentes en colocar números sobre líneas de longitud determinada. Por ejemplo, si tenemos una línea de 20 cm de longitud, con el valor cero en el extremo izquierdo y el valor diez en el derecho, ¿dónde colocamos el seis? Por el contrario, si tenemos una línea de igual longitud con el valor cero a la izquierda, y el valor cien a la derecha, ¿dónde colocamos el sesenta? La primera línea representa una escala lineal, mientras que la segunda representa una escala logarítmica.

Y bien, los Mundurucú colocaron los números sobre las líneas adecuadamente, pero nunca siguiendo una escala lineal, sino siempre una escala logarítmica. Eso quiere decir que daban una mayor distancia de separación entre el uno y el dos que entre el siete y el ocho, por ejemplo, a pesar de que la diferencia entre ambas parejas de números es de una unidad. Al parecer, los Mundurucú conocen intuitivamente que la diferencia entre una cantidad y el doble (entre uno y dos) es mayor que la diferencia entre una cantidad y la misma a la que se ha sumado una unidad, pero que no resulta en su duplicación. Además, el uso de la escala logarítmica por los Mundurucú no depende de que solo sepan contar hasta cuatro, ya que individuos Mundurucú que han aprendido a contar en portugués (la tribu se encuentra en territorio brasileño), también utilizan la misma escala. No es pues la limitación lingüística, sino otro factor el que determina la elección de la escala numérica preferida.

En este sentido, estudios anteriores han desvelado el hecho de que niños occidentales de corta edad, que todavía no han recibido educación matemática en la escuela, también colocan las cantidades sobre las líneas de forma logarítmica, es decir, de la misma manera en que lo hacen los adultos Mundurucú. Sin embargo, niños de mayor edad, ya introducidos al mundo de las matemáticas, a las sumas, las restas, etc., tienden a utilizar una escala numérica lineal, aunque esto sucede antes para números pequeños que para números mayores de mil.

Así pues, el estudio con esta tribu primitiva, que nunca hubiera osado participar en películas como los Diez Mandamientos, o los Siete Magníficos; ni en series de televisión como con Ocho Basta, y que tampoco conoce los Siete Pecados Capitales, indica que nuestra estimación innata de los números sigue la escala logarítmica. El empleo de la escala lineal es, por tanto, un desarrollo cultural, necesario quizá para el desarrollo de nuestra moderna civilización, pero que no se encuentra de manera espontánea en nuestra naturaleza matemática.

9 de junio de 2008

JUSTICIA NEUROQUÍMICA

UNA DE LAS capacidades más interesantes del ser humano es su sentido de la justicia. Quien tenga hijos seguramente se habrá sorprendido un día al oír quejarse a su retoño de que tal cosa, o tal otra, no es "justa". Puesto que el niño o la niña no asiste a clases de "Educación para la Justicia" (lo que quizá no sea una mala idea, después de todo) cabe preguntarse: ¿cómo aprendemos a evaluar lo justo y lo injusto?

Sin duda, un sentido equilibrado de la justicia es muy importante para una adecuada interacción social. El ser humano, animal irremediablemente social, debe por tanto poseerlo. La razón de esto, como de casi todo si pensamos en términos biológicos, es la evolución de las especies. Individuos que no sean capaces de evaluar una interacción social justa saldrán seguramente perdiendo en la misma, lo que, generación tras generación, acabará por mermar sus posibilidades de descendencia y desaparecerán de la población.

En todo caso, este argumento evolutivo apoya la idea de que el ser humano nace con determinados sistemas cerebrales que le posibilitan para aprender rápidamente a detectar situaciones sociales justas o injustas. Estos sistemas ya son conocidos para otras capacidades humanas, como el propio lenguaje, que aprendemos a utilizar correctamente en nuestra temprana infancia. De manera similar, es en la infancia cuando aprendemos también a detectar las primeras situaciones de injusticia, situaciones que no dejarán de acompañarnos el resto de la vida. La injusticia es consustancial a la sociedad humana.

Sin embargo, nuestro sistema nervioso no se conforma solo con detectar las situaciones de injusticia que nos afectan. Esas situaciones provocan en nosotros reacciones emocionales, normalmente enfado o frustración, y también impulsos agresivos de venganza contra aquellos que hacemos culpables de la injusticia. En las sociedades humanas, donde la injusticia mayor o menor es común, es muy importante que seamos capaces también de tolerarla, de controlar nuestras emociones, y de reaccionar de una manera aceptable contra ella.

Los científicos que han estudiado estas cuestiones han descubierto que el neurotransmisor serotonina es fundamental para la conducta social, incluida la agresividad. Puesto que las interacciones sociales evocan emociones, en algunos casos muy fuertes, es posible que la serotonina esté involucrada en el control emocional, y quizá también en el control de los impulsos agresivos que todos debemos controlar en situaciones que estimamos injustas.

En psicología, el control de los impulsos emotivos evocados por determinadas situaciones sociales se ha estudiado mediante el llamado Juego del Ultimátum. Este juego lo juegan dos jugadores y no es del todo divertido. Veamos cómo se juega. En el inicio de este juego, el experimentador entrega una cantidad de dinero a uno de los dos jugadores. El jugador que ha recibido el dinero debe hacer una propuesta de reparto al otro jugador, que siempre es conocedor de cuánto dinero debe repartirse. El segundo jugador debe entonces aceptar o rechazar la oferta. Si el segundo jugador la acepta, ambos jugadores se reparten el dinero de acuerdo a lo ofertado, pero si la rechaza, ninguno de los dos jugadores recibe nada.

Pongámonos ahora en los zapatos del segundo jugador. Sabemos que nuestro compañero de juego ha recibido 10 euros ¿aceptaríamos repartirlos recibiendo nosotros solo 4 y él, 6? Y si ha recibido 100 euros, ¿aceptaríamos repartirlos recibiendo solo 4, y él 96? Es claro que en ambos casos ganamos 4 euros si aceptamos la oferta, pero mientras en el primer caso la oferta nos parece más o menos justa, es claro que no lo es en el segundo. La tentación de hacer perder a nuestro compañero 96 euros pagando solo un precio de 4 es muy fuerte y, de hecho, la enorme mayoría rechaza la oferta en este caso, con lo que ninguno de los jugadores recibe nada.

Los científicos han utilizado ahora este juego para intentar demostrar que los niveles de serotonina afectan los impulsos de castigo hacia el jugador que realiza una oferta injusta. En condiciones normales, los jugadores tienden a rechazar ofertas por debajo del 20-30% de la cantidad a repartir, a pesar de que el que rechaza la oferta pierde el dinero que, de aceptarla, ganaría.

Para estudiar si los niveles de serotonina afectan a las decisiones de rechazo y, por tanto, a los impulsos de castigar al compañero injusto a pesar de perder dinero propio, los investigadores realizaron un estudio controlado en el que los jugadores habían sufrido, unas veces sí y otras no, un procedimiento que disminuía drásticamente, de forma temporal, la cantidad de serotonina producida por su organismo. Los investigadores controlaron el juego permitiendo solo tres tipos de ofertas: las justas, (45% o más de la cantidad a repartir), las injustas (30% de la cantidad a repartir) y las muy injustas (menos del 20% de la cantidad a repartir). Los científicos variaron también las cantidades que debían repartirse, de manera que la decisión de aceptar o no la oferta no estuviera solo condicionada por la cantidad de dinero en juego.

Los resultados son claros, y han sido publicados la semana pasada en la revista *Science*. Aquellos jugadores con menor cantidad de serotonina rechazaban mucho más frecuentemente las ofertas injustas, independientemente de la cantidad en juego. Para comprobar que esto no era debido a otras causas, sino solo a la menor cantidad de serotonina producida, los investigadores determinaron el estado de ánimo, la capacidad de realizar evaluaciones justas y la sensibilidad a las recompensas de los participantes. Todos estos factores no habían sido afectados por el tratamiento que reducía la cantidad de serotonina producida, lo cual indica a las claras que la serotonina modifica la respuesta vengativa ante la injusticia.

¿Qué hacemos con estos resultados? Y bien, de momento no mucho. Lo único que se me ocurre es recomendarle que incluya en su dieta una buena cantidad de huevos, ya que son ricos en triptófano, el aminoácido necesario para que su cuerpo produzca serotonina adecuadamente. Si le gustan los huevos, es una agradable manera de tolerar las pequeñas injusticias cotidianas, y también de tener la energía suficiente para luchar contra ellas de una manera calmada.

16 de junio de 2008

ECONOMÍA MONKEY BUSINESS

COMO HE COMENTADO en otras ocasiones, muchas son las cosas que se disputan el honor de ser lo más característico de la especie humana. Que si la risa, la inteligencia, el altruismo, el honor, el uso de anticonceptivos... Sigo, por mi parte, sin saber si es uno de esos atributos lo más característicamente humano. Sin embargo, normalmente no se introduce en la lista a la ruina. Sí, sí, la ruina; la falta completa de dinero; la ruina caracolera, que decía mi madre, nunca supe el origen de semejante expresión. Porque si hay algo característicamente humano es el empleo del poderoso caballero, que todo el mundo desea poseer en la mayor cantidad posible.

Nadie discute que, salvo la humana, no hay otra especie sobre el planeta que necesite dinero y, por consiguiente, pueda arruinarse. El empleo del dinero como herramienta para intercambiar bienes y servicios cuenta con al menos 6.000 años de antigüedad. Los sumerios ya utilizaron barras de plata y los egipcios antiguos, de oro, como moneda de cambio, aunque las verdaderas monedas parece que fueron inventadas por los fenicios.

En la Edad Antigua, el dinero poseía un valor en sí mismo. El oro o la plata eran valiosos materiales, además de serlo también como herramientas para cambiarlas por otros bienes o servicios. Sin embargo, el dinero actual no posee un valor en sí mismo, sino exclusivamente en tanto que herramienta para adquirir bienes o servicios. Un billete de papel no vale para nada si no podemos adquirir algo útil con él.

Evidentemente, el empleo del dinero es posible gracias a nuestra capacidad intelectual para comprender este concepto. El empleo del dinero no sería posible si no comprendiéramos que una moneda o un billete son, en realidad, símbolos que representan multitud de cosas que podemos necesitar, o desear. El billete no es solo un objeto de papel; la moneda, no solo un pedazo de metal con figuras grabadas.

EVOLUCIÓN Y DINERO

Los investigadores en psicología evolutiva han estudiado cuándo aparece en la evolución la capacidad cognitiva para adquirir el concepto de dinero. Desde hace varias décadas, es conocido que los chimpancés pueden adquirir rápidamente el concepto de dinero si se les provee con fichas de póker de varios colores y se les enseña que las fichas se pueden cambiar por alimentos de mayor o menor atractivo. Los chimpancés aprenden pronto a asociar que, por ejemplo, la ficha roja vale una naranja; o la verde, un cacahuete. Incluso aprenden a ahorrar fichas para canjearlas más tarde cuando el hambre apriete o cuando simplemente deseen regalarse con un capricho.

Al parecer, si mi información es cierta, la capacidad económica de los primates fue revelada a los investigadores por uno de estos animales. Hace ya más de cinco décadas, un mono capuchino, del zoo de san Diego, en California, aprendió a ofrecer palitos o piedrecitas a los visitantes que llevaban cacahuetes o caramelos. Los visitantes pronto aprendieron a hacer honor a la monería y a cambiar cacahuetes por piedrecillas –un ejemplo más de la superioridad de la inteligencia de los simios sobre la de los humanos–. El problema fue que *Negociante*, como pronto se bautizó al monito, casi muere de sobrealimentación, lo que demuestra que los monos no son tan listos, después de todo, y caen en los mismos errores que los humanos. En esto de la comida, la evolución nos ha servido de poco.

Sin embargo, este comportamiento no significa que el monito capuchino haya adquirido el concepto de dinero. El mono solo aprendió una determinada conducta de trueque, pero eso no quiere decir que comprendiera que una piedrecilla, o un palito, representaban, en realidad, un cacahuete o un caramelo.

ECOSIMÍA

Para demostrar que los monos capuchinos pueden adquirir el concepto de dinero, es necesario estudiarlo científicamente. Con este fin, un grupo de investigadores italianos entrenaron a varios monos capuchinos a asociar objetos de diferentes formas y tamaños con diferentes alimentos. Por ejemplo, una ficha de parchís podía representar una manzana; una tuerca, un trozo de queso; una cartulina, un trozo de naranja.

Una vez que los monitos habían aprendido a asociar las piezas a determinados alimentos, ahora se les obligaba a tomar decisiones, lo que es la base de la actividad económica humana: decidir en qué gastamos o invertimos el dinero. Se presentaba a los monos una bandeja con tres tipos de alimentos que habían sido seleccionados de acuerdo a su gusto. Por ejemplo, se les presentaba un trozo de naranja, uno de manzana, y otro de queso, sabiendo de antemano que los monos prefieren la naranja a la manzana, y esta al queso.

Los monos normalmente decidían quedarse con un trozo del alimento más apetitoso en lugar de escoger dos trozos del medianamente apetitoso, y también preferían un trozo del alimento medianamente apetitoso a dos trozos del alimento menos apetitoso. Pues bien, cuando en lugar de los alimentos reales se les invitó a elegir entre los objetos que representaban esos alimentos, los monos también prefirieron el objeto que representaba a la naranja en lugar de dos objetos que representaban a manzanas, y también prefirieron el objeto que representaba a la manzana en lugar de dos objetos que representaban a dos trozos de queso. Los monos no solo sabían el valor de los objetos, sino que al menos sabían también contar hasta dos.

Lo sorprendente de estos resultados es que monos tan primitivos sean capaces de estas proezas cognitivas. Los monos capuchinos se separaron de nuestros ancestros hace la friolera de treinta y cinco millones de años. Ya para aquella época posiblemente los simios poseían las herramientas cognitivas para comprender el concepto de dinero. Es evidente que, en aquellos tiempos, la utilidad de esas capacidades intelectuales en nada tenía que ver con el desarrollo económico y debía, por consiguiente, cumplir otras funciones de supervivencia. Un ejemplo de que, a veces, lo que la evolución selecciona acaba utilizándose con propósitos diferentes que el de la mera supervivencia y termina por complicarnos innecesariamente la vida. Y si no que se lo digan a los que tienen que pagar una hipoteca.

23 de junio de 2008

LAS CACATÚAS PUEDEN BAILAR

UNO DE LOS aspectos más estimulantes de la ciencia moderna es la extensión de los temas que estudia. La ciencia, prácticamente, lo estudia todo. Siempre parece haber un grupo de investigadores lo suficientemente intrépido, intelectualmente hablando, como para investigar, por ejemplo, el comportamiento de la anémona de mar, la reproducción de los cangrejos violinistas, o la naturaleza de la materia oscura del universo. Nada, ni el mismo vacío cósmico, parece escapar al alcance de la ciencia.

Y uno de los temas que también está siendo estudiado por la ciencia es la capacidad musical del ser humano. ¿De dónde proviene? ¿Por qué la evolución ha seleccionado a aquellos individuos con sentido del ritmo musical? ¿Qué ventaja reproductiva ha tenido y tiene la música para nuestra especie, si es que tiene alguna?

Para los científicos, y diría que para cualquier persona bien informada de la realidad, no hay duda de que la música posee un origen biológico; no es algo místico o espiritual, y no supone una discontinuidad insalvable con el resto del reino animal. De hecho, experimentos llevados a cabo con monos demuestran que aunque estos animales no cantan, son capaces de reconocer que dos melodías son idénticas incluso si se sube o se baja una octava su tono. Así pues, el cerebro de primates más primitivos que nosotros parece también capaz de codificar la música y de reconocerla.

No obstante, los primates son animales muy cercanos. Desde un punto de vista evolutivo, resultaría interesante determinar si la capacidad para comprender la música o, al menos, el ritmo musical, aparece en especies menos evolucionadas que los primates.

CACATÚA BAILARINA AL RESCATE

Para averiguar esto, deberíamos estudiar la capacidad de reacción ante la música de varias especies a lo largo de la escala evolutiva. Podríamos empezar por estudiar especies que, lo más seguro, no van a reaccionar ante estímulos musicales, como quizá los lagartos, o los caracoles, y continuar con especies diferentes, en teoría cada vez más evolucionadas. Parece un trabajo que, aunque a la vez melódico y metódico, es también largo y tedioso, y que, además, no sirve para nada.

Afortunadamente, de vez en cuando el mundo nos obsequia con fenómenos curiosos que, en esta era de la ciencia, pueden estudiarse científicamente. Es el caso de una simpática cacatúa, de nombre *Snowball* (bola de nieve).

Los propietarios de este simpático e inteligente animalillo comprobaron que demostraba poseer un extraordinario sentido del ritmo. La cacatúa se ponía a bailar, como si se tratara de John Travolta con fiebre del sábado noche, al escuchar ciertas melodías, en particular las canciones *Everybody* (*Backstreet's Back*) de los Backstreet Boys y *Another one bites the dust* (que otro muerda el polvo), de Queen.

Haciendo uso de las nuevas tecnologías, los propietarios de Snowball filmaron una de sus actuaciones y la "colgaron" del portal de videos YouTube, en Internet. Esto causó sensación, sobre todo entre las mujeres, quienes comprobaron lo que ya sospechaban: que, salvo honrosas excepciones, una cacatúa de cresta amarilla baila bastante mejor que sus novios o maridos. Y es que el sentido del ritmo de este animal es indescriptible, por lo que te recomiendo que contemples su actuación y compruebes lo que digo. Puedes ver un entretenido y muy divertido video de *Snowball* bailando en: http://www.youtube.com/watch?v=cJOZp2ZftCw.

CACATÚAS CAN CAN DANCE

En cualquier caso, la actuación de *Snowball* causó también sensación entre los científicos que se dedican a investigar el sentido musical en humanos y animales, quienes decidieron estudiar más en profundidad las capacidades musicales de esta curiosa cacatúa. Todos hemos tal vez oído hablar, o leído, sobre animales que sabían sumar o restar, pero que, en realidad, deducían la respuesta correcta de una determinada operación matemática interpretando indicios que, mediante gestos corporales inconscientes, les proporcionaban sus propietarios. Gracias a estudios científicos controlados, realizados con estos aparentemente geniales animales, se demostró que no eran tan geniales como sus propietarios creían.

Algo parecido podía estar pasando con *Snowball*. Quizá esta cacatúa no poseía un sentido del ritmo real, sino que simplemente lo había aprendido viendo bailar o moverse a sus propietarios al son de la misma música. Para determinar si esta posibilidad era o no cierta, se hacía necesario realizar estudios bien controlados.

Y esto es lo que llevaron a cabo investigadores del Instituto de Neurociencias de la Jolla, en California. Para ello, los investigadores hicieron sonar ante *Snowball* una misma melodía, pero variando el ritmo y tempo de la misma, y analizaron si sus movimientos corporales se adaptaban o no al ritmo cambiante de la música en cada caso.

Esto no resultó tan simple como puede parecer. A veces *Snowball* no bailaba en absoluto. Quizá estaba cansada, o simplemente harta de bailar sin ton ni son. Y cuando bailaba, había que determinar si sus movimientos se ajustaban bien o no al ritmo de la música y, en caso de que se ajustaran, si esto era intencional o no por parte del animal.

No obstante, tras varios días de estudio, resultó bastante claro que *Snowball* era capaz de bailar en sincronía con el tempo y ritmo de la música que sonaba. Por tanto, parece que el sentido del ritmo musical no es propio de los primates, o del ser humano, sino que ha aparecido bastante antes en la evolución de las especies.

Y no acaba aquí la cosa. Las capacidades rítmicas de *Snowball* son claramente superiores a las de niños de entre dos y cuatro años de edad, aunque inferiores a las de un adulto. En ausencia de estímulos verdaderamente musicales, y evidentemente, incapaces de componer música, muchos animales parecen poseer pues una capacidad rítmica innata que debe ejercer similares funciones de supervivencia en ellos y en nosotros. Nuestra capacidad para componer y disfrutar de la música parece ser un subproducto de la capacidad rítmica innata que compartimos con otras especies. Sin embargo, el misterio de la música continúa porque se desconoce aún la función y la ventaja para la supervivencia que este sentido innato del ritmo pueda poseer.

30 de junio de 2008

GENES, GEMELOS Y HOMOSEXUALIDAD

PUESTO QUE SE acaba de celebrar el día del orgullo gay, he creído conveniente hablar sin tapujos de algunas de las investigaciones que se están llevando a cabo sobre la homosexualidad. Para comenzar, hay que decir claro que estas investigaciones son científicas, y no médicas. ¿Qué quiero decir con esto? Pues simplemente que se llevan a cabo para comprender una condición, y no para curar una enfermedad.

La diferencia entre condición y enfermedad es importante. Nadie piensa que una persona con ojos azules, o pelirroja, sea una enferma. Ha nacido así. Ha nacido con esa condición. Sin embargo, una persona con un defecto en el metabolismo que afecta a su desarrollo mental es una enferma y hay que intentar curarla. En ambos casos, los genes heredados de los padres son responsables. Sin embargo, en un caso la condición es considerada normal; en el otro, patológica.

Existe una buena razón para considerarlas así. Mientras que en el caso de los ojos azules o el pelo pelirrojo no se produce ningún tipo de disfunción corporal o mental, no sucede lo mismo en el caso del defecto metabólico. En este caso, este defecto causa una patología y la persona que la sufre se ve afectada en su desarrollo y en su calidad de vida.

Entre estos dos casos extremos, nos encontramos con otro, que implica la percepción social de nuestra condición heredada. Por ejemplo, algunos estudios indican que los feos no tenemos la misma suerte que los guapos en nuestra vida social, pero nuestra condición de feos no afecta nuestra vida si no es por la percepción social que sufre la fealdad. De no ser por ello, los feos seríamos iguales que los guapos, al menos en nuestras oportunidades y facilidad de interacción con los demás. No es siempre ese el caso.

¿LIBERTAD SEXUAL?

El asunto puede complicarse más cuando nuestra condición heredada no atañe a un rasgo, sino a un comportamiento; en el caso que nos ocupa, al comportamiento sexual, el único comportamiento sin el cual nuestra vida no tendría sentido biológico y, para muchos y muchas, posiblemente, no tendría, simplemente, sentido. Resulta evidente para quien conozca un poco de biología que las personas no elegimos el sexo biológico con el que nacemos. El sexo que disfrutamos o sufrimos está determinado por los genes contenidos en los cromosomas sexuales X e Y. Poseer dos cromosomas X nos convierte en mujer; poseer uno X y otro Y, en hombre. Nadie nace "enfermo" por nacer hombre o mujer.

Sin embargo, nuestra sociedad odia lo genéticamente determinado. El hombre y la mujer son seres libres, y pueden cambiar de comportamiento sexual cuando así lo deseen. Solo tienen que desearlo de verdad. Para demostrarlo, tú mismo, amable lector, si lo deseas, en los próximos minutos –al acabar de leer este artículo, por ejemplo– puedes cambiar voluntariamente de orientación sexual y si antes te gustaban las mujeres, ahora te gustarán los hombres. O, más allá aun, amable lectora: si antes te gustaban los hombres fornidos, ahora te gustarán las mujeres delicadas. Es cuestión, simplemente, de ejercer tu libertad personal, que no está determinada, en absoluto, por gen alguno, por supuesto. ¿O no?

Lo absurdo e imposible de cambiar a voluntad nuestras preferencias sexuales sugiere que lo mismo sucede con quienes tienen tendencias sexuales diferentes, con homosexuales y lesbianas. Estas personas solo son enfermos, o pervertidos, si la sociedad los considera como tales, pero no porque objetivamente posean una disfunción que les impida desarrollarse como personas y contribuir a la sociedad. Ni estas personas, ni nadie, han elegido voluntariamente su condición sexual y, por consiguiente, no son responsables de la misma, como tampoco lo es nadie. ¿Es usted responsable de ser hombre o mujer heterosexual? ¿Por qué entonces algunos pretenden hacer responsables de su condición a los homosexuales?

GEMELOS SEXUALMENTE ORIENTADOS

Y bien, la razón quizá la encontremos en el desconocimiento de los factores sociales, biológicos y genéticos que condicionan nuestro sexo y nuestro comportamiento sexual. Por esta razón, se sigue investigando, cada día más, sobre el efecto de estos factores en el desarrollo de la homosexualidad. ¿Está la homosexualidad genéticamente determinada o ejerce la educación y otros factores sociales un efecto en su desarrollo?

Para estudiar el efecto de los factores genéticos se suele estudiar a los hermanos gemelos. De estos contamos con dos clases, como sabemos: los gemelos idénticos y los mellizos. Los primeros han heredado los mismos genes de sus padres, pero los mellizos solo comparten la mitad de los genes. Son, en realidad, como hermanos normales, solo que se han desarrollado y nacido al mismo tiempo.

Si la homosexualidad es de origen genético es de esperar que los gemelos idénticos sean ambos homosexuales o ambos heterosexuales. En cambio, no es de esperar tanta concordancia entre los mellizos. Analizando el grado de concordancia en las tendencias sexuales de gemelos idénticos y mellizos podremos averiguar en qué medida la homosexualidad depende de los genes.

Y bien, un grupo de médicos y psiquiatras del Instituto Karolinska, en Estocolmo, Suecia, han estudiado nada menos que 3.826 parejas de gemelos, de los que 2.320 eran idénticos y 1.506, mellizos. Los resultados indican que los factores genéticos afectan al desarrollo de la homosexualidad entre un 34% y un 39% en los hombres, pero solo un 19% en las mujeres. Otros factores, además de los genéticos heredados, afectan por consiguiente al desarrollo de la tendencia homosexual.

¿Cuáles pueden ser estos factores? Los autores de este estudio indican que podría tratarse de factores sociales, pero también biológicos o genéticos, de nuevo. ¿Por qué? Porque los genes de las mujeres, en el interior de la cuales todos nos desarrollamos, pueden afectar también a la tendencia sexual de sus hijos. Los genes maternos pueden producir, por ejemplo, más o menos cantidad de hormonas sexuales que afecten al desarrollo del feto y condicionen su futuro sexual.

Sea como sea, es importante comprender que gran parte de lo que somos no depende de nuestra decisión libre, sino de nuestra condición heredada o de nuestras vivencias sociales, y educación, que tampoco controlamos. Aceptar eso nos hará, si no más libres, seguro que más felices y armónicos con el mundo y con las personas, sean o no homosexuales.

7 de julio de 2008

LA EVOLUCIÓN EN LA TERAPIA ANTICANCEROSA

CASI SIEMPRE QUE un nuevo descubrimiento vuelve a llamar mi atención sobre el cáncer, no puedo evitar pensar en los incautos e ignorantes, sobre todo estadounidenses, que casi 150 años después de la publicación de *El Origen de las Especies* por Charles Darwin, todavía no creen en la evolución. Paradójicamente, pienso, algunos de ellos morirán a causa de esta enfermedad, que si es mortal lo es, en gran medida, porque evoluciona. Y es que hay quienes van tan a favor de algunas ideas que hasta pueden morir por ellas, y quienes van tan en contra de otras que acabarán muertos por ellas.

¿Qué tiene qué ver la evolución con el cáncer? Muchísimo. De hecho, la evolución es cuestión de vida o muerte para los que sufren de alguna variedad de esta enfermedad.

MUTACIÓN Y SELECCIÓN TUMORAL

Cuando se diagnostica un cáncer en los países desarrollados, inmediatamente comienza a aplicarse algún tratamiento por diversos medios. Uno de ellos puede ser la administración de fármacos quimioterapéuticos. Estos fármacos intentan bloquear algún proceso implicado en la reproducción celular incontrolada, reproducción que es característica de todos los cánceres: las células cancerosas se reproducen sin control, desobedeciendo las señales que les envían las células vecinas de que no deben crecer.

Como es el caso de todos los procesos celulares, la reproducción de las células depende de los genes. Son estos los que producen las piezas del mecanismo de división celular. Los fármacos anticancerosos actúan sobre algunas de esas piezas, bloquean su funcionamiento y, o bien matan a la célula cancerosa, o impiden su crecimiento.

No obstante, los genes que producen las piezas del mecanismo de reproducción celular pueden mutar. Alguno puede cambiar, siquiera un poco, y producir una pieza ligeramente diferente, que sigue funcionando bien, pero ante la cual el fármaco es ineficaz. Cuando una sola célula cancerosa ha mutado de esa forma, será la que tendrá mayor descendencia, ya que el fármaco no le afecta. Lo que es peor: toda su descendencia habrá heredado la resistencia al fármaco, por lo que el tumor crecerá rápidamente incluso en su presencia. En resumen, el tumor habrá evolucionado y adquirido una nueva propiedad que antes no poseía: la resistencia al tratamiento. Y lo mismo puede suceder con otros tipos de tratamientos, como la radioterapia, por ejemplo.

Es obvio que este fenómeno nos recuerda al mecanismo de mutación y selección, base de cualquier proceso evolutivo, y también de la evolución de las especies que, entre otros científicos, Darwin descubrió. Este proceso también sucede en los tumores y, de hecho, los transforma y los convierte en más malignos y mortales.

De todas formas, no siempre los tumores pueden escapar al tratamiento. Afortunadamente, algunos tratamientos son eficaces para erradicar el tumor, en parte porque si son administrados a tiempo, cuando el tumor es pequeño y contiene pocas células, quizá la mutación de resistencia no llegue a producirse en ninguna de ellas. Las mutaciones se producen al azar y, a veces, tenemos suerte de que no se produzcan aquellas que conferirían resistencia a un determinado tratamiento.

DETECCIÓN DE MUTANTES TUMORALES

Sin embargo, si la mutación se ha producido, sería muy ventajoso poder averiguarlo. De esta manera, se podría detener el tratamiento para el cual el tumor se ha convertido ya en resistente, y utilizar otros, más eficaces ante las nuevas circunstancias. El problema es cómo averiguar si la mutación se ha producido o no. Para ello, tenemos que analizar los genes de las células tumorales allá donde se encuentren, lo cual es muy complicado en el caso de cánceres que han formado metástasis, es decir, diseminados y que crecen en diversas partes del organismo.

Por fortuna, las células tumorales no se encuentran solo en los tumores, sino que se hallan también en la sangre. Algunas células tumorales se despegan del tumor y pasan al torrente sanguíneo, por donde se desplazan, proceso que es en parte responsable de la formación de metástasis. Si lográramos de alguna manera separarlas del resto de las células de la sangre, fluido mucho más fácil de obtener que un trocito de tumor, podríamos quizá analizar sus genes en busca de mutaciones de resistencia a los tratamientos.

El problema es que cada mililitro de sangre contiene miles de millones de células sanguíneas y menos de cien células tumorales. ¿Cómo encontramos la aguja de la célula tumoral en el pajar de las células de la sangre? Bueno, encontrar la aguja en el pajar siempre es más fácil si disponemos de un imán. Y un imán para las células tumorales es lo que han inventado un grupo de investigadores del Hospital General de Massachusetts, en los EEUU.

La idea es hacer pasar la sangre por una especie de cámara que contiene muchas microcolumnas. Estas microcolumnas poseen unida una sustancia que se enlaza a las células tumorales, pero no a las de la sangre. Para hacernos una idea mejor, si fuéramos nosotros una célula de la sangre, los investigadores nos harían pasar por una habitación llena de columnas, con apenas espacio entre ellas para podernos deslizar hacia la salida. Las columnas llevarían en su superficie irregularidades que dificultarían nuestro paso, pero no nos lo impedirían. Sin embargo, sí impedirían el paso de las células tumorales, que se quedarían atrapadas entre las columnas.

Una vez la sangre se ha hecho pasar por esas cámaras con microcolumnas, puede determinarse cuantas células tumorales han quedado atrapadas. Su número puede ser indicativo de la extensión de la enfermedad. Sin embargo, más importante aun es el hecho de que ahora esas células tumorales pueden analizarse en busca de mutaciones de resistencia. Si se encuentran, los pacientes que sufren de esos tumores deberán ser sometidos a un cambio en el tratamiento. El método podrá entonces ser utilizado de nuevo para analizar si las células mutadas van muriendo y si las células tumorales en la sangre disminuyen, lo que sería indicativo del éxito en la terapia.

Sin embargo, no cantemos victoria aún. Son necesarios varios años de investigación y desarrollo antes de que este método de análisis esté disponible en los hospitales del mundo. Por el momento, solo nos encontramos ante resultados de investigación que es importante hacer llegar a la práctica clínica. No obstante, no tengo duda de que si este método resulta al final útil para los pacientes, acabará siendo utilizado lo antes posible.

14 de julio de 2008

A LOS MONOS LES GUSTAN LOS CAMIONES

CUANDO MI HIJO tenía tres años, lo llevamos a una escuela infantil de cooperación parental en los Estados Unidos, donde vivíamos entonces. En este tipo de escuelas (que no sé si existen en España), los padres de los alumnos colaboraban con las profesoras uno o dos días cada mes en el cuidado y educación de los niños. La mañana estaba organizada en varias etapas con diferentes actividades.

Una mañana observé cómo una niña de la misma edad que mi hijo, al comenzar la actividad de juego libre, se enfundó un vestido de novia de juguete y con él se quedó el resto de la mañana. Con él puesto se quedó, de hecho, hasta que su madre vino a recogerla y, tras una larga conversación, la convenció de que debía quitárselo para ir a casa.

Cuando salí con mi hijo de la escuela hacia mi casa, no pude evitar pensar que si este hubiera hecho lo mismo que esa niña lo habría llevado de inmediato a la consulta del psiquiatra infantil de guardia más cercano, y creo que lo mismo hubieran hecho los padres, y también las madres, de otros niños. Estaba claro que la igualdad entre los sexos todavía tenía un largo camino por recorrer, incluso en los Estados Unidos, un país supuestamente con mayor tradición democrática y de desarrollo de derechos personales que el nuestro.

Y es que la explicación más popular y más extendida mantiene que las preferencias de los sexos por determinados juegos y juguetes se deben a la diferente socialización que reciben niños y niñas. Estos aprenden muy pronto, en casa y fuera de ella, cuál debe ser su papel en la sociedad y, en consecuencia, eligen juguetes y juegos que se acomodan a ese papel y lo refuerzan. Por esa razón, las niñas juegan a papás y a mamás, y los niños a ser promotores de la construcción. Y por esa razón los niños prefieren un camión de bomberos y las niñas, una muñeca.

NIÑOS, NIÑAS, JUGUETES E HIPÓTESIS

Sin embargo, como ya he insistido en más de una y en más de dos ocasiones, para averiguar si una determinada explicación es correcta no es suficiente con que nos complazca, o nos parezca racional y, en este caso, también "políticamente correcta". Es necesario estudiarla de la manera más científica y, por tanto, objetiva posible. Afortunadamente, las diferencias entre los sexos en la preferencia hacia determinados juguetes y juegos no han pasado desapercibidas a algunos científicos de varios centros de investigación de Atlanta, en los EEUU, que han decidido estudiarlas. Veamos qué conclusiones podemos extraer de los resultados de sus estudios.

Para comenzar, conviene explicar que, en ciencia, los estudios deben confirmar que una determinada observación es cierta. En este caso, lo es, es decir, se ha confirmado científicamente que niños y niñas de corta edad prefieren juguetes diferentes. No se trata solo de una opinión, es un hecho.

Una vez bien establecido el hecho, se formulan entonces hipótesis, posibles explicaciones para el hecho en cuestión. Una de estas hipótesis es, en efecto, que los niños y las niñas muestran diferentes preferencias por los juguetes debido a su diferente socialización. Sin embargo, esta no es la única hipótesis posible, es decir, no es la única explicación posible. Podría suceder, por ejemplo, que las diferentes preferencias por los juguetes y juegos reflejen una diferente tendencia biológica hacia una mayor o menor actividad física y que, por esa razón, los niños prefieran juguetes que fomentan esa actividad y las niñas, juguetes más "tranquilos".

Esta última hipótesis biológica cuenta a su favor con el caso de las niñas que sufren el síndrome de la hiperplasia adrenal. Este síndrome es resultado de un defecto genético que causa una anormalmente elevada secreción de hormonas masculinas por parte de la glándula adrenal durante la gestación.

Estas niñas "masculinizadas" prefieren jugar con juguetes más "varoniles" que las niñas normales, a pesar de ser educadas y socializadas como niñas.

JUGUETES TAN MONOS

Ante estos hechos, los investigadores decidieron estudiar si las diferentes preferencias por los juguetes no se revelarían también en otros animales, en particular en otros primates. Para ello, investigaron las preferencias que mostraban monos macacos Rhesus jóvenes (de 1 a 4 años de edad) por juguetes típicamente masculinos o típicamente femeninos, de acuerdo a su sexo. La idea era comprobar si estas diferencias existían también en este caso, ya que si lo hacían sería imposible concluir que la diferente socialización recibida por macaquillos y macaquillas en su infancia podría ser la razón de las mismas, y habría que concluir que las diferencias biológicas entre los sexos son la causa de estas diferencias.

Los investigadores ofrecieron juguetes masculinos y femeninos a macacos machos o hembras jóvenes y midieron el tiempo que cada animal jugaba con ellos. Los resultados indican que los macacos machos prefieren jugar con juguetes con ruedas, coches o camiones, aunque las hembras de esta especie no muestran preferencias marcadas y les da igual un camión que un muñeco de peluche.

¿Qué podemos concluir de estos estudios? Y bien, aunque los macacos no son humanos, es sorprendente que los jóvenes machos prefieran juguetes similares a los que prefieren también los niños. Los autores del estudio, publicado en la revista *Hormones and Behavior* (Hormonas y Conducta) especulan con la idea de que no son los juguetes los que son en realidad preferidos, sino la actividad física que posibilitan, es decir, los machos prefieren juegos más activos y esto les hace inclinarse por juguetes más "movidos".

Por supuesto, estos estudios no descartan el hecho de que la diferente socialización recibida por niños y niñas afecte también a sus preferencias por los juguetes. De hecho, indican una interesante posibilidad, y es que las preferencias de origen biológico pueden ser, además, reforzadas por la socialización recibida.

En todo caso, parece que, desde la infancia, hombres y mujeres somos diferentes en nuestras preferencias y estos estudios revelan en parte la naturaleza biológica y evolutiva de las mismas. Ahora bien, una vez disponemos de esta información es posible hacer dos cosas: podemos utilizarla para justificar, e incluso aumentar, las desigualdades entre los sexos o, al contrario, utilizarla para comprender mejor y disminuir dichas desigualdades, influyendo sobre la educación y socialización de niños y niñas. ¿Qué cree que debemos hacer?

21 de julio de 2008

UNA NUEVA ACTRIZ EN DIABETES

COMO CONOCEN MIS lectores –si hay alguno ahí fuera–, aunque pretendo escribir sobre la más amplia variedad de temas científicos, dentro de mis limitaciones y deformación profesional, algunos temas me interesan más que otros, y son esos los que sigo, por tanto, con más atención en su desarrollo y avance científicos. Uno de estos temas es la diabetes, enfermedad que, por su incidencia y consecuencias para la salud de millones de personas solo en nuestro país, merece, sin duda, nuestra atención.

Y gracias al seguimiento que llevo a cabo sobre esos temas de interés, que en buena medida es estimulado por la necesidad de contar a mis lectores los últimos avances, uno aprende cosas asombrosas y conexiones insospechadas entre genes, proteínas y, en general, sobre el funcionamiento del cuerpo humano. Una de estas conexiones insospechadas se ha producido en el campo de investigación de la diabetes y esto es lo que quiero hoy compartir con usted.

Como todos debemos de saber, la diabetes se produce por un defecto, o bien en la fabricación de la hormona insulina, o bien en un aumento de la resistencia a su actividad. En el primer caso, hablamos de la diabetes de tipo 1 y, en el segundo, de la diabetes de tipo 2. En este último caso, los pacientes sí pueden producir insulina, pero no la producen en suficiente cantidad como para que su acción sea eficaz, debido a que las células sobre las que la insulina actúa se han convertido en resistentes a su acción. Como ya he dicho en otras ocasiones, la insulina, para resultar eficaz, debe unirse a una molécula receptora en la superficie de las células. Es esta unión lo que pone en marcha los mecanismos celulares necesarios para la correcta función de la insulina. Si estos mecanismos no funcionan bien, se produce una resistencia a la acción de esta hormona que conduce también a la diabetes, de manera similar a que si la insulina no se produjera en cantidad normal.

De una forma u otra, los pacientes diabéticos, si no son tratados adecuadamente, sufren de desórdenes metabólicos, de una elevada concentración de glucosa en sangre y de elevada producción de orina para intentar eliminar así dicho exceso. Esto conduce a una gran sensación de sed continuada y, por tanto, a una excesiva ingesta de líquidos. Además, también puede perderse agudeza visual, debido a que el exceso de glucosa en sangre afecta incluso a la óptica ocular. También, a la larga, se produce una pérdida de peso, y se entra en un estado de cierto letargo.

Lo peor es, sin embargo, que poco a poco el exceso de glucosa deteriora el sistema cardiovascular e impide la correcta circulación sanguínea, lo que acaba por producir síndromes muy desagradables, como la impotencia masculina o incluso una deficiente cicatrización de heridas, particularmente en los pies, que puede causar gangrena y requerir de amputación. Igualmente, la mala circulación puede causar fallo renal, y también dañar la retina, lo que a la larga conduce a una ceguera. En fin, es increíble la cantidad de problemas que la deficiencia en una simple hormona puede causar.

Hablemos de esos asombrosos descubrimientos y conexiones que comentaba al principio. Como es sabido, además de la insulina, existen muchas otras proteínas en la sangre que también poseen sus funciones y son necesarias para el funcionamiento normal de nuestros cuerpos. Una de ellas, de las que, me apuesto la camisa, nunca ha oído hablar en su vida, es la fetuina A. ¿Qué demonios es eso?

La fetuina A es llamada así porque es muy abundante en la sangre fetal, aunque también se encuentra en la sangre adulta. Como es el caso de otras muchas proteínas de la sangre, la fetuina A es producida por el hígado. Estudios llevados a cabo sobre su función indicaron que debe participar en el transporte de algunas sustancias en la sangre.

Hoy por hoy, lo mejor para averiguar la función de una proteína es eliminar el gen que la produce, al menos en ratones, y ver qué sucede en su ausencia. Así, se generaron ratones sin el gen de la fetuina A y se descubrió que aunque los animales presentaban problemas de calcificación excesiva en algunos tejidos, sufrían de menor obesidad y, en particular, de menor desarrollo de resistencia a la insulina cuando envejecían, es decir, de menor riesgo de desarrollar diabetes de tipo 2.

Estos hallazgos significaban que la presencia de fetuina A podía estorbar la acción de la insulina, y que quizá demasiada fetuina A en sangre pudiera ser, en parte, causante de la resistencia a la insulina. ¿Era esto cierto también en el caso de pacientes diabéticos? Para averiguarlo, investigadores de la Universidad de California hicieron uso de antiguas muestras de sangre extraídas a personas sanas de entre 70 y 80 años de edad, que habían participado en un estudio de seis años de duración realizado con otros propósitos. Esas muestras de sangre fueron analizadas de nuevo, esta vez para determinar los niveles de fetuina A. Los investigadores también sabían que 135 de esos voluntarios desarrollaron diabetes de tipo 2 durante los seis años del estudio, mientras que 384 no lo hicieron.

Y bien, quienes desarrollaron diabetes de tipo 2 durante esos seis años poseían niveles de fetuina A en sangre significativamente más elevados que quienes no desarrollaron esta enfermedad. Los investigadores pudieron calcular que altos niveles de fetuina A incrementan el riesgo de desarrollar diabetes de tipo 2 nada menos que un 70%.

¿Qué podemos hacer ahora con este nuevo conocimiento? Bueno, al menos dos cosas. Para empezar, el análisis de los niveles de fetuina A en sangre puede darnos una indicación del riesgo que una determinada persona sufre de desarrollar diabetes de tipo 2, lo que permitirá quizá actuar a tiempo para evitar el desarrollo de la enfermedad. En segundo lugar, los investigadores pueden ahora intentar producir nuevos fármacos que impidan la acción de la fetuina A, permitiendo así una mayor eficacia para la insulina y, por tanto, avanzar hacia la cura de la diabetes. Esperemos que estos avances estén disponibles para todos cuanto antes.

28 de julio de 2008

MARATONINA

HACE CASI CUATRO años hablaba en esta página de nuestra capacidad para correr distancias largas. Con entrenamiento y buenos alimentos, esa capacidad es realmente asombrosa. Los atletas de élite, como los que van a participar en las próximas Olimpiadas, pueden correr a velocidades medias superiores a las de un caballo a lo largo de kilómetros, aunque sin duda ese animal nos ganará en velocidad sobre distancias cortas.

Los científicos consideran que esta capacidad de nuestra especie, que quizá se vaya perdiendo de generación en generación en el mundo moderno, proviene de una etapa evolutiva en la sabana africana en la que nos era necesario correr grandes distancias para cazar o para conseguir carroña. Aquellos capaces de soportar grandes carreras contaron con mayores probabilidades de sobrevivir y, por tanto, de transferir los genes a la siguiente generación.

Esto quiere decir, claro está, que la capacidad de resistencia a la carrera debe estar influida por los genes, que son los únicos que pueden transferirse de generación en generación. Aquellos individuos con variantes de genes que les permitían, por ejemplo, un metabolismo más eficaz, o que ayudaban quizá a la fabricación de mejores fibras musculares, serían también quienes más tiempo y mejor correrían, y quienes más y mejor sobrevivirían.

GENES Y EJERCICIO FÍSICO

No obstante, a pesar de ser genética, nuestra capacidad para la resistencia en la carrera es dependiente también del entrenamiento, es decir, del uso que damos a dicha capacidad. Se suele decir que el órgano que no se usa acaba por atrofiarse, y lo mismo sucede con la capacidad que no se usa. En la prehistoria, cuando la actividad física era necesaria para la supervivencia, todo el mundo corría y hacía ejercicio físico. Hoy, en muchos casos el ejercicio se reduce a los dedos, al apretar de vez en cuando los botones del mando a distancia de la televisión.

¿Cómo funciona el ejercicio físico? ¿Qué sucede a nuestras células y a nuestros cuerpos cuando hacemos ejercicio para que nuestra resistencia física aumente? Y bien, volvemos a encontrarnos de nuevo con los genes. Sí, no podemos nunca escaparnos de ellos. Resulta que el ejercicio físico, si bien es imposible que nos cambie el genoma, si pone a ciertos genes a trabajar, es decir, algunos de nuestros genes están "apagados" a menos que hagamos ejercicio. Si lo hacemos se "encienden" y ponen en marcha mecanismos moleculares que, al final, permiten aumentar nuestra resistencia.

Uno de estos genes tiene el bonito nombre de PPARγ, que es tan bonito que no me explico cómo no se lo puse a uno de mis hijos. PPARγ no es un gen cualquiera, sino que es lo que podríamos llamar un gen "comandante", por lo menos. Los genes "comandantes" son los que dan órdenes para que otros genes se pongan también a funcionar. Las órdenes de PPARγ ponen en marcha genes relacionados con el metabolismo de las grasas, y los cambios que se producen en ese metabolismo afectan a nuestra resistencia al ejercicio continuado.

Así pues, hasta aquí hemos dicho que contamos con genes seleccionados en nuestra evolución que nos permiten gozar de una alta resistencia física, siempre que hagamos ejercicio. El ejercicio "enciende" un gen, PPARγ, que da órdenes a otros genes para que se pongan a funcionar regulando el metabolismo de las grasas, el cual es, a la postre, lo que nos proporciona la resistencia física.

Claro que siempre que hablamos de genes, hablamos de proteínas, producidas por esos genes y que son las que participan en los mecanismos moleculares que hacen que la vida funcione. Las proteínas son moléculas, en muchos casos enzimas, que regulan las reacciones químicas propias del metabolismo. Y es bien conocido que el funcionamiento de los enzimas puede ser modulado por fármacos. De hecho, una gran cantidad de fármacos en el mercado, comenzando por la aspirina, funcionan afectando al funcionamiento de determinados enzimas.

FÁRMACOS PARA LA RESISTENCIA

Las consideraciones anteriores nos llevan a especular sobre la posibilidad de si no se podrían desarrollar fármacos que afectaran a las enzimas que confieren la resistencia física, y esto ¡sin hacer ejercicio alguno! ¿Podremos participar en la maratón de las olimpiadas de 2012 solo si nos tomamos con disciplina nuestras pastillas de "maratonina"?

Y bien, no lo creo, al menos no para 2012, excepto si fueras una rata de laboratorio –lo que no le deseo ni a mi tercer, o quizá cuarto peor enemigo–. Y es que esos fármacos "maratonina" ya existen y funcionan en animales de laboratorio.

De hecho, existen dos tipos de fármacos "maratonina". El primero de ellos, que actúa aumentando el efecto del gen PPARγ, no funciona a menos que los animales hagan ejercicio, pero si lo hacen el efecto del entrenamiento es muy superior al normal, es decir, con ese fármaco, en teoría, a poco ejercicio que hagamos, nos pondremos enseguida en buena forma física.

El segundo tipo de fármaco es aun mejor. Este fármaco posee el curioso efecto de hacer creer al cuerpo que está haciendo ejercicio, a pesar de que no se haga ejercicio alguno. El fármaco pone en marcha un gen aun más arriba en la escala de mando que PPARγ. Se trata del gen AMPK, que también, a fe mía, tiene un bonito nombre. Este es un gen "coronel" que ordena al gen "comandante" PPARγ a ponerse en marcha. Este gen "coronel", AMPK, se pone en marcha directamente al hacer ejercicio, por lo que si, en lugar de eso, un fármaco lo pone a funcionar, se suceden el conjunto de órdenes genéticas y moleculares que acaban por incrementar nuestra resistencia física como si en realidad estuviéramos haciendo ejercicio. Es decir, el fármaco realiza un *bypass* del ejercicio físico y produce los mismos efectos que este.

Todo esto da algo de miedo ¿no? Desde luego, es claro que este tipo de fármacos serán una tentación para los deportistas de toda índole, que preferirán tragarse una píldora que tragarse las ocasionales broncas y gritos del entrenador. Sin embargo, es posible también que puedan ayudar al común de los mortales y a las personas sedentarias a comenzar hacer algo más de ejercicio, al acelerar los efectos beneficiosos de este sobre la resistencia física y hacernos sentir mejor. Los fármacos no se han probado aún en seres humanos, pero supongo que es solo cuestión de tiempo. Mientras tanto, sería bueno que saliera al menos a pasear de vez en cuando.

4 de agosto de 2008

EL SUEÑO DE MOSQUEO

UN MISTERIO DE la Naturaleza aún sin resolver es la función del sueño. Aunque se han avanzado algunas explicaciones posibles, como que el sueño es necesario para el correcto funcionamiento de la memoria, o para reparar el gasto metabólico efectuado durante la vigilia, se sigue sin poder determinar exactamente cuál es su propósito.

Hasta hoy, parece bien demostrado que dormir es necesario para la vida, al menos la vida de mamíferos y aves. Si se priva del sueño a animales de laboratorio, estos acaban por morir. La necesidad de dormir para vivir ha sido científicamente establecida al menos desde hace 25 años.

La unidad de lo viviente ha demostrado también que algunas necesidades fisiológicas son universales. Todos los animales necesitan comer y beber (o conseguir agua a través de los alimentos) para sobrevivir, desde los gusanos más primitivos al ser humano. Comer y beber no son opcionales para nadie.

Con respecto al sueño, los científicos se preguntaron si es o no opcional, es decir, si algunos animales podrían vivir sin dormir. En este caso, cabría preguntarse qué diferencias explicarían la necesidad de dormir para algunos animales y la ausencia de esa necesidad para otros.

EL SEÑOR DE LAS MOSCAS DORMIDAS

Para establecer si el sueño es una opción fisiológica, y no una necesidad vital universal, los científicos comenzaron a estudiar si los animales más primitivos también necesitaban dormir. Si era así, probablemente el sueño no fuera opcional. Como modelo de animal primitivo, por supuesto, estudiaron la mosca de laboratorio *Drosophila melanogaster*, una mosquita de color rojizo que posiblemente haya visto este verano si ha dejado fruta en la cocina, fuera del refrigerador.

En los primeros experimentos, un investigador, ahora decano de la Facultad de Veterinaria de la Universidad de Pensilvania, perdió el sueño impidiendo dormir a sus moscas. El pobre científico dedicó horas y horas a golpear suavemente los recipientes donde vivían sus *Drosophilas*, en una pobre imitación de los botellones urbanos que golpean el sueño ciudadano al menos una vez por semana.

El golpeteo dio sus frutos porque, tras muchas horas, al final, las moscas dejaron de moverse, incluso con golpes más y más fuertes. ¿Habrían muerto las moscas de golpe, nunca mejor dicho? Y bien, no. Solo estaban dormidas. Agotadas y dormidas. Tras un periodo de sueño, las moscas volvieron a volar y moverse normalmente por sus habitáculos. No había duda: las moscan también dormían.

Estos nuevos datos condujeron a los científicos a replantearse incluso la misma definición de sueño. En los animales superiores, el sueño viene acompañado de cambios en la actividad cerebral, que pueden detectarse con un electroencefalograma. Las moscas no mostraban cambios en su actividad cerebral, razón por la que se suponía, hasta los experimentos que he relatado, que no dormían.

El sueño ha pasado, por tanto, a definirse de forma que la definición no incluya necesariamente cambios en el patrón de la actividad cerebral. Un animal dormido debe ser difícil de estimular; debe asumir una posición característica o recogerse en un lugar protegido. Y, lo más importante: si se priva al animal de sueño, debe intentar recuperarlo luego durmiendo más de lo normal.

Con estos nuevos criterios, no solo quedó claro que las moscas duermen, sino que incluso los gusanos también lo hacen, aunque en este caso lo hagan solo en ciertos periodos de su vida joven, y no de adultos. Curiosamente, las moscas más viejas duermen también menos que las jóvenes, como nos sucede también a nosotros.

GENES DE INSOMNIO

Estos nuevos hallazgos sobre el sueño más primitivo conocido estimularon a los investigadores a trabajar para descubrir los genes que regulan el sueño. Es bien conocido que los periodos de sueño y vigilia se regulan por medio de ritmos circadianos, es decir, diarios, y que los animales solemos dormir de noche y estar despiertos de día. También es conocido que existen mecanismos de control de la cantidad de tiempo que se debe dormir, al igual que existen mecanismos de control sobre la cantidad de alimento que se debe ingerir. Estos mecanismos de homeostasis (de equilibrio), son los que se ponen en marcha para intentar recuperar el sueño perdido.

Y es también bien conocido que los mecanismos fisiológicos de control se encuentran bajo la regulación de genes. Como ya he dicho en muchas ocasiones, los genes de la mosca son muy parecidos a los nuestros; en algunos casos, tan parecidos que un gen humano introducido en una mosca puede funcionar perfectamente como el mismo gen de la mosca al que sustituye. En el caso del sueño, sorprendentemente, sustancias que afectan al sueño de los animales superiores, como la cafeína, también afectan al sueño de gusanos y moscas, lo que indica una cierta unidad en los mecanismos genéticos de control.

Para identificar qué genes de la mosca podrían estar regulando su sueño, los científicos han generado más de 9.000 moscas mutantes en algún gen y han estudiado si alguna de estas mutaciones causa insomnio. En efecto, así sucede con una mutación en un gen, que se dio en llamar *shaker* (agitador). Moscas mutantes en este gen dormían solo de 4 a 5 horas, en lugar de las 9 a 15 horas que duerme una mosca normal y responsable. Mejor aun: el equivalente del gen *shaker* se encontraba también en ratones, aunque estos poseían muchas más copias del mismo que la mosca. En todo caso, los ratones mutantes en este gen que generaron los investigadores también sufrían de insomnio, lo que indicaba que *shaker* regulaba el sueño desde las moscas a los mamíferos.

Recientemente, en un artículo publicado en la revista *Science,* los investigadores han descubierto otro gen, llamado *sleepless* (sin sueño). Moscas mutantes en este gen no duermen ni una hora diaria, lo que, paradójicamente, debe ser una verdadera pesadilla para las pobres moscas.

En todo caso, las investigaciones siguen su curso para averiguar qué genes regulan el sueño y la función de esta necesidad fisiológica universal. Esperemos que de ellas se deriven nuevas terapias para el insomnio, un mal más extendido en nuestra sociedad de lo que parece.

11 de agosto de 2008

COMO DOS GOTAS DE SUDOR

QUIZÁ PORQUE TODOS los años por estas fechas algo huele mal, suelo escribir en verano sobre sudores y olores. Con este ya van cuatro años consecutivos en los que los olores de verano me inspiran la ciencia que intento luego transpirar en estos artículos. Soy un animal de costumbres.

Hace tres años, en el verano de 2005, hablaba de olor y sexo, un tema apasionante donde los haya. Decía en el artículo que era en el momento de la ovulación cuando las mujeres encontraban más atractivos los olores de los sobacos de los hombres y que, además, este atractivo también dependía de la escala social del dueño del sobaco. En 2006, hablaba de que el amor está en el aire: el sudor de hombres y mujeres contiene feromonas sexuales, sustancias volátiles que estimulan el deseo sexual. Y, en 2007, hablaba defectos en el órgano vomeronasal, que al parecer está especializado en captar las feromonas, pueden afectar al comportamiento sexual de los ratones y que, en particular, las hembras de este animal carentes de este órgano funcional se comportan como machos. Como es verano, y quizá tenga algo más de ganas y de tiempo, le animo a leer o releer estos artículos.

Hoy vamos a hablar también de sudor y de olfato, y lo vamos a hacer recordando algo que todos sabemos, y es que los perros pueden identificar a las personas por su olor, lo que un ser humano no puede hacer normalmente con los perros, y ni siquiera con otros seres humanos, aun con los que no se han duchado en varios días, que alguno hay suelto por ahí. Sin embargo, la cuestión relevante no es por qué no podemos identificarnos cada uno oliéndonos como hacen los perros, sino por qué pueden los perros identificarnos mediante el olfato. Es evidente que si pueden hacerlo se debe, al menos, a dos cosas. La primera es que su olfato es prodigioso, como sabemos, y la segunda es que cada uno de nosotros debemos emitir sustancias olorosas particulares, que permiten distinguirnos de los demás. Obviamente, si todos emitiéramos las mismas sustancias olorosas, los perros no podrían distinguirnos individualmente por muy buen olfato que tuvieran. Así pues, cada uno debe tener su propia firma olorosa personal, pero nadie tiene narices para darse cuenta, aunque los perros, sí.

Hasta aquí no hay mucho de nueva ciencia ni nada que huela raro, pero podemos seguir preguntándonos: ¿cuál es la razón de que olamos de forma distinta? ¿Acaso se debe a los alimentos que comemos, a nuestra dieta ligeramente diferente aunque todos comamos aparentemente lo mismo en casa? ¿O quizá sea porque cada uno poseemos genes diferentes que intervienen en la elaboración de esa firma personal olorosa que emitimos?

Los científicos han descubierto que el olor corporal emana de las reacciones químicas que suceden sobre nuestra piel y en las que intervienen el sudor que transpiramos y las bacterias que sobre ella viven. Entre las sustancias químicas más importantes de las producidas se encuentran al menos veinticuatro clases diferentes de ácidos carboxílicos, moléculas de las que el ácido acético, presente en el vinagre, es uno de sus miembros más conocidos. Otro de los miembros de esta familia de moléculas es el que proporciona el sabroso olor de queso a los pies sudados, o viceversa.

Así pues, podría ser que fueran las bacterias que viven sobre nuestra piel las que produjeran el olor característico de cada uno y cada una. Sin embargo, esto no parece ser el caso, ya que las bacterias de nuestra piel no difieren entre las personas. De nuevo, nos quedamos con la dieta o con la genética como causas probables del olor individual.

Y para averiguar el papel de la genética en estas cosas, como ya hemos explicado en otras ocasiones, los científicos recurren a los hermanos gemelos monocigóticos. Son estos los provenientes de un mismo óvulo fecundado que, por cualesquiera razones, acaba desarrollando dos bebés. Estos bebés son genéticamente idénticos (salvo mutaciones que puedan producirse en su desarrollo) y son, por consiguiente, siempre del mismo sexo.

Pues bien, un grupo de investigadores suizos reclutó a doce parejas de gemelos, siete parejas de hermanas y cinco de hermanos, y les solicitó amablemente que llevaran un algodón en el sobaco mientras hacían ejercicio por una hora, en dos días diferentes. El algodón recogió en cada caso una buena cantidad de sudor.

Tras recolectar el sudor de esta forma, los investigadores analizaron su composición mediante dos procedimientos con los bonitos nombres de cromatografía de gases y espectrometría de masas. Estos procedimientos de análisis son muy sofisticados, aunque basados en principios físicos y químicos básicos, y permiten identificar los componentes moleculares de una mezcla, como es el caso del sudor, que como hemos dicho consta de varios componentes químicos, y en varias proporciones.

Los científicos pudieron así identificar el patrón molecular de los ácidos carboxílicos que se encontraban en el sudor de cada pareja de gemelos y los pudieron comparar con los patrones propios del sudor del resto de las parejas y también con los patrones moleculares del sudor de otras personas, sin relación familiar con los gemelos, quienes también fueron lo suficientemente amables como para hacer ejercicio con los sobacos algodonados.

Los resultados de estos experimentos son tan claros como el sudor de la frente: los patrones moleculares del sudor no varían casi nada de día a día, y los de las parejas de gemelos son diez veces más similares entre sí que los patrones moleculares del sudor de dos personas sin relación familiar, incluidas otras parejas de gemelos diferentes. En otras palabras, al igual que en su fisonomía los gemelos son muy similares, son también muy similares en su olor corporal. Los gemelos no son solo como dos gotas de agua, sino, más apropiadamente, como dos gotas de sudor. La genética parece pues explicar las singularidades del olor corporal de cada uno.

Además de averiguar la base genética del olor corporal, estas investigaciones nos permiten avanzar en lo que podríamos llamar la "olfatodiagnosis", que sería el empleo de patrones moleculares olorosos asociados a determinadas enfermedades para facilitar su diagnóstico.

Esperemos que no haya que esperar hasta el verano que viene para poder ver el próximo avance en este campo.

18 de agosto de 2008

LA GRAN CONGELACIÓN

EL CAMBIO CLIMÁTICO es un fenómeno de actualidad, del que podemos quizá pensar que nunca antes ha sucedido en la historia de la Tierra por la sencilla razón de que nunca antes en su historia el planeta había poseído una civilización tecnológicamente avanzada. Es esta civilización la que está liberando a la atmósfera gases derivados de la combustión del petróleo, los cuales causan un indeseado efecto invernadero que calienta la Tierra.

Sin embargo, el que vivimos no es el único cambio climático de la historia de nuestro planeta. De hecho, si algo es constante en su historia es el cambio climático. El clima de la Tierra ha experimentado cambios muy sustanciales, de los cuales los mejor conocidos son los sucedidos recientemente, cuyas huellas han podido ser identificadas con facilidad por los geólogos.

Entre estos cambios se encuentran las glaciaciones, o periodos de enfriamiento global, caracterizadas por una mayor superficie helada en ambos hemisferios y en las regiones alpinas. Los geólogos han determinado que estos periodos glaciales, separados entre sí por épocas más cálidas, han sucedido en la era cuaternaria con una periodicidad de 100.000 años, es decir, cada 1.000 siglos nuestro planeta sufre un pico de enfriamiento global seguido, unos miles de años más tarde, por un pico de calentamiento global.

Déjeme decirle que el calentamiento global que estamos sufriendo ahora no obedece a estos ciclos. En realidad, de acuerdo con ellos, la Tierra se encuentra ahora en un periodo de paulatino enfriamiento, que nos conduciría en unos miles de años a un nuevo pico del periodo glacial. Sin embargo, lejos de enfriarse, debido a la acción del ser humano, el planeta se calienta.

ASTRONOMÍA Y CLIMA

¿A qué se deben esos periodos de enfriamiento y calentamiento? Los científicos han descubierto que parecen depender de factores astronómicos relacionadas con la forma de la órbita terrestre, sus movimientos de precesión (como los que realiza una peonza girando) y los cambios en la inclinación del eje de rotación de la Tierra. Veamos por qué.

Todos debemos saber que los cambios en las estaciones, de la primavera al invierno, se producen gracias a la inclinación del eje de rotación de la Tierra. Esta inclinación es en la actualidad de alrededor de 23°. Si la inclinación fuera mayor, en verano en el hemisferio norte la Tierra se encontraría más volcado hacia el Sol y los veranos serían más calurosos. Al contrario, en invierno el hemisferio norte se colocaría más "de espaldas" al Sol y los inviernos serían extremadamente fríos.

Los veranos menos calurosos están asociados a una mayor probabilidad de glaciación. La razón es que si el verano no es lo suficientemente caluroso como para fundir la capa de hielo acumulada el invierno anterior, entonces durante el próximo invierno se acumulará aun más hielo. Puesto que el hielo refleja mucho la luz del Sol, esta no puede calentar la Tierra lo suficiente y, como consecuencia, el clima se hace más frío.

Pues bien, el eje de rotación de la Tierra no ofrece siempre la misma inclinación con respecto al plano de su órbita. Este eje varía periódicamente desde los 22,1° a los 24,5°. Ahora nos encontramos en un valor intermedio de 23,44°, que está disminuyendo. Recordemos que cuando la inclinación es menor, los veranos son menos calurosos, y esto favorece el periodo glacial.

Pero no solo interviene la inclinación del eje de rotación, sino también otros factores, como la forma de la órbita terrestre. Como sabemos, la órbita terrestre es elíptica, pero la elipse cambia de forma periódicamente y se hace más o menos "ahuevada". En los periodos donde el ahuevamiento de la órbita aumenta, la Tierra se aleja más del Sol en algunos periodos del año. Si esto coincide con los veranos, estos serán menos calurosos y, de nuevo, será más fácil que se produzca una glaciación.

Además de la órbita y de la inclinación del eje de rotación de la Tierra, también varían otros factores en los que no vamos a entrar. Todos juntos se combinan para conseguir los periodos glaciales cada 100.000 años, aproximadamente.

EXCEPCIONES A LA REGLA

Sin embargo, esta periodicidad no siempre se ha sido respetada a lo largo de los eones. Sin ir más lejos, justo al final de la última era glacial, hace solo unos 13.000 años, la Tierra se vio de nuevo inmersa en un periodo muy frío, que duró unos 1.300 años, con temperaturas medias cinco grados por debajo de lo normal. Estudios llevados a cabo en la capa de hielo de Groenlandia indican que este periodo glacial se produjo con bastante rapidez, quizá solo en cuestión de décadas. No obstante, un nuevo estudio realizado mediante el análisis de los sedimentos de origen biológico en un lago de Alemania, sedimentos que varían anualmente de acuerdo a la bondad del clima de cada año, indican que la Gran Congelación, como también se conoce popularmente a este periodo glacial, sucedió en tan solo ¡un año!

Los autores, que publican sus resultados en la revista *Nature Geoscience*, indican que aparentemente el enfriamiento climático brutal se debió a un cambio en el patrón de vientos sobre el hemisferio norte. No obstante, nada se dice sobre qué causo este cambio en el patrón de vientos.

En cualquier caso, lo que sí parecen indicar los hallazgos de estos científicos es que un cambio climático duradero, es decir, no solo un cambio puntual de un año más frío o más caluroso que el anterior, sino un cambio en el patrón climático global y en el valor de las temperaturas medias de la Tierra, puede suceder en solo un año y durar un milenio, sin necesidad de actividad industrial o quema de combustibles.

En la actualidad, estamos viviendo uno de los cambios climáticos más rápidos de la historia de nuestro planeta, aunque, al parecer, no el más rápido. Sin embargo, los hallazgos sobre la Gran Congelación nos avisan de que el clima de la Tierra puede cambiar casi de la noche a la mañana y el cambio puede ser irreversible en lo que a la escala de la historia humana se refiere. Tomar medidas rápidas y eficaces antes de que eso pueda suceder es lo que parece más prudente.

25 de agosto de 2008

RECUERDOS DE LA GRIPE

EN LOS TIEMPOS mediáticos que vivimos estamos habituados a noticias que aparecen y desaparecen. Surge un tema, se le da una amplia cobertura, y luego se desvanece en el olvido.

Uno de estos temas del que casi ya no nos acordamos es la gripe aviar. Apenas se habla de ella en los medios de comunicación. ¿Acaso ha desaparecido el peligro? Desgraciadamente, no. Siguen declarándose no pocos contagios de gripe aviar a seres humanos en distintos países de Asia, como Indonesia o Bangladesh, pero la noticia ya aburre, y si hay algo que una noticia no debe hacer es aburrir.

Cierto es, sin embargo, que la amenaza de una pandemia de gripe que pueda producirse por la generación de un virus muy nocivo es más que mera especulación. La razón es que una pandemia así ya ha sucedido. Se trata, como sabemos, de la llamada gripe española de 1918-19. El virus causante de esta gripe apareció probablemente en China, desde donde llegó a Estados Unidos y, desde ahí, a Europa. A pesar de su origen asiático se la conoce como gripe española porque España, estado neutral en la Primera Guerra Mundial, fue el único país que informó de los casos aparecidos, mientras que los países combatientes de su entorno, no lo hicieron. Quedó así la impresión de que era España el país en donde la enfermedad había surgido.

Por fortuna, la posibilidad de una nueva pandemia ha espoleado la investigación sobre el virus de la gripe, y se han logrado resultados muy tranquilizadores. Uno de ellos, del que hablé en su momento, ha sido la "resurrección" del virus de la gripe de 1918-19 a partir de cadáveres conservados de combatientes americanos de la Primera Guerra Mundial. Se ha logrado aislar parte de los genes de dicho virus y ponerlos de nuevo a funcionar en virus actuales, con lo que se han producido virus muy similares al de 1918. Estos virus han resultado mortales para ratones de laboratorio, pero han servido para comprobar que los medicamentos antivirales con los que contamos hoy son eficaces para detener su progresión.

Si el virus de la gripe, sus genes y modo de acción, ha sido muy estudiado recientemente, no se ha dedicado tanta atención a la respuesta inmune frente a él. No todos los infectados por el virus de 1918 acabaron muriendo. Algunos afectados sobrevivieron y la pregunta es por qué lo hicieron. ¿Qué los diferencia de aquellos que murieron tras ser infectados por el virus? ¿Poseen quizá alguna característica particular en su sistema inmune?

Estas preguntas se las planteó el doctor Eric Altschuler, de la Universidad de New Jersey, en los Estados Unidos, inspirado una tranquila noche de guardia en el hospital al ver una serie médica de televisión, titulada "Investigación Médica" (de la que desconozco si se ha emitido, se emite, o se va a emitir en España). Nadie puede decir que los medios de comunicación no ayudan a la ciencia.

El episodio que tuvo la fortuna de ver esa noche el Dr. Altshuler trataba de una epidemia de la que solo se salva un muy viejo mayordomo de la comarca afectada (cualquier historia de misterio que se precie cuenta con al menos un mayordomo), quien era también ¡superviviente de la epidemia de gripe de 1918!

Los investigadores médicos, inspirados por el inmune mayordomo, descubren que la epidemia se debe a un virus similar al de la gripe de 1918. Deciden, entonces, extraer sangre del mayordomo para purificar sus anticuerpos y suministrárselos, in extremis, a la heroína del episodio, que ha sido infectada y está a punto de morir. No es necesario decir que la inyección de los anticuerpos le salva la vida.

El Dr. Altschuler se dio cuenta de que, en efecto, algo similar podría haber sucedido en los supervivientes de la gripe de 1918. Quizá estos hubieran desarrollado anticuerpos particularmente eficaces contra el virus, y quizá las células memoria de su sistema inmune –esas que hacen posible que funcionen las vacunas porque "recuerdan" un encuentro previo con un virus o una bacteria– siguieran produciendo el anticuerpo.

Para comprobarlo, el Dr. Altschuler reclutó un equipo de especialistas en virología e inmunología y contactó nada menos que con treinta y dos supervivientes de la gripe española, de edades comprendidas entre los 91 y los 101 años. Mediante el uso del virus de la gripe española "resucitado" de los cadáveres de soldados americanos, el equipo del Dr. Altschuler comprobó, no sin cierta sorpresa, que la sangre de esas personas contenía anticuerpos que se unían fuertemente a dicho virus. Estos anticuerpos eran, probablemente, los que habían permitido la supervivencia de estas personas a pesar de haber sido contagiadas.

Una vez demostrada la presencia de potentes anticuerpos en la sangre de esos supervivientes, quedaba comprobar si los mismos podrían evitar la muerte de quienes estuvieran infectados por un virus similar, como sucedía en el episodio de televisión. Para comprobarlo, los investigadores infectaron a ratones de laboratorio con el virus "resucitado" –que ya hemos dicho resulta mortal para ellos– y les trataron con los anticuerpos purificados a partir de la sangre de los viejos supervivientes.

Como se esperaba, los ratones tratados con los anticuerpos sobrevivieron, mientras que los no tratados no lo hicieron. Además, el anticuerpo no solo protegió a los animales contra el virus de 1918, sino también contra otras cepas de virus de la gripe más recientes. El anticuerpo, al parecer, se une a una parte esencial, que el virus no puede mutar fácilmente so pena de no poder reproducirse y que, por consiguiente, es compartida por todas las cepas de este virus.

Así pues, el sistema inmune de esos supervivientes ha recordado por nueve décadas su encuentro con un virus mortal, y sigue aún hoy protegiéndoles de un eventual reencuentro con ese u otros virus relacionados. Los científicos han aislado también de esos supervivientes las células productoras de anticuerpos para crecerlas en el laboratorio y producir con ellas los anticuerpos que podrían servir de vacuna en el caso de una eventual epidemia. Menos mal que ni el sistema inmune, ni la ciencia, se olvidan de la gripe, con la ayuda de las series médicas de televisión.

1 de septiembre de 2008

¿OTRO NUEVO GEN DEL AMOR?

NORMALMENTE SUELO EVITAR hablar en mis artículos de noticias que han formado parte de lo que yo llamo el "barullo mediático-científico". Son estas noticias científicas que por su curiosidad, novedad, o incluso su importancia, aparecen en todos los medios de comunicación del mundo. Se cuentan a casi una por semana. La de la semana pasada –seguro que lo recuerda– trataba del "gen de la infidelidad masculina". Y bien, no he podido superar la tentación de hablar también de este asunto, pero intentando ir un poco más allá de la mera noticia, explicando y matizando en lo posible el tema.

Y buena culpa de que no haya podido vencer a la tentación de hablar de este tema la tiene que hace algo más de tres años ya escribía en esta misma columna sobre el mismo gen de la infidelidad. Sí, sí, la noticia no es nueva, al menos no del todo. Le explico.

En el artículo al que me refiero decía que en el continente norteamericano existen dos especies muy relacionadas de campañoles, simpáticos roedores muy similares al ratón común: los llamados campañoles de montaña (*Microtus montanus*) y los campañoles de pradera (*Microtus ochrogaster*). A pesar de su cercanía genética, estos animales muestran estructuras sociales dramáticamente distintas. En particular, los campañoles de montaña son muy promiscuos, tienen múltiples parejas y los machos apenas se ocupan de los hijos, mientras que los de pradera son monógamos y dedican un gran esfuerzo al cuidado de la prole.

GENÉTICA CAMPAÑOL

Los científicos se dieron cuenta de que en dos especies con genomas tan similares –más similares aun, si cabe, que nuestro genoma y el del chimpancé– era posible que esta diferencia de comportamiento fuera debida a la acción de pocos, o incluso de un solo gen. En efecto, las investigaciones les condujeron a encontrar diferencias en el gen que produce una proteína receptora de una hormona: la conocida como vasopresina cerebral. Como sabemos, los receptores hormonales, como el de la insulina y otras hormonas, también la vasopresina, son necesarios para que las hormonas puedan ser captadas por las células y ejerzan su función.

Era un hallazgo interesante, puesto que el gen, o los genes responsables de esa diferencia de conducta debían encontrarse en el cerebro, el órgano que regula el comportamiento de todos los animales, incluidos los humanos. En todo caso, era necesario demostrarlo.

Las diferencias encontradas se situaban en la llamada región reguladora del gen. Es esta una región que podríamos llamar la región "interruptor", que pone en marcha al gen. Además de como interruptor, la región en cuestión funciona también como regulador de la intensidad de funcionamiento del gen, es decir, funciona como esos interruptores modernos que regulan la intensidad de la luz apoyando más o menos tiempo el dedo sobre ellos.

El interruptor del gen de los campañoles de pradera funcionaba proporcionando mayor intensidad, es decir, el gen producía mayor cantidad de proteína receptora de la vasopresina cerebral que el gen de los campañoles de montaña. En una serie de elegantes experimentos, los investigadores lograron generar en el laboratorio una estirpe de campañoles de montaña con un gen que producía mayor cantidad de receptor de la vasopresina. Con sorpresa y alegría comprobaron que los machos de esta nueva estirpe se comportaban como los campañoles de la pradera: eran monógamos, fieles, y atentos en el cuidado de sus hijos.

Así pues, al menos en los campañoles, parecía que el gen del receptor de la vasopresina cerebral era el responsable de la dramática diferencia de conducta entre los machos de dos especies relacionadas, en lo referente a la fidelidad a la pareja y al cuidado de los hijos. ¿Sucedía lo mismo en nuestra especie?

¿INFIDELIDAD GENÉTICA?

Los investigadores se pusieron a estudiarlo y los resultados obtenidos saltaron la semana pasada a los medios de comunicación con bombo y platillo. Y si han causado tanto barullo es, claro está, porque de nuevo las similitudes entre nosotros y los animales supuestamente inferiores son más elevadas de lo deseable.

En efecto, estudios llevados a cabo con 522 gemelos idénticos y sus esposas han demostrado que aquellos hombres con una variante del gen que produce menos cantidad de receptor de la vasopresina tienen más problemas en sus matrimonios y sus mujeres están menos satisfechas con su comportamiento como maridos. Además, los hombres, aunque no las mujeres, con dos copias de esa variante del gen eran más frecuentemente solteros que la media (quizá el gen no sea tan malo para los hombres, después de todo).

¿Se ha identificado, pues, el gen de la infidelidad, o el de la soltería masculina? No corramos tanto. Lo que las noticias en los medios de comunicación no suelen decir es que el mismo gen se ha visto ya implicado en determinados rasgos de personalidad relacionados con la conducta social, e incluso en patologías como el autismo. Además, variaciones similares a las descritas en el gen receptor de la vasopresina están presentes en especies de animales que, de todas formas, son estrictamente monógamas, lo que indica que no son solo las variaciones en este gen las que determinan la monogamia.

Así pues, parece más correcto concluir, como en realidad hacen los autores del estudio, que las variaciones en este gen afectan a rasgos de personalidad, los cuales influyen en la conducta social y en la capacidad de formar relaciones personales, más que únicamente en la fidelidad con la pareja.

Como casi siempre, le dejo con la reflexión de qué hacemos ahora con este nuevo conocimiento. Evidentemente, no parece lo más adecuado correr a decirle a nuestra hija que le haga un test genético a su novio antes de casarse, aunque tal y como se están poniendo las cosas con el pobre sexo masculino, sufridor de muchos más males genéticos que el femenino, y también de mayores problemas antisociales, no sé si esto que digo no lo verán bien nuestras biznietas, o incluso nuestras nietas.

8 de septiembre de 2008

¿VIENEN O VAN?

UN TEMA DE investigación en neuropsicología que más interés suscita es si existen o no diferencias entre hombres y mujeres en la manera en que ambos perciben el mundo y reaccionan ante sus estímulos. Al margen de las diferencias obvias, como las tendencias sexuales complementarias entre ambos (menos mal), las investigaciones se centran en las diferencias en las reacciones frente a estímulos sexualmente neutros y a diferencias en la anatomía del cerebro.

La semana pasada apareció la noticia de que un grupo de investigadores españoles había descubierto que el cerebro masculino contenía hasta un 30% más de conexiones neuronales, las llamadas sinapsis, en la región del neocórtex temporal, zona de la corteza cerebral situada más o menos a la altura de las orejas. Por supuesto, los autores del artículo se apresuraron a explicar que estas conexiones no afectan a la inteligencia, lo cual es inteligente y, además, cierto. Sin embargo, se conoce que esa región del cerebro participa en procesos emocionales y de interacción social. Quizá ayude a explicar, pues, algunas diferencias entre los sexos en ese aspecto, que las hay y, en mi opinión, otorgan ventaja a la mujer, a pesar de la menor cantidad de conexiones neuronales en dichas áreas de su cerebro.

Otro tema de investigación interesante es casi el opuesto, es decir, si las diferencias anatómicas entre los cuerpos de hombres y mujeres afectan a la percepción de ciertos estímulos que dichos cuerpos pueden enviarnos. Imagine que se encuentra en un callejón muy mal iluminado y que al final del mismo ve moverse una figura. ¿Viene o se va? Por increíble que pueda parecer, recientes investigaciones indican que si la figura es de un hombre percibiremos que se aproxima, pero si es de una mujer, percibiremos que se aleja, y esto independientemente de que, en realidad, se aproxime o se aleje, e independientemente de que seamos hombre o mujer. En este caso, las diferencias son, pues, externas a nuestros cerebros, ya que ambos cerebros, masculino y femenino, perciben lo mismo. La diferencia se encuentra solo en los estímulos enviados por el movimiento corporal de hombres y mujeres.

La manera en que investigadores de la universidad de Lovaina, en Bélgica, han realizado este descubrimiento deriva del estudio del lenguaje corporal. La postura en que caminamos muchas veces depende de nuestro estado de ánimo. Si caminamos cabizbajos y decaídos indicamos a los demás que nos sentimos tristes o deprimidos, mientras que si caminamos más erguidos y con un paso más firme, indicamos que estamos alegres o satisfechos.

¿Cuándo una manera de caminar comienza a indicar un estado de ánimo determinado? ¿Cuán decaídos o erguidos debemos caminar para que los demás perciban cómo nos sentimos?

Para responder a estas preguntas los investigadores utilizan "figuras de puntos" en la pantalla de un ordenador. Están estas formadas por puntos que si los uniéramos por líneas (como esos pasatiempos para niños del dibujo escondido) nos revelarían una figura masculina o femenina, aunque en este caso las líneas no se muestran. Las distancias entre los puntos son las que proporcionan el cariz típicamente masculino o femenino a las figuras. Los investigadores pueden variar estas distancias para jugar así con la cantidad de masculinidad o femineidad de las mismas. Pueden entonces poner la figura de puntos en movimiento, como si caminara, para comprobar cómo las percibimos los humanos.

Y bien, además de poder determinar si una determinada distancia entre los puntos de cada figura afecta a si la percibimos como alegre o deprimida, por ejemplo, los investigadores se dieron cuenta de que los sujetos percibían de manera opuesta la dirección del movimiento aparente de la figura, según fuera esta masculina o femenina. En ausencia de otras referencias (en casi la oscuridad), tendemos a percibir el caminar de los hombres como que se aproximan y el de las mujeres como que se alejan.

Una vez descubierto un nuevo hecho sobre el mundo, en este caso sobre los seres humanos, la pregunta es por qué sucede así y no de otra manera. ¿Por qué no lo percibimos al revés, por ejemplo (hombres alejándose y mujeres aproximándose), o de manera acorde con la dirección real del movimiento?

Como para casi todo –por no decir para todo– en lo relacionado con la biología, la respuesta puede residir en razones evolutivas. Es indudable que durante los millones de años de la evolución de nuestra especie, y aún hoy, que un hombre se aproxime en la oscuridad puede suponer un peligro. Por consiguiente, por si las moscas, en caso de duda, es más seguro percibir a un hombre andando como que se aproxima para incitarnos a alejarnos de él. De hecho, aquellos ancestros que así lo percibieron pudieron tener más probabilidades de sobrevivir y de transmitir sus genes a las siguientes generaciones, hasta llegar a la nuestra.

Por el contrario, el movimiento de una mujer que se aleja puede incitar a los niños a seguirla y ponerse a salvo del hombre que se aproxima, o de otros peligros. De nuevo, percibir el movimiento femenino de esta forma puede contribuir a la supervivencia de quienes así lo perciben.

En espera de nuevas investigaciones que ayuden a clarificar este asunto, quedémonos de momento con la prueba científica de la lección que se deriva: no percibimos siempre la realidad, sino aquello que nos conviene. Claro que, cualquiera que lleve unas pocas décadas de vida sobre este planeta ya lo sabía (si no de sí mismo, al menos de sus congéneres) sin necesidad de investigación alguna. Siempre es reconfortante que la ciencia, aunque solo sea por una vez, nos dé la razón.

15 de septiembre de 2008

FLUCTUACIONES DE NADA

LOS INTELECTUALES NO científicos se defienden de los embates de la ciencia diciendo que existen preguntas que la ciencia nunca podrá responder. Una de esas preguntas puede ser: ¿por qué existe algo en lugar de no existir nada? La respuesta a esta pregunta permitiría explicar la existencia del mismo Dios y, en todo caso, de todo lo que existe en el universo, haya sido creado por un dios o no, pero -dicen- esto se encuentra fuera del alcance de la ciencia.

Es cierto que intentar responder esta pregunta nos conduce a una regresión lógica infinita. Si lo que existe posee una causa anterior, entonces esa causa existe, en lugar de no existir. Nos podemos preguntar entonces por qué existe esa causa para lo que existe, en lugar de no existir nada. De nuevo, si esa causa para lo que existe posee una causa anterior, podremos preguntarnos por qué existe una causa para la causa de lo que existe, en lugar de no existir nada. Y así podemos seguir preguntándonos hasta el infinito. Le dejo que lo haga, si lo desea. Yo tengo mejores cosas que hacer, por ejemplo, continuar escribiendo este artículo.

Como no parece razonable negar que algo exista, ya lo dejó claro el filósofo Descartes con su "pienso luego existo" (uno puede estar seguro de que, por lo menos, uno existe, aunque pueda dudar de la existencia del resto del universo y, en particular, de lectores de artículos o blogs divulgativos), tendremos que aceptar que o bien algo ha existido siempre, o bien algo comenzó a existir sin causa alguna. Y sobre esto hay poco que la ciencia pueda decir. ¿O no?

LA CIENCIA DEL SER O NO SER

Y bien, no. La ciencia tiene bastante que decir. Agárrese que vamos a ello, y le aseguro que hoy, si acaso existe, se va a marear.

Desde los descubrimientos de Albert Einstein sobre el universo, sabemos que materia y energía son equivalentes. Ambas son, en realidad, dos caras de la misma moneda. Su famosa ecuación, $E=mc^2$, nos dice que la materia puede convertirse en energía, y la energía, en materia. La realidad de esta ecuación ha sido comprobada de forma dramática con la explosión de bombas atómicas de fisión o fusión nucleares, en las que la materia se convierte en energía. Menos conocido, aunque no menos espectacular, es el hecho de que, en los laboratorios de física, también se ha conseguido transformar energía en materia. En estos experimentos se ha logrado crear, entre otras cosas, un electrón y su antipartícula, el positrón, a partir de rayos gamma de alta energía, que son, en realidad, rayos de luz. Donde hay luz, hay materia. La ciencia ha proporcionado, así, un nuevo e insospechado sentido a las palabras "hágase la luz".

Muy bien, pero ¿cuánta materia existe en el universo? Esta es una pregunta que la ciencia sí puede responder. Los cálculos actuales indican que el universo observable contiene 10 elevado a 50 (10^{50}) toneladas de materia, es decir, un uno seguido de cincuenta ceros de toneladas. Es muchísima materia y, por tanto, muchísima energía.

Además de materia, el universo contiene también energía inmaterial. En realidad, contiene "energía negativa", es decir, energía que hace falta aportar para dejarlo en equilibrio. Me intentaré explicar.

Toda la materia del universo se atrae entre sí debido a la fuerza de la gravedad. Todos los cuerpos del universo, galaxias, estrellas, planetas, satélites, asteroides, polvo estelar, etc., ejercen una atracción gravitatoria sobre todos los demás. A pesar de que la gravedad disminuye con el cuadrado de la distancia, esto suma un montón de atracción gravitatoria total. Lograr la separación de toda la materia del universo necesitaría de un gran trabajo, para el cual el adjetivo hercúleo se queda tan corto como el menor pelo de la lengua. Este gran trabajo requeriría, por supuesto, el aporte de gran cantidad de energía. Es indudable que para separar a la Luna de la órbita de la Tierra haría falta mucha energía; y para separar a Júpiter de la órbita del Sol, aun más. ¿Cuánta energía haría falta para separar a toda la materia del universo hasta que su atracción gravitatoria fuese nula?

SER O ANTISER, ESA ES LA CUESTIÓN

Antes de responder a esta pregunta, hay que puntualizar que la energía necesaria para separar a toda la materia del universo es la misma que la que se hubiera supuestamente desprendido al acercar desde el infinito la materia hasta donde se encuentra ahora. Recordemos que la energía desprendida puede convertirse en materia, mientras que es necesario convertir materia en energía para realizar un trabajo.

Y bien, los cálculos de la energía necesaria para separar a todos los objetos y materia del universo de su atracción mutua indican que se necesitaría la energía contenida en 10^{50} toneladas de materia, es decir, ¡se necesitaría convertir en energía toda la materia del universo para separar de su atracción a toda la materia del universo y alcanzar así un equilibrio homogéneo! Evidentemente, en ese caso nos quedamos en nada, cero, *nothing, rien*.

Como materia y energía son equivalentes, podemos decir, pues, que la energía neta del universo es cero y que la materia neta es, igualmente, nula. Lo que existe como materia lo hace a expensas de la "energía negativa" (que algún día quizá haya que devolver "disolviendo" la materia). En tanto que materia, existimos, pues, como meras hipotecas de energía prestada. Somos simples oscilaciones entre la energía positiva (la materia) y la energía negativa (la desprendida por la materia al atraerse entre sí), aunque la energía neta del universo y, por tanto, también la materia neta del mismo es, como hemos dicho, cero.

Así pues, a la pregunta ¿por qué existe algo en lugar de no existir nada? la ciencia responde con la afirmación de que, en realidad, no existe nada. Somos solo fluctuaciones de la nada (que sería el equilibrio perfecto) entre el "ser" (energía positiva, o materia) y el "antiser" (energía negativa). Los dos suman cero en el universo entero.

Si entiende todo esto, hágaselo mirar urgentemente por el mejor especialista. En todo caso ya le advertí de que se iba a marear. ¡Es que no somos nada!

22 de septiembre de 2008

DOS DESCUBRIMIENTOS HACIA EL FIN DE LA DIABETES

UN CAMPO DE investigación intensamente estudiado es la diabetes. Este esfuerzo investigador se debe, en gran medida, a que la incidencia de la enfermedad está aumentando dramáticamente. Ya era grave que en el año 2000 el 2,8% de la población mundial fuera diabética, es decir, nada menos que 171 millones de personas. Más grave aun es que se prevé que para el año 2030 este número se habrá duplicado. Nadie conoce si uno acabará engrosando esta lista.

Afortunadamente, los avances científicos para comprender las causas de la enfermedad y los factores que pueden mitigarla o prevenirla se acumulan en las publicaciones científicas. Esta semana contamos con dos avances de importancia que arrojan luz y esperanza para prevenir o mejorar, uno de ellos la diabetes de tipo 1; el otro, la de tipo 2.

Como conocen mis lectores, la diabetes de tipo 1 se produce por un ataque erróneo de nuestro sistema inmune a las células del páncreas productoras de insulina. Eliminadas como si de patógenos enemigos se tratará, la producción de insulina cesa y la glucosa se acumula en la sangre, incapaz de ser incorporada por las células de nuestro cuerpo en ausencia de esta hormona.

La diabetes de tipo 2 se produce por causas diferentes, pero resulta en similares efectos. En este caso, la causa de la enfermedad es el desarrollo de resistencia a la acción de la insulina, es decir, la insulina se produce, pero, por diversas razones aún no todas conocidas, las células no le hacen el caso que debieran. El efecto es el mismo que en el caso de la diabetes de tipo 1: la glucosa se acumula en la sangre.

Una elevada concentración de glucosa en sangre acaba por dañar el aparato circulatorio, y los principales efectos perniciosos de la diabetes suceden por esta razón. La diabetes, además de una enfermedad metabólica, es también una enfermedad cardiovascular.

El primer avance al que me he referido antes está relacionado con las causas de la diabetes de tipo 1. Afortunadamente no todo el mundo desarrolla la enfermedad y se han realizado muchos estudios para averiguar por qué el sistema inmune de algunos individuos identifica a sus propias células productoras de insulina como enemigos a los que hay que eliminar, pero el de otros, no. Se ha descubierto que determinadas variantes de genes importantes para el funcionamiento del sistema inmune están asociadas con una mayor incidencia de la enfermedad. Sin embargo, los genes no lo explican todo, ya que se ha comprobado que no siempre dos hermanos gemelos monocigóticos se convierten en diabéticos. Uno sí lo puede hacer, y el otro no, a pesar de poseer genes idénticos. Por consiguiente, además de los genes, otros factores deben influir en el desarrollo de la enfermedad.

Investigadores de la Universidad de Yale, que publican sus resultados en la revista *Nature*, han descubierto que uno de estos factores puede ser nuestra propia flora intestinal. Como sabemos, nuestro aparato digestivo contiene billones de bacterias comensales que nos aportan diferentes beneficios, desde la protección frente a otras bacterias patógenas a la producción de algunas sustancias beneficiosas. Estudios realizados en una cepa de ratones de laboratorio, llamada NOD (que posee genes inductores de la diabetes de tipo 1), criados en un ambiente libre de todo microorganismo y que, por tanto, carecen de flora intestinal, han revelado que la incidencia de la diabetes aumenta en estas condiciones.

Y aún hay más. Los ratones NOD son protegidos del desarrollo de la diabetes si se les suprime un gen del sistema inmune implicado en la defensa contra las bacterias. No obstante, esta protección solo sucede con ratones criados en un ambiente normal, no en un ambiente libre de microorganismos, es decir, la interacción entre los genes y la flora intestinal condiciona que se desarrolle o no la diabetes de tipo 1. Los investigadores pretenden ahora averiguar qué especies de bacterias y qué sustancias producidas por ellas participan en estos procesos, con la intención de usarlas en el futuro a modo de fármacos o suplementos para prevenir la diabetes.

El segundo descubrimiento de importancia realizado esta semana es el de una nueva hormona que afecta a la acción de la insulina y la mejora sensiblemente. Esta hormona ha sido descubierta de una forma algo casual. Los investigadores no buscaban una nueva hormona sino que estudiaban el efecto de la carencia de dos genes implicados en el transporte celular de los llamados ácidos grasos, que forman parte de la grasa normal, como por ejemplo el ácido oleico, que se encuentra en el aceite de oliva.

Y bien, los ratones carentes de estos dos genes eran muy saludables, resistentes al desarrollo de la diabetes. Esta buena salud era mantenida incluso si se alimentaba a los animales con una "dieta basura", rica en grasas. Paradójicamente, estos ratones poseían concentraciones de ácidos grasos en sangre más elevadas de lo normal, lo cual había sido considerado hasta la fecha como un signo de enfermedad. Sin embargo, el análisis de los ácidos grasos en la sangre de estos ratones reveló que el más abundante de ellos era el ácido palmitoleico, un ácido graso no muy abundante normalmente, presente en las nueces de Macadamia, que es además producido por las células grasas, los adipocitos. Los ratones poseían una alta concentración en sangre de este ácido graso.

Los estudios subsiguientes demostraron que el ácido palmitoleico era el responsable de la buena salud de estos animales. Esta molécula funciona como una hormona que incrementa la sensibilidad de las células musculares a la insulina. Estos estudios, publicados en la prestigiosa revista *Cell*, sugieren que, si el ácido palmitoléico funciona como una hormona también en los seres humanos, una dieta rica en este ácido graso, o la estimulación por fármacos de su producción por los adipocitos, podrían prevenir el desarrollo de la diabetes de tipo 2.

Así pues, esta semana la biomedicina ha dado no solo uno, sino dos pasos al frente hacia la cura o prevención de la diabetes, uno de los mayores problemas de salud pública de los países desarrollados. Son dos pasos firmes que acercan más la esperanza a la realidad.

29 de septiembre de 2008

Nota del autor: Por diversas razones, el año 2008 no publiqué más artículos de divulgación. Mi labor divulgadora continuó en enero de 2009.

FIN DEL VOLUMEN IV

www.ingramcontent.com/pod-product-compliance
Lightning Source LLC
Chambersburg PA
CBHW060820170526
45158CB00001B/32
* 9 7 8 1 3 2 6 0 9 4 9 1 1 *